21世纪高等职业教育计算机技术规划教材

21 ShiJi GaoDeng ZhiYe JiaoYu JiSuanJi JiShu GuiHua JiaoCai

计算机应用基础实训教程（Windows 7+Office 2010）

JISUANJI YINGYONG JICHU
SHIXUN JIAOCHENG

陆璐 徐翠娟 主编
吴建屏 马秀丽 杨韧竹 张刚 副主编
孙百鸣 主审

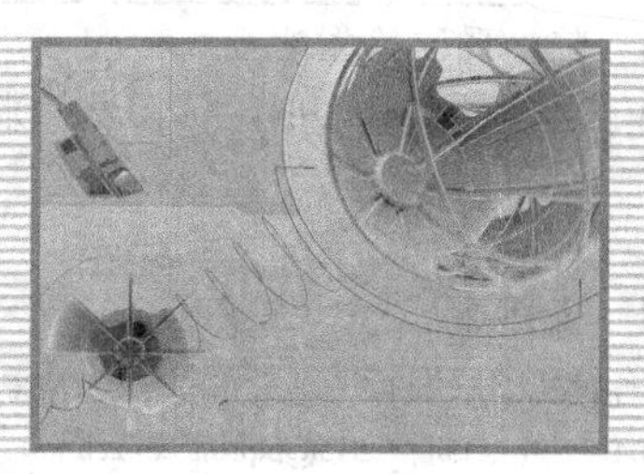

人民邮电出版社
北京

图书在版编目（CIP）数据

计算机应用基础实训教程 : Windows 7+Office 2010/
陆璐，徐翠娟主编. -- 北京 : 人民邮电出版社，
2015.10(2018.11重印)
21世纪高等职业教育计算机技术规划教材
ISBN 978-7-115-40420-6

Ⅰ. ①计… Ⅱ. ①陆… ②徐… Ⅲ. ①Windows操作系统—高等职业教育—教材②办公自动化—应用软件—高等职业教育—教材 Ⅳ. ①TP316.7②TP317.1

中国版本图书馆CIP数据核字(2015)第219951号

内容提要

本书以突出“应用”强调“技能”为目标，按照《计算机应用基础（Windows 7+Office2010）》教材的结构进行编写。全书分为计算机基础知识、Windows 7 操作系统、Word 2010 文字处理软件、Excel 2010 电子表格处理软件、PowerPoint 2010 演示文稿制作软件、计算机网络技术基础知识及常用工具软件七部分内容。各章节具体内容包括实训项目的操作步骤和各种类型的练习题等，以指导学生学习和理解理论教材的内容，培养学生动手能力和应用能力。

本书既可以用做《计算机应用基础（Windows 7+Office2010）》的实训教材，也可作为各类高职高专非计算机专业计算机基础课程教材的配套教材或自学参考书。

◆ 主　　编　陆　璐　徐翠娟
副 主 编　吴建屏　马秀丽　杨韧竹　张　刚
主　　审　孙百鸣
责任编辑　范博涛
责任印制　杨林杰

◆ 人民邮电出版社出版发行　　北京市丰台区成寿寺路 11 号
邮编　100164　　电子邮件　315@ptpress.com.cn
网址　http://www.ptpress.com.cn
固安县铭成印刷有限公司印刷

◆ 开本：787×1092　1/16
印张：11.5　　　　2015 年 10 月第 1 版
字数：290 千字　　　　2018 年 11 月河北第 10 次印刷

定价：29.80 元

读者服务热线：(010)81055256　印装质量热线：(010)81055316
反盗版热线：(010)81055315

前言

本书是根据教育部高等教育司2012年5月组织的“大学生计算机”课程改革研讨会的精神和目前计算机基础教育教学改革的新理念、新思想、新要求，以计算思维为导向，以突出“应用”和强化“技能”为目标，结合编者多年的教学改革实践和建设成果，与《计算机应用基础 Windows 7+Office 2010》教材配套且融合实训项目和测试练习为一体的实训教程。

全书内容包括各章节的实训项目和测试练习，对于实践性较强的知识，还增加了拓展训练内容。实训项目与理论教学同步，能够有效地配合理论教材内容，使理论教学融会贯通；测试练习可供学生进行学习评价，有选择、填空、判断、简答等类型题，选题参考了国家计算机等级考试及相关考试大纲要求，具有一定的代表性，测试练习配有参考答案，是学生进行总结复习的实用资料。

本书的实训项目选用多种类型且内容丰富的应用案例，测试练习题的选择具有较强的代表性。本书具有以下特点：

- 实训项目符合专业特点，针对性强，突出对学生动手能力、应用能力和技能的培养。
- 操作步骤采用人们易理解的流程描述，学生容易掌握和上机实践。
- 配有丰富的不同难易程度的测试练习题，供学生进行测试和练习。

本书不仅可以作为《计算机应用基础 Windows 7+Office 2010》的实训教材，也可以与其他计算机基础教材配合或单独使用。

本书由陆璐、徐翠娟任主编，负责全书的总体策划、统稿与定稿工作；由吴建屏、马秀丽、杨韧竹、张刚任副主编；由孙百鸣主审。内容编写分工如下：第1章、第6章由徐翠娟编写，第2章由杨韧竹编写，第3章由陆璐编写，第4章由吴建屏编写，第5章由马秀丽编写，第7章由张刚编写。

由于计算机技术的飞速发展，以及编者水平有限，书中难免有不足之处，恳请读者指正。

编　者

2015年7月

目 录 CONTENTS

第 1 章　计算机基础知识　1

第 2 章　Windows 7 操作系统　6

第 3 章　Word 2010 文字处理软件　32

第 4 章　Excel2010 电子表格处理软件　61

第 5 章　PowerPoint 2010 演示文稿制作软件　97

PART 1

第1章 计算机基础知识

实训一 认识及使用计算机

一、实训目的和要求

1. 了解计算机硬件的组成及功能。
2. 掌握计算机启动与关闭的方法。
3. 掌握应用程序开启的方法。

二、实训内容

1. 认识计算机的组成及其外观。
2. 启动计算机，进入 Windows 7 系统。
3. 退出 Windows 7 系统，关闭计算机。

三、实训步骤

1. 认识计算机的组成及其外观

熟悉计算机的外观，在教师的指导下完成显示器、主机、键盘、鼠标的连接，观察显示器、主机的开关、复位键的位置，能够判断、检查连接是否正确。

2. 启动计算机，进入 Windows 7 系统

打开显示器开关，打开主机开关，启动计算机并进入 Windows 7 系统，仔细观察计算机的启动过程和 Windows 7 桌面的组成。

3. 退出 Windows 7 系统，关闭计算机

用鼠标单击“开始”按钮，选择“关机”命令，正常情况下，系统会自动切断主机电源。

在异常情况下，系统不能自动关闭时，可选择强行关机，其方法是：按下主机电源开关不放手，持续 5 秒钟，即可强行关闭主机。

关闭显示器开关。

实训二 中英文打字练习

一、实训目的和要求

1. 熟悉键盘的基本键位和指法，掌握正确的键盘操作姿势。
2. 掌握一种汉字输入法和软键盘的使用。

3. 熟练应用金山打字通软件练习中英文录入方法。

二、实训内容

1. 掌握键盘布局。
2. 用写字板练习中英文打字。
3. 利用金山打字通练习指法。

三、实训步骤

1．掌握键盘布局，熟练掌握击键的正确姿势

（1）熟悉键盘的分区结构，熟悉键盘的主键盘区、功能键区、编辑键区和数字键区各键的位置。

（2）练习基准键位。严格按照指法要求练习。

“A”“S”“D”“F”“J”“K”“L”“;”这 8 个键叫做基准键。不击键时，手指要放在基本键上，左手大拇指和右手大拇指都放在空格键上。一个手指击键时，其余手指只要保持在各自的原位上。

（3）保持正确姿势

坐姿端正，身体正对键盘，双脚正对键盘，双脚自然平放在地上；肩部放松，上臂自然下垂，两手自然弯曲，轻轻放在基准键上，上臂和肘不要远离身体；座位高低要适度；显示器宜放在键盘的正后方，与眼睛之间的距离应在 50 厘米左右，略低于水平视线；身体与键盘的距离约为 20 厘米，以两手刚好放在基准键上为准。

（4）击键要领

击键时，手指微微向手心方向弯曲；击键的动作要轻而迅速，不能用力敲击键盘；一个手指击键时，其余手指要保持在各自的原位上不要翘起；用拇指击打空格键。击完键后，手指要放回到基准键位上。

2．英文打字练习

（1）单击“开始”→“所有程序”→“附件”→“写字板”，启动“写字板”应用程序。

（2）将“CapsLock”键锁定在小写状态，输入 26 个英文小写字母。

（3）输入内容有错时，可用退格键或删除键删除；每输入一行后按回车键换行。

（4）将“CapsLock”键锁定在大写状态（“CapsLock”指示灯亮），输入 26 个英文大写字母。

（5）将“CapsLock”键锁定在小写状态，利用“Shift”键输入大、小写组合字母。将“CapsLock”键锁定在大写状态，输入大、小写组合字母。

（6）利用“Shift”键输入上档符号。在主键盘区，如果一个键上有两个符号，直接按该键输入的是下面的符号，如果须输入上面的符号，则需将“Shift”键与该键配合。例如：直接按主键盘上的“0”输入的是数字“0”，按“Shift”+“0”则输入的是“)”。练习上档符号的输入。

（7）将“NumLock”键锁定在数字输入状态（<NumLock>指示灯亮）输入数字。

（8）按“Tab”键输入 1，再一次按“Tab”键输入 2，按“Enter”键后按“Tab”键输入 3，再一次按“Tab”键输入 4，练习“Tab”键的使用。

（9）按键盘上的“Printscreen”键，按“Ctrl+V”组合键，查看屏幕效果。

3．中文打字练习

（1）选择微软拼音或智能 ABC 输入法。

（2）练习全角/半角、中文标点/英文标点、中英文输入法的切换。

（3）利用软键盘进行特殊符号的录入。

（4）在写字板中用中文输入法输入自己的简历。

4．利用金山打字通练习指法

打开金山打字通软件，练习基本指法、英文录入和中文录入方法。

习题

一、选择题

1. 通常人们普遍使用的电子计算机是（　　）。
   A. 数字电子计算机　　B. 模拟电子计算机
   C. 数字模拟混合电子计算机　　D. 以上都不对
2. 世界上第一台电子计算机研制成功时间的是（　　）。
   A. 1946 年　　B. 1947 年
   C. 1951 年　　D. 1952 年
3. 第二代电子计算机使用的电子器件（　　）。
   A. 电子管　　B. 晶体管
   C. 集成电路　　D. 超大规模集成电路
4. 最先实现储存程序的计算机是（　　）。
   A. ENIAC　　B. EDSAC　　C. EDVAC　　D. UNTVAC
5. 一个完整的计算机系统包括（　　）。
   A. 计算机及其外部设备　　B. 主机、键盘、显示器
   C. 系统软件和应用软件　　D. 软件系统和硬件系统
6. 冯·诺依曼计算机的工作原理为（　　）。
   A. 程序设计　　B. 程序控制
   C. 存储程序　　D. 存储程序和程序控制
7. 最能准确反映计算机主要功能的说法是（　　）。
   A. 代替人的脑力劳动　　B. 存储大量信息
   C. 信息处理机　　D. 高速运算
8. 常用的图像输入设备是（　　）。
   A. 键盘和绘图仪　　B. 数码相机和手写笔
   C. 扫描仪和绘图仪　　D. 扫描仪和数码相机
9. 计算机硬件系统中最核心的部件是（　　）。
   A. 内存储器　　B. 输入/输出设备
   C. CPU　　D. 硬盘
10. 超市收银台检查商品的条形码，这属于计算机系统的（　　）。
    A. 输出　　B. 输入　　C. 显示　　D. 打印
11. 中央处理器（CPU）的主要部件是（　　）
    A. 控制器和内存　　B. 运算器和内存
    C. 控制器和寄存器　　D. 运算器和控制器

12. 下面说法不正确的是（　　）。
 A. 计算机断电后，内存储器的内容丢失
 B. 从内存储器的某个单元取出新内容后，该单元仍保留原来的内容不变
 C. 内存储器的某个单元存入新信息后，原来保存的信息自动消失
 D. 从内存储器的某个单元取出新内容后，该单元原来的内容消失

13. 计算机中所有信息的存储都采用（　　）。
 A. 二进制　B. 八进制　C. 十进制　D. 十六进制

14. 与十进制数 87 等值的二进制数是（　　）。
 A. 1010101　B. 1010111　C. 1010001　D. 1000111

15. 1MB 的磁盘存储空间是（　　）。
 A. 1024B　B. 1024KB　C. 1024 字节　D. 1 百万个字节

16. 下列字符中，ASCII 码值最小的是（　　）。
 A. a　B. A　C. X　D. 6

17. ROM 是（　　）。
 A. 可读写存储器　B. 随机存储器
 C. 方便存储器　D. 只读存储器

18. CAD 是计算机应用的一个重要方面，它是指（　　）。
 A. 计算机辅助工程　B. 计算机辅助设计
 C. 计算机辅助教学　D. 计算机辅助制造

19. 与二进制数 10010111 等值的十进制数是（　　）。
 A. 142　B. 151　C. 152　D. 543

20. 与二进制数 1100101111 等值的八进制数是（　　）。
 A. 1234　B. 1457　C. 1377　D. 8760

二、填空题

1. 一台电子计算机的硬件系统是由________、________、________、________和________几部分组成的。

2. 在计算机内部，一切信息的存放、处理和传递均采用________的形式。

3. CPU 主要由________和________组成。

4. ASCII 码的中文名称叫________，是一种用________位二进制数表示 1 个字符的字符编码，共________个符号。它在计算机内部存储时占用________位二进制，即________个字节。

5. ________年美国宾夕法尼亚大学研制成功世界上第一台计算机，称为________。

6. 主频指计算机时钟信号的频率，通常以________为单位。

7. 在计算机中既可作为输入设备又可作为输出设备的是________。

8. 目前，计算机语言可分为机器语言、________和高级语言三大类。

9. ________是计算机唯一能够识别并直接执行的语言。

10. 信息只有通过数据形式表示出来才能被计算机理解和接受。信息是指有用的数据，在计算机内部信息都是以________进制数形式存储的。

三、判断题

1. 操作系统是一种系统软件。（　　）

2. 存储器可分为 RAM 和内存两类。 (　　)
3. 机器语言是由一串用 0、1 代码构成指令的高级语言。 (　　)
4. 微型计算机的微处理器主要包括 CPU 和控制器。 (　　)
5. 计算机在一般的工作中不能往 ROM 写入信息。 (　　)
6. 计算机在一般的工作中不能往 RAM 写入信息。 (　　)
7. Windows 7 是计算机的操作系统软件。 (　　)
8. 计算机能直接执行的程序是高级语言程序。 (　　)
9. 计算机软件一般包括系统软件和编辑软件。 (　　)
10. 衡量计算机存储容量的单位通常是字节。 (　　)

四、简答题

1. 请说明内存储器、外存储器的特点与区别。
2. 简述计算机的组成。
3. 简述 RAM 和 ROM 的区别。
4. 计算机性能指标有哪些？
5. 操作系统的功能有哪些？

PART 2 第2章 Windows 7操作系统

实训一 Windows 7基本操作

一、实训目的和要求

1. 熟练掌握 Windows 7 个性化设置的操作方法。
2. 熟练掌握桌面图标、任务栏、窗口的操作方法。
3. 熟练掌握查找并运行应用程序的操作方法。

二、实训内容

1. 设置 Windows 7 窗口。
2. 设置 Windows 7 的图标排列、显示方式及删除的方法。
3. 设置 Windows 7 的桌面背景。
4. 设置任务栏。
5. 添加或删除桌面时钟小工具。
6. 查找并运行应用程序。

三、实训步骤

1. 设置 Windows 7 窗口

(1) 设置窗口标题栏颜色为深红色

STEP 1 在桌面空白处单击鼠标右键，在弹出的快捷菜单中选择“个性化”命令，打开“个性化”窗口，如图 2-1 所示。

STEP 2 单击下方的“窗口颜色”按钮，打开“窗口颜色和外观”窗口，如图 2-2 所示。

STEP 3 在“项目”下拉列表中选择“活动窗口标题栏”命令，在“颜色 1”“颜色 2”的下拉列表中分别选择“深红色”选项，即可预览窗口颜色效果，如图 2-3 所示，单击“确定”按钮。

STEP 4 返回到“个性化”窗口，单击“关闭”按钮即可。

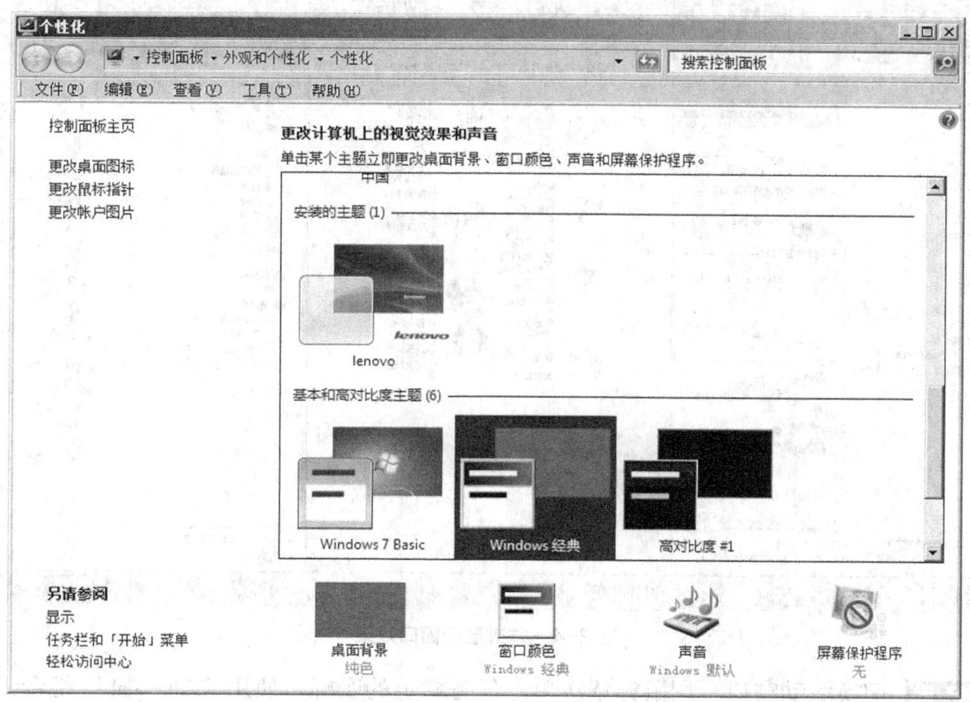

图 2-1 “个性化”窗口

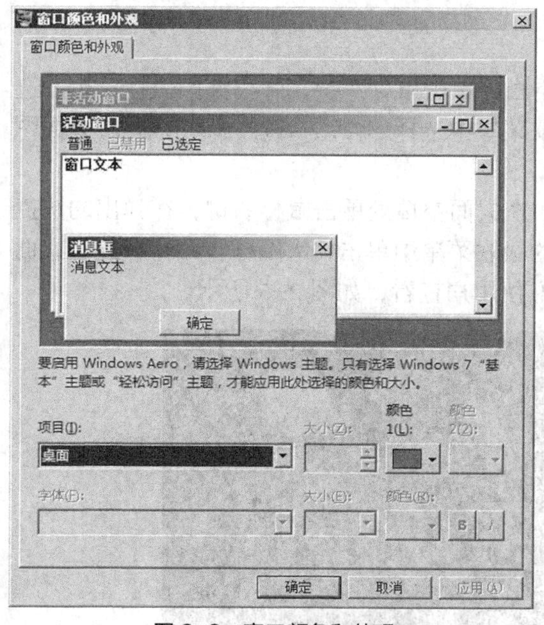

图 2-2 窗口颜色和外观

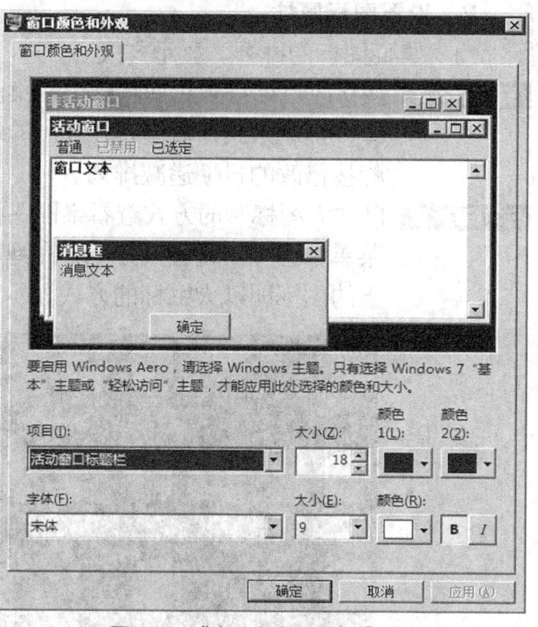

图 2-3 “窗口颜色和外观”窗口

（2）窗口的排列与切换

STEP 1 排列窗口。打开“计算机”“我的文档”“控制面板”等多个窗口，用鼠标右键单击任务栏空白处，在弹出的快捷菜单中可按照工作需求进行选择，本例选择“并排显示窗口”命令。如图 2-4 所示。

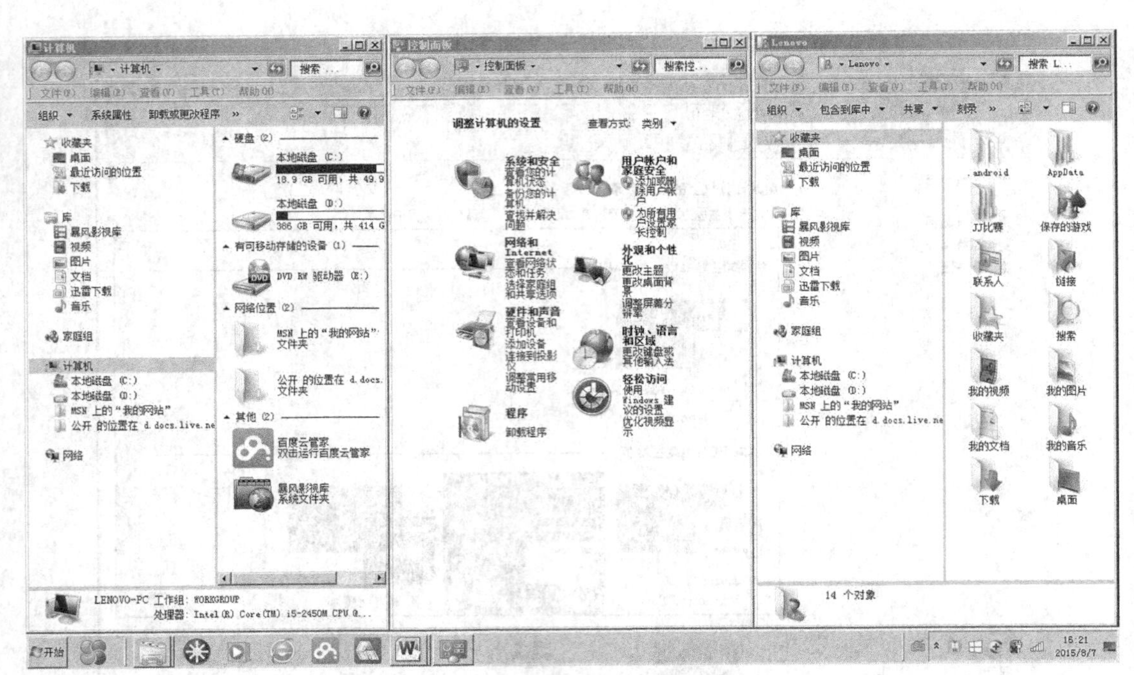

图 2-4　并排显示窗口效果

STEP 2 切换活动窗口。用鼠标依次单击任务栏上的图标；使用“Alt+Tab”组合键；使用“Windows+Tab”组合键完成切换。

2．设置图标属性

（1）桌面图标的排列、显示方式

STEP 1 按修改日期排列桌面图标。在桌面空白处单击鼠标右键，弹出桌面快捷菜单，选择“排序方式”命令，在弹出的级联菜单中选择“修改日期”命令，此时桌面图标按修改的日期递减排列。

STEP 2 以“大图标”的方式查看桌面图标。在桌面空白处单击鼠标右键，在弹出的快捷菜单中选择“查看”命令，在弹出的级联菜单中单击“大图标”命令，此时桌面上的图标即以大图标的方式显示，方便用户查看，如图 2-5 所示。

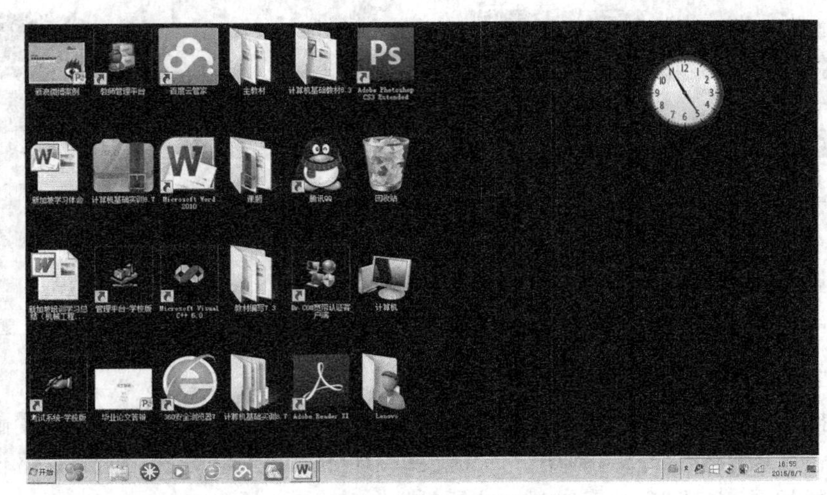

图 2-5　大图标查看方式

（2）删除桌面上的“回收站”图标

STEP 1 在桌面空白处单击鼠标右键，在弹出的快捷菜单中选择“个性化”命令，打开“个性化”窗口。

STEP 2 单击窗口左侧的“更改桌面图标”链接，打开“桌面图标设置”对话框，在“桌面图标”栏下取消选中“回收站”复选框，如图2-6所示。单击“确定”按钮。

STEP 3 返回到“个性化”窗口，对其关闭后即可看见桌面上的“回收站”图标已经删除。

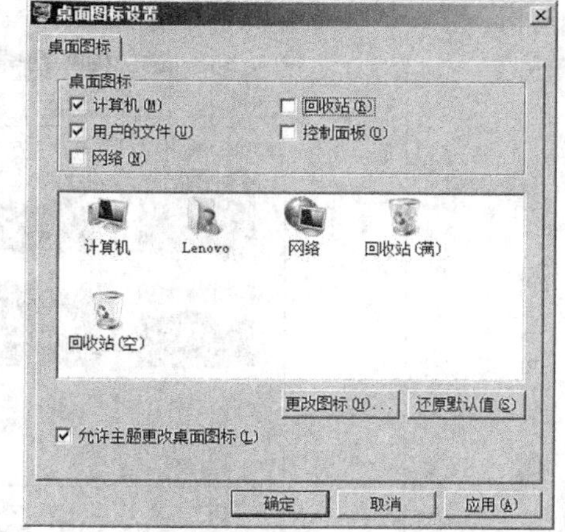

图2-6 “桌面图标设置”对话框

3．设置桌面背景

STEP 1 在桌面空白处单击鼠标右键，在弹出的快捷菜单中选择“个性化”命令，打开“个性化”窗口。

STEP 2 在窗口下方单击“桌面背景”按钮，打开“桌面背景”窗口，如图2-7所示。

STEP 3 单击“浏览”按钮，打开“浏览文件夹”对话框，在预先存好图片的位置选择要作为背景的图片，如图2-8所示，单击“确定”按钮。

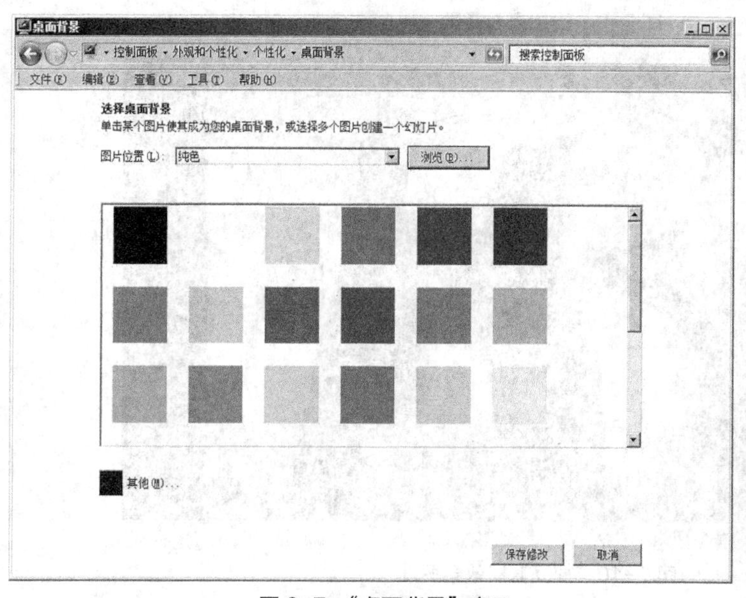

图2-7 “桌面背景”窗口

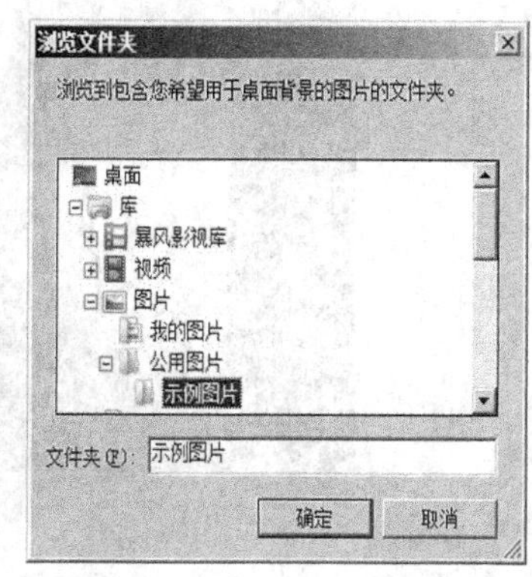

图2-8 “浏览文件夹”对话框

STEP 4 返回“桌面背景”窗口，可以勾选作为背景的图片，在“图片位置”下拉列表中选择图片在屏幕中的显示位置，本例选择“居中”命令，如图2-9所示。单击“保存修改”按钮完成设置。

STEP 5 返回到“个性化设置”窗口，单击“关闭”按钮，完成设置，如图2-10所示。

4．设置任务栏

（1）调整任务栏的位置和宽度（请在测试完后，将任务栏移回原位置）

STEP 1 用鼠标右键单击任务栏空白处，取消勾选“锁定任务栏”命令。

图 2-9 设置桌面背景

图 2-10 桌面背景效果图

STEP 2 将鼠标指向任务栏，按下鼠标左键，拖动鼠标到屏幕的顶端，松开左键，即完成任务栏的位置调整。用同样的方法将其调整到屏幕的左侧、右侧，观察任务栏的变化。

STEP 3 将光标放到任务栏的边界处，当光标变成双向箭头时按住左键拖动鼠标，即可调整任务栏的宽度。

（2）隐藏任务栏

STEP 1 用鼠标右键单击任务栏空白处，在弹出的快捷菜单中选择“属性”命令，打开“任务栏属性”对话框，在“任务栏”选项卡中选中“自动隐藏任务栏”复选框，如图 2-11 所示。

STEP 2 单击“确定”按钮，此时桌面将不再显示任务栏，只有当鼠标指向桌面底端时，任务栏才会显示。

5．在桌面上添加时钟小工具

STEP 1 在桌面空白处单击鼠标右键，在弹出的快捷菜单中选择“小工具”命令，打开“小工具库”窗口，如图 2-12 所示。

STEP 2 双击需要的“时钟”工具，或者拖动此工具到桌面上，即可实现添加效果，如图 2-13 所示。

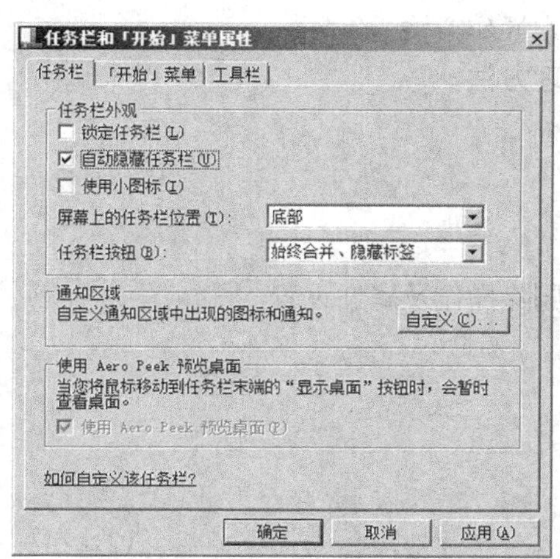

图 2-11　隐藏任务栏

图 2-12　“小工具库”窗口

6．查找并运行 iexplore. exe 应用程序。

本例介绍两种查找应用程序的方法，内容如下。

（1）已知程序存放地址。打开“Windows 资源管理器”窗口，在地址栏输入“C:\Program Files\Internet Explorer”，进入该文件夹，找到 iexplore 程序后双击即可运行。

（2）未知程序存放地址。单击“开始”按钮，在“开始”菜单“搜索程序和文件”编辑框内输入“iexplore.exe”程序名，在搜索结果中单击该应用程序即可运行，如图 2-14 所示。

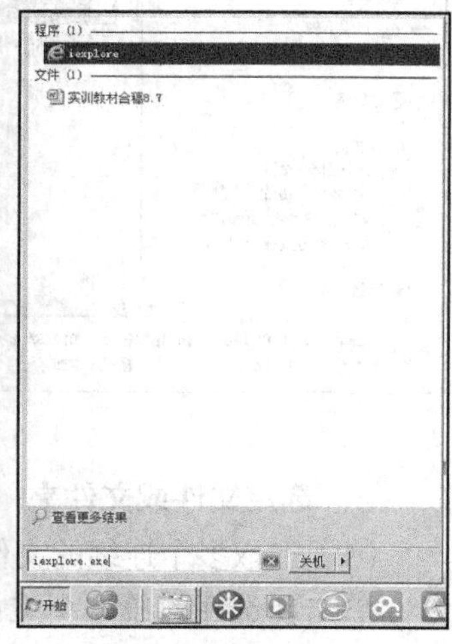

图 2-13　桌面添加“时钟”工具

图 2-14　查找程序

四、拓展训练

1. 在桌面添加你所需要的小工具。
2. 下载一组图片，设置成桌面定时自动更换背景。

实训二　文件和文件夹操作

一、实训目的和要求

1. 熟练掌握 Windows 7 系统中文件和文件夹的基本操作方法。
2. 熟练掌握 Windows 7 系统中文件和文件夹的管理方法。
3. 熟练掌握磁盘格式化的方法。

二、实训内容

1. 使用预览窗格浏览文件内容。
2. 文件和文件夹的选定、移动、复制、重命名、删除操作及属性设置。
3. 创建并使用“库”管理文件和文件夹。
4. 格式化磁盘和 U 盘。

三、实训步骤

1．使用预览窗格浏览文件内容

STEP 1 打开“D 盘”，在根目录下选中需要预览的文件，如图片文件、Word 文档等。

STEP 2 单击“显示预览窗格”按钮 ，窗口右侧的窗格中就会显示出该文件的内容，如图 2–15 所示。

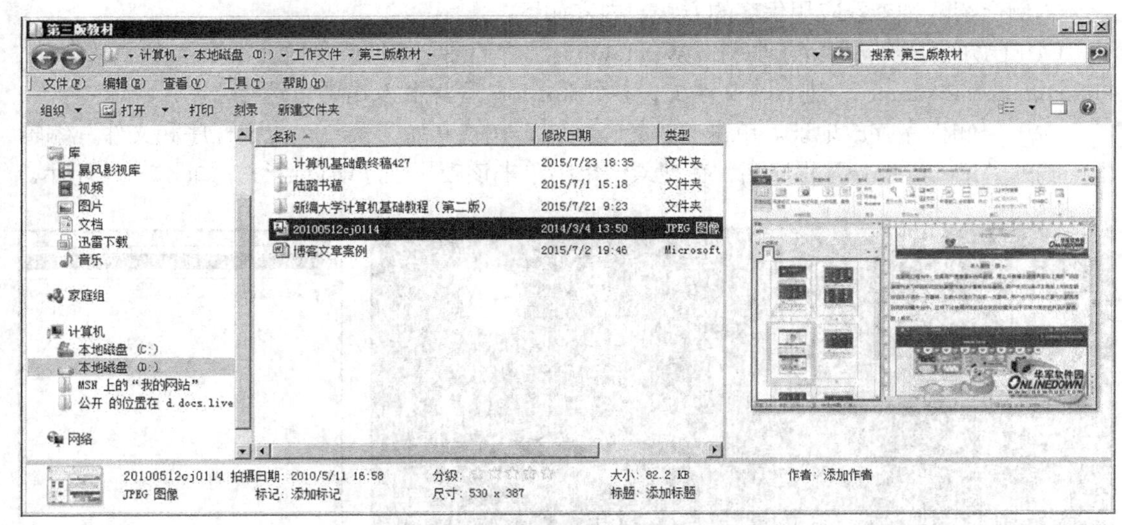

图 2–15　预览文件内容窗口

2．选定文件或文件夹

（1）选取多个连续的文件或文件夹

单击要选择的第一个文件或文件夹，按住“Shift”键的同时单击要选择的最后一个文件或文件夹，则将所选第一个和最后一个文件为对角线矩形区域内的全部文件或文件夹选定，如图 2−16 所示。

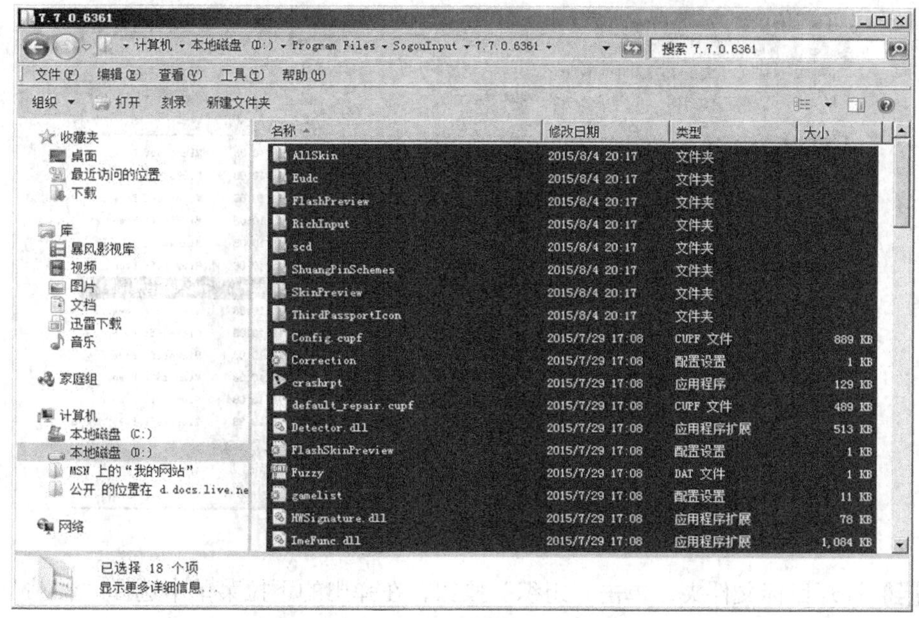

图 2−16　选择连续文件和文件夹

（2）选取不连续文件或文件夹

单击要选择的第一个文件或文件夹，按住“Ctrl”键，依次单击要选定的其他文件或文件夹，如图 2−17 所示。

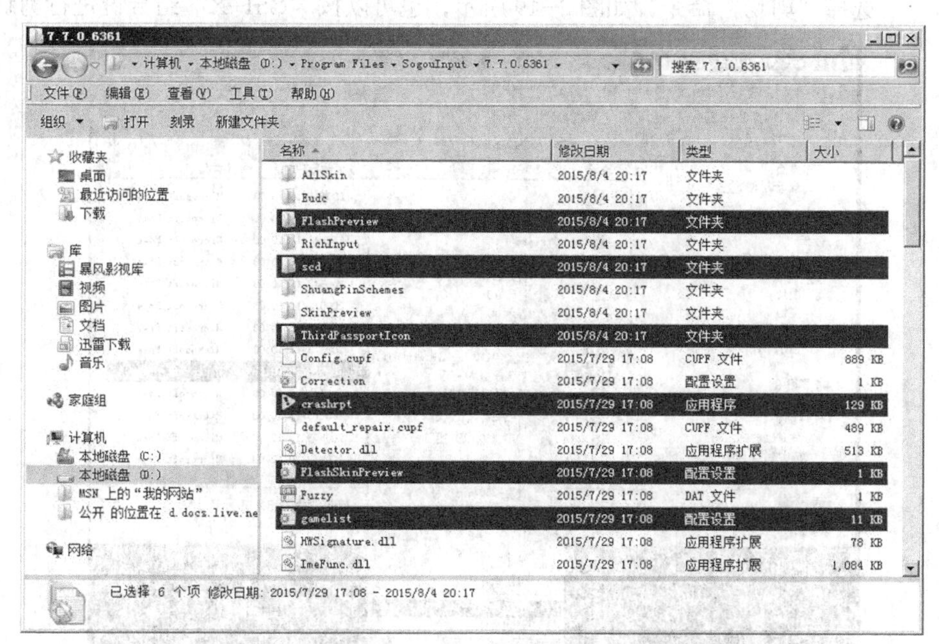

图 2−17　选取不连续文件

3．复制文件或文件夹

STEP 1 选定要复制的文件或文件夹，单击“组织”按钮，在弹出的下拉菜单中选择“复制”命令，如图 2-18 所示。

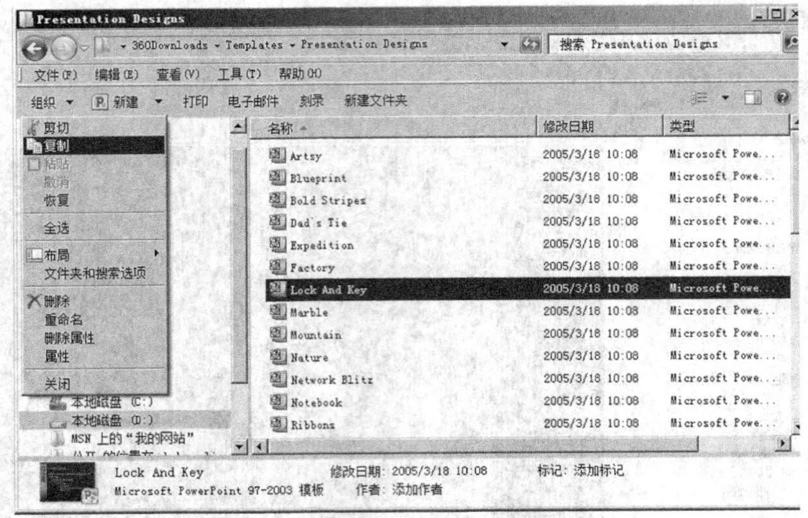

图 2-18 “复制”命令

STEP 2 打开目标文件夹，单击“组织”按钮，在弹出的下拉菜单中选择“粘贴”命令，即可完成文件和文件夹的复制操作。

4. 移动文件或文件夹

STEP 1 选定要移动的文件或文件夹。单击“组织”按钮，在弹出的下拉菜单中选择“剪切”命令，或者用鼠标右键单击需要移动的文件或文件夹，在弹出的快捷菜单中选择“剪切”命令，如图 2-19 所示，也可以按“Ctrl+X”组合键进行剪切。

图 2-19 “剪切”操作界面

STEP 2 打开目标文件夹，单击“组织”按钮，在弹出的下拉菜单中选择“粘贴”命令，或者用鼠标右键单击需要复制的文件或文件夹，在弹出的快捷菜单中选择“粘贴”命令；也可以按“Ctrl+V”组合键进行粘贴。

5．美化文件夹图标

STEP 1 用鼠标右键单击需更改图标的文件夹，如“D 盘”的“MyDownload”文件夹，在弹出的快捷菜单中选择“属性”命令，打开“My Download 属性”对话框，如图 2-20 所示。

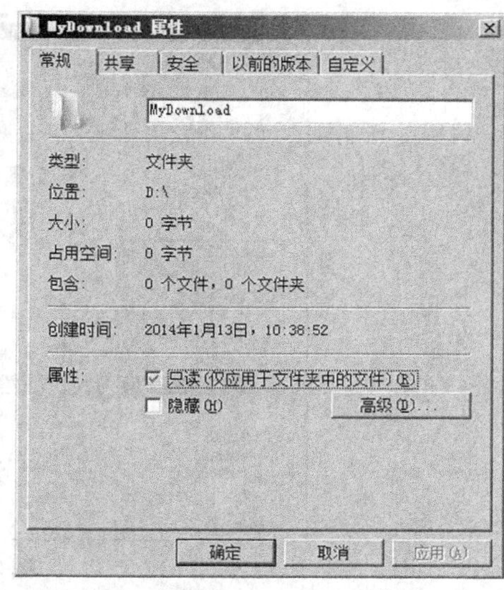

图 2-20 “My Download 属性”对话框

STEP 2 选择“自定义”选项卡，单击“更改图标”按钮，如图 2-21 所示。打开“为文件夹 MyDownload 更改图标”对话框，在列表框中选择一种图标，如图 2-22 所示。

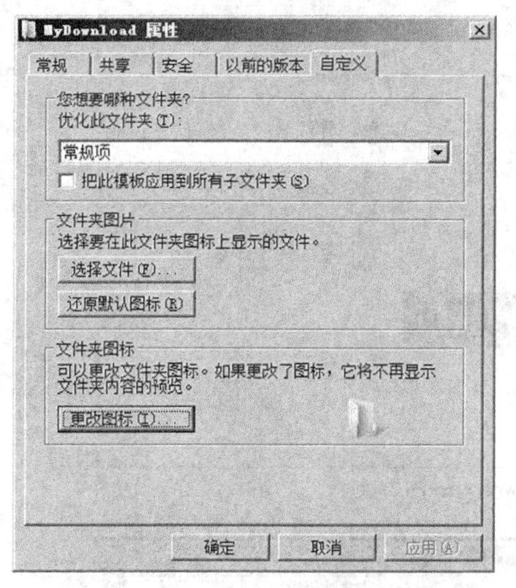

图 2-21 “自定义”选项卡

图 2-22 更改图标

STEP 3 依次单击“确定”按钮，即可设置成功。

6．创建“库”

STEP 1 打开“计算机”窗口，在左侧的导航区可以看到一个名为“库”的图标。

STEP 2 用鼠标右键单击该图标，在弹出的快捷菜单中选择“新建”→“库”命令，如图 2-23 所示。

STEP 3 系统会自动创建一个库，并默认命名为“新建库”，如图 2-24 所示。

7．利用“库”查看 Windows 7 系统自带的图片

STEP 1 打开“计算机”窗口，在导航栏“库”文件夹下选择“图片”图标，在右侧窗口的“图片库”中双击其下的文件夹，显示系统自带图片。

STEP 2 单击窗口右侧“排列方式”下拉按钮，可以将文件按照“月”“天”“分级”或“标记”等多种方式进行排序，本例选择“分级”选项，如图 2-25 所示。

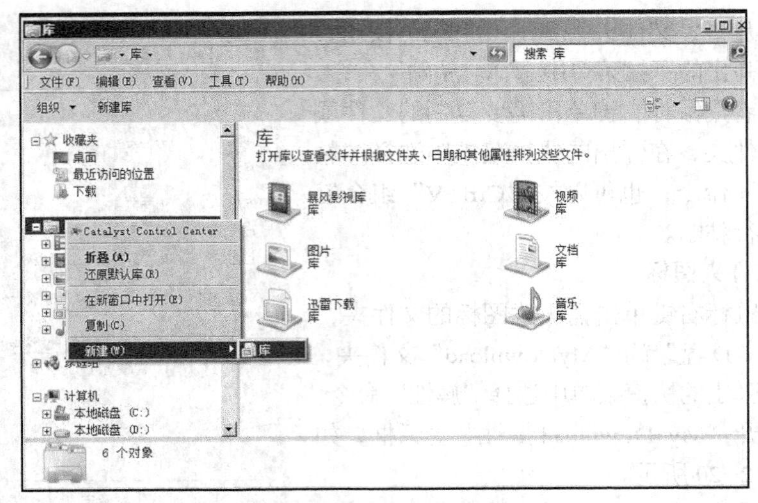

图 2-23“新建库”命令

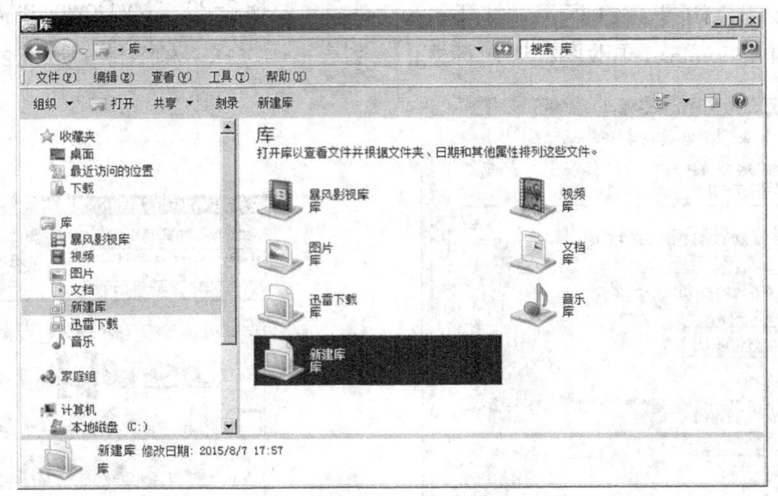

图 2-24 新建的库窗口

图 2-25 选择排列方式

更改排列方式后的效果如图 2-26 所示。

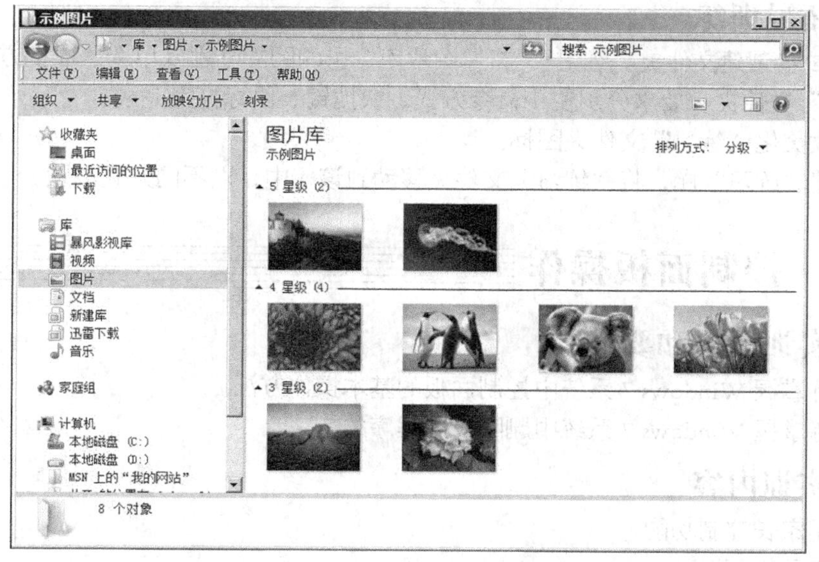

图 2-26　分级排列的图片

8．格式化磁盘与 U 盘

（1）格式化 D 盘

打开“我的电脑”，用鼠标右键单击 D 盘，在弹出的快捷菜单中选择“格式化”命令，打开“格式化本地磁盘（D:）”对话框，勾选“快速格式化”复选框，如图 2-27 所示。单击“开始”按钮，弹出提示框，如已确认该盘的内容无用或已备份，则单击“确定”按钮，完成 D 盘的格式化操作，反之则单击“取消”按钮，取消格式化操作，如图 2-28 所示。

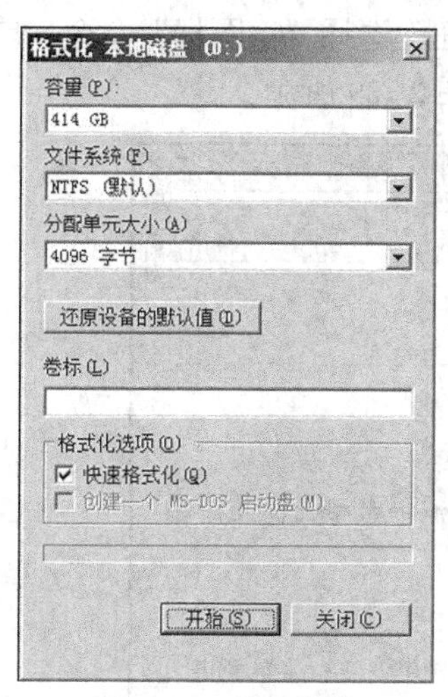

图 2-27　快速格式化

图 2-28　提示框

（2）格式化 U 盘

STEP 1 将需要格式化的 U 盘与计算机连接，打开“计算机”窗口，用鼠标右键单击 U 盘图标，在弹出的快捷菜单中选择“格式化”命令，打开其对话框。

STEP 2 设置 U 盘容量、格式化类型及其他选项，单击“开始”按钮。

STEP 3 格式化完毕，单击“关闭”按钮。

四、拓展训练

1. 在 E 盘创建文件夹“练习”。将“图片库”里的图片分别以单个、成批方式复制或移动到“练习”文件夹；要求分别使用命令方式、快捷键、鼠标拖曳完成。

2. 更改美化“练习”文件夹图标。

3. 创建“练习”库，将“练习”文件夹移动到该库中，以不同方式浏览。

实训三　控制面板操作

一、实训目的和要求

1. 熟练掌握 Windows 7 系统中控制面板的基本操作方法。

2. 熟练掌握 Windows 7 系统中删除应用程序的方法。

二、实训内容

1. 使用家长控制功能。

2. 切换网络环境。

3. 创建家庭组并查看家庭组密码。

4. 卸载已安装的程序。

三、实训步骤

1. 启用家长控制功能

在 Windows 7 中，提供了家长控制功能，包括设定控制孩子对某些网站的访问权限、登录到计算机的时长、可以玩的游戏以及可以运行的程序等限制，操作步骤如下。

STEP 1 打开“控制面板”，单击“查看方式”下拉按钮，选择“小图标”命令，单击“家长控制”选项，打开“家长控制”窗口，如图 2-29 所示。

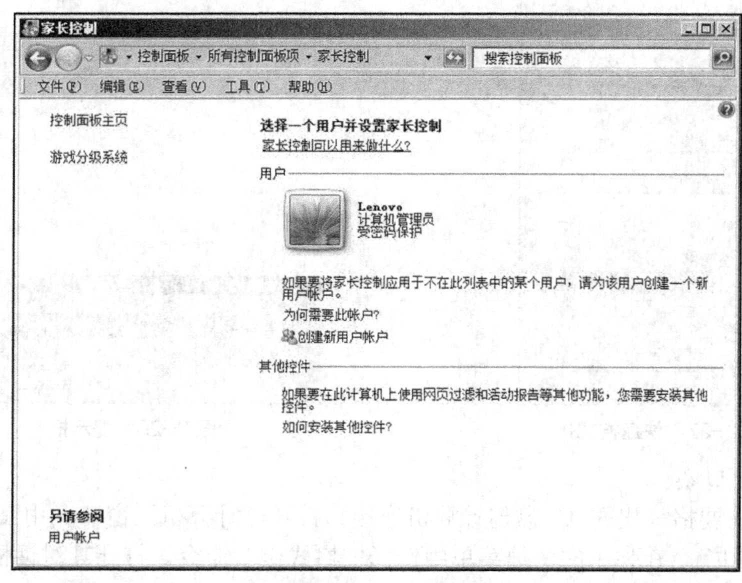

图 2-29 “家长控制”窗口

STEP 2 单击要控制的标准用户账户（不包括管理员账户），在打开的“用户控制”窗口中，可以设置各种家长控制项，如图 2-30 所示。在“家长控制”栏下选中“启用，应用当前设置”单选按钮，并在“时间限制”区域单击“关闭”链接，打开设置使用计算机的时间界面，如图 2-31 所示。

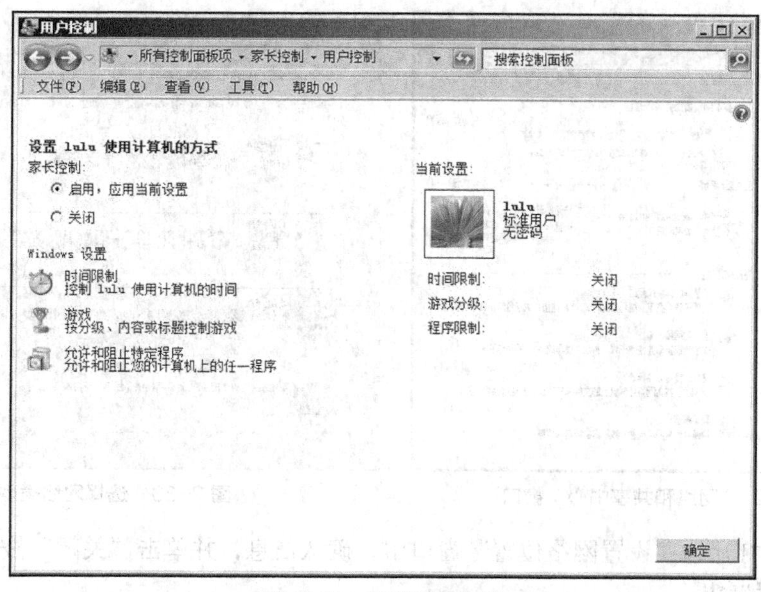

图 2-30 设置控制选项

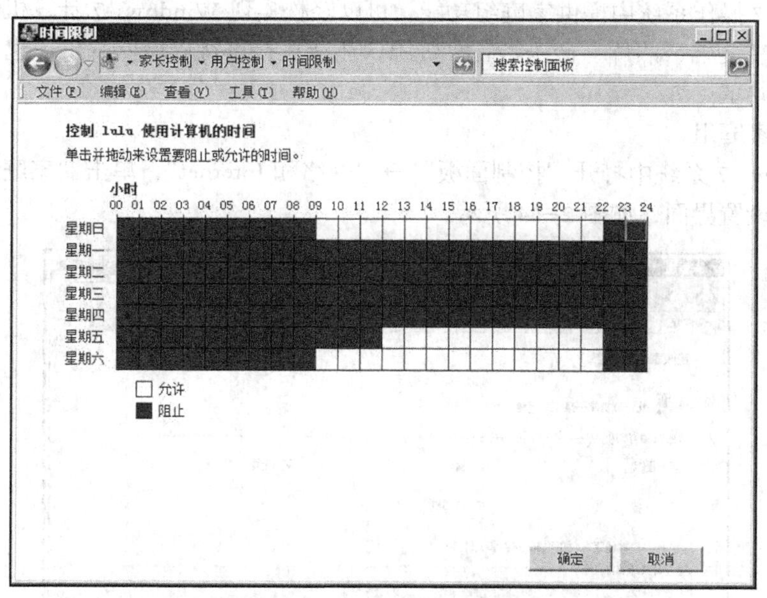

图 2-31 设置使用计算机时间

STEP 3 将阻止使用计算机的时间点画上标记，设置完成后，单击“确定”按钮，返回到“用户控制”窗口，单击“确定”按钮，即可启用家长控制功能。

2．切换网络环境

STEP 1 打开“控制面板”窗口，在“类别”查看方式下，单击“网络和 Internet”下的“查看网络状态和任务”选项，打开“网络和共享中心”窗口，如图 2-32 所示。

STEP 2 在“查看活动网络”区域，单击“家庭网络”图标，打开“设置网络位置”窗口，窗口中列出了家庭网络、工作网络和公用网络 3 种网络设置，根据自己需求选择。本例选择“工作网络”选项，如图 2-33 所示。

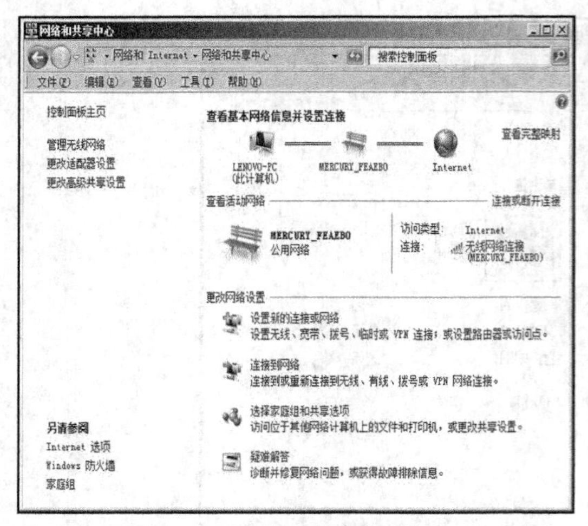

图 2-32 “网络和共享中心”窗口

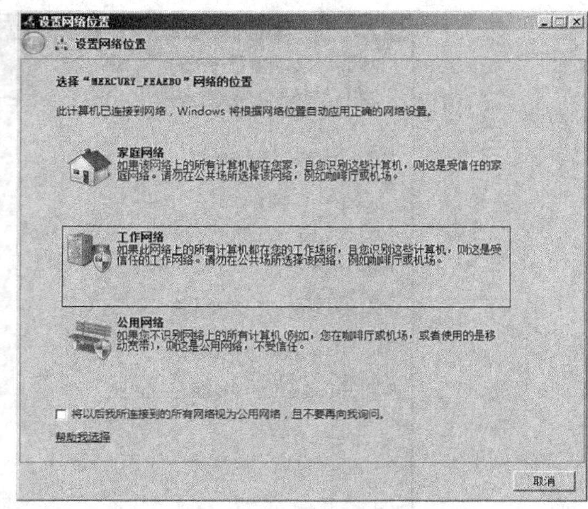

图 2-33 选择网络类型

STEP 3 在打开的“设置网络位置”窗口中，确认信息，并单击“关闭”按钮。

3．创建家庭组

Windows 7 操作系统中提供家庭组功能，可以轻松实现 Windows 7 计算机互联，在多台计算机之间共享文档、照片、音乐等各种资源，还能直接进行局域网联机，也可以对打印机进行更方便的共享。

（1）创建家庭组

在 Windows 7 系统中打开“控制面板”→“网络和 Internet”，单击“家庭组”选项，打开“家庭组”设置界面，如图 2-34 所示。

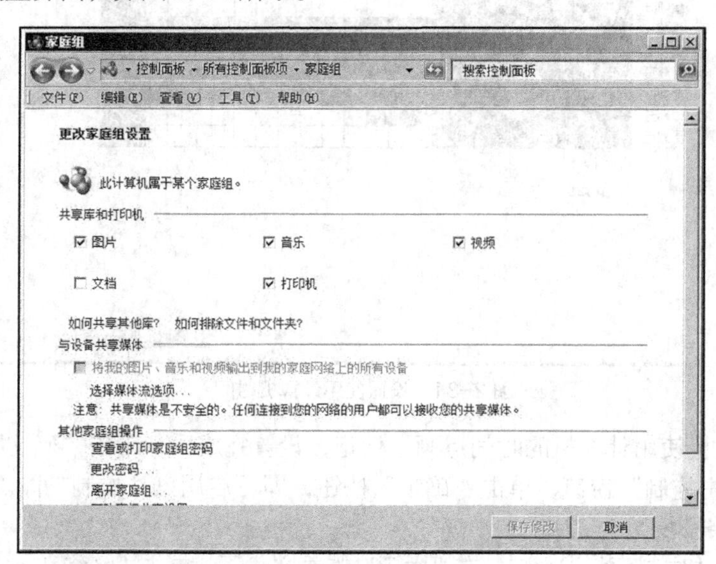

图 2-34 家庭组窗口

如果当前使用的网络中没有其他人已经建立的家庭组存在的话，则会看到 Windows 7 提示你创建家庭组进行文件共享。此时单击“创建家庭组”命令，就可以创建一个全新局域网。

在该窗口可设置需要共享的图片、音乐、打印机和视频等选项。设置完成后单击“保存修改”按钮。

（2）查看家庭组密码

打开“控制面板”窗口，在“小图标”的查看方式下，单击“家庭组”选项。在打开的窗口中，单击“查看或打印家庭组密码”选项。在打开的窗口中即可查看到家庭组的密码，如图 2-35 所示。

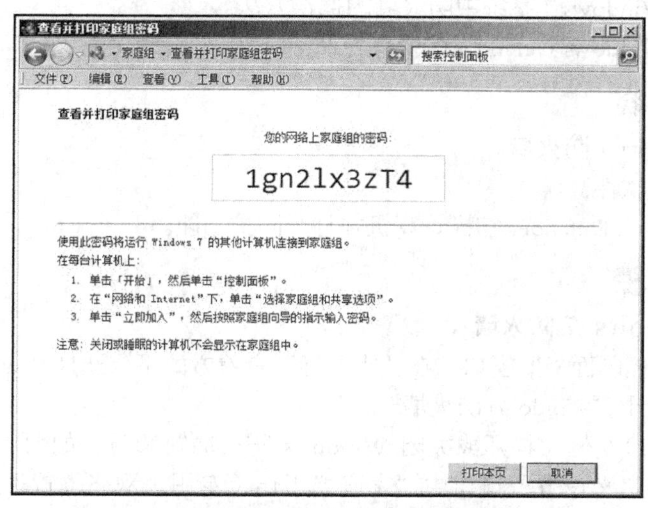

图 2-35 查看家庭组密码窗口

4．卸载程序

STEP 1 单击“开始”→“控制面板”命令，在“小图标”的“查看方式”下，选择“程序和功能”选项，打开“卸载或更改程序”窗口。在列表中选中需要卸载的程序，如图 2-36 所示。单击“卸载/更改”按钮。

STEP 2 弹出是否确认卸载对话框，如果确定要卸载，单击“是”按钮，反之单击“否”按钮，如图 2-37 所示。

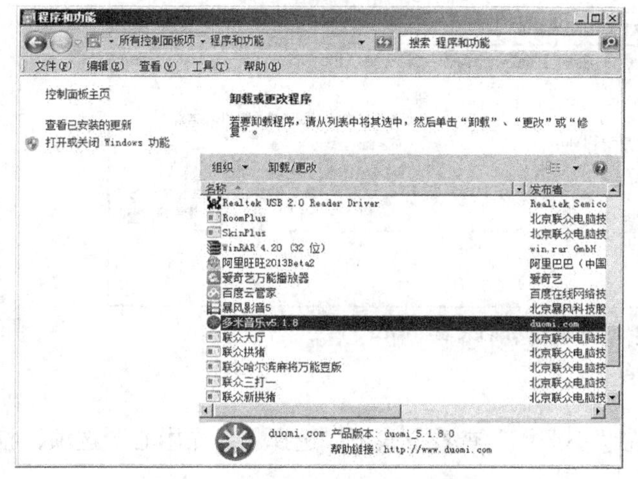

图 2-36 “程序和功能”窗口

图 2-37 确认对话框

四、拓展训练

1. 五个同学为一组，创建“家庭组”，其他同学加入该组，共享下载的图片。
2. 使用控制面板卸载 QQ 程序。

实训四　Windows 7 的安全维护

一、实训目的和要求

1. 熟练掌握 Windows 7 系统中防火墙的操作方法。
2. 熟练掌握 Windows Defender 的操作方法。

二、实训内容

1. 设置 Windows 7 防火墙。
2. 查看防病毒软件。
3. 使用 Windows Defender 扫描计算机并打开防护功能。

三、实训步骤

1. 设置 Windows 7 防火墙

STEP 1 打开“控制面板”窗口，在“小图标”查看方式下，选择“Windows 防火墙”选项，打开“Windows 防火墙”窗口。

STEP 2 单击窗口左侧“打开或关闭 Windows 防火墙”选项，如图 2-38 所示。在打开的“自定义设置”窗口中“家庭或工作（专用）网络位置设置”下选中“启用 Windows 防火墙”单选按钮，如图 2-39 所示。单击“确定”按钮，便可启动防火墙功能。

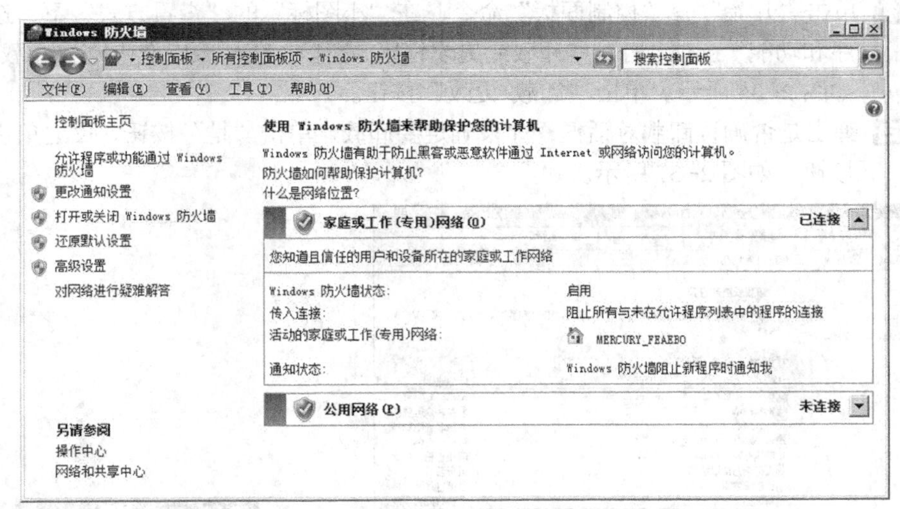

图 2-38 “Windows 防火墙”窗口

2. 查看防病毒软件

STEP 1 打开“控制面板”窗口，在“小图标”查看方式下，选择“操作中心”选项，打开“操作中心”窗口。

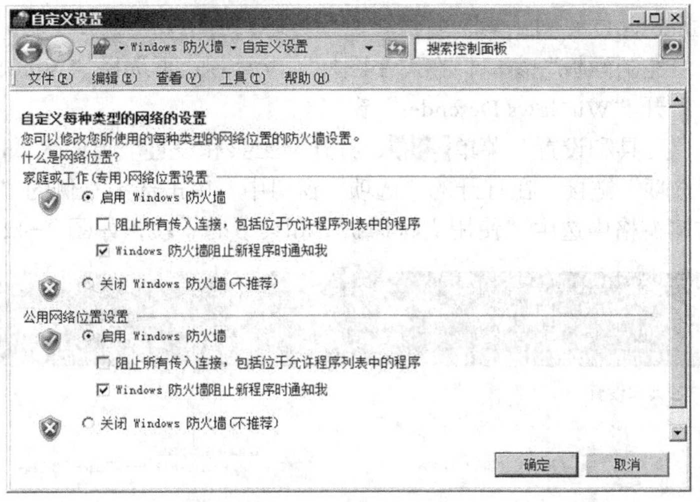

图 2-39 “防火墙设置”窗口

STEP 2 单击“安全”下拉按钮，在列表项中查看病毒防护功能是否启用，如图 2-40 所示，若系统中没有安装防病毒软件，则选择一种防病毒软件下载并安装。

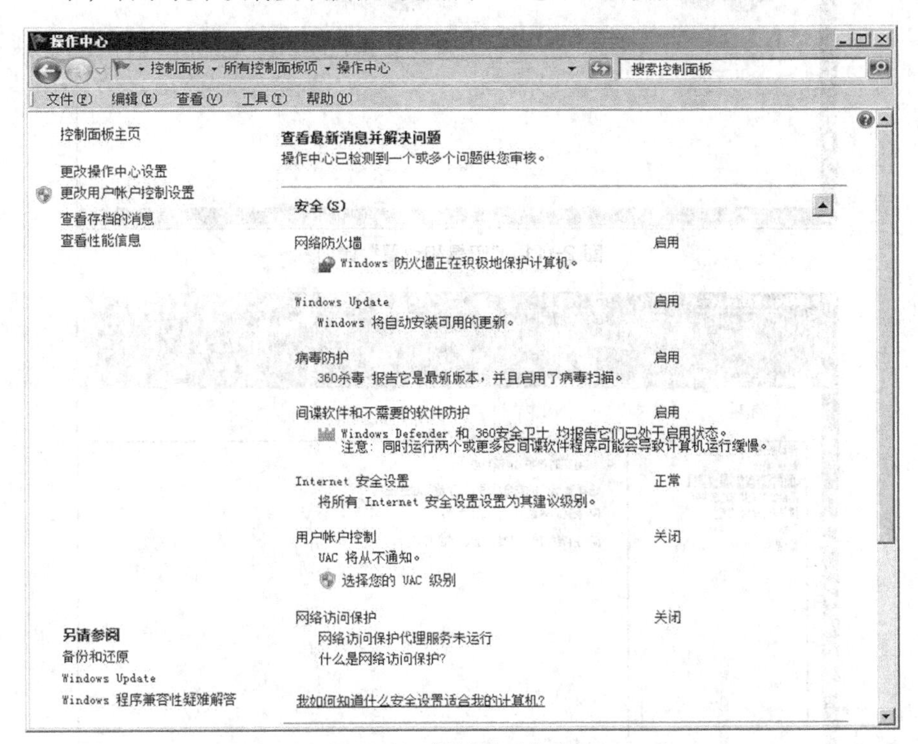

图 2-40 “操作中心”窗口

3．使用 Windows Defender

Windows Defender 是一个用来移除、隔离和预防间谍软件的程序，可以运行在 Windows XP 和 Windows Server 2003 操作系统上，并已内置在 Windows Vista、Windows 7 和 Windows 8 操作系统中。它不仅可以扫描系统，还可以对系统进行实时监控，移除已安装的 ActiveX 插件，清除大多数微软的程序和其他常用程序的历史记录。

（1）启用 Windows Defender 实时防护

STEP 1 打开"控制面板"窗口，在"小图标"查看方式下选择"Windows Defender"选项，打开"Windows Defender"窗口。

STEP 2 单击"工具和设置"菜单，打开"工具和设置"窗口，如图 2-41 所示。单击"选项"链接，在打开的"选项"窗口中，单击选中左侧的"实时保护"选项，在右侧窗格中选中"使用实时保护"和其下的子项，如图 2-42 所示。

图 2-41 "工具和设置"窗口

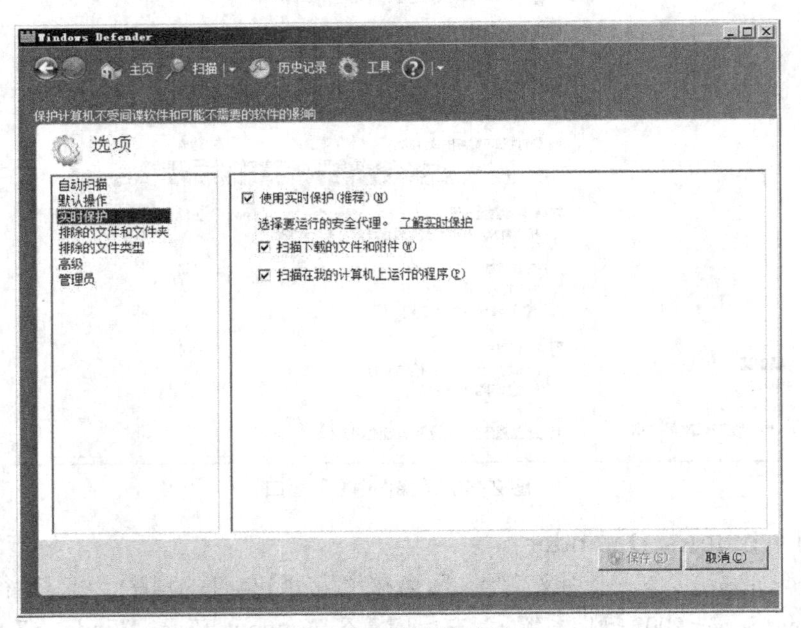

图 2-42 "选项"窗口

STEP 3 单击"保存"按钮，此时系统将阻止间谍软件和其他不需要的软件在计算机上运行，如果有程序试图在计算机上自行安装或运行，系统会发出通知。

（2）使用 Windows Defender 扫描计算机

打开“Windows Defender”窗口，单击“扫描计算机”菜单 扫描 的下拉按钮，在弹出的菜单中选择一种扫描方式，功能如下。

- 快速扫描：检查计算机上最有可能感染间谍软件的硬盘；
- 完整扫描：检查硬盘上所有文件和当前运行的所有程序，但可能会导致计算机运行缓慢，直至扫描完成。

建议每日快速扫描，如果是第一次扫描，则选择“完全扫描”命令，如图 2-43 所示。

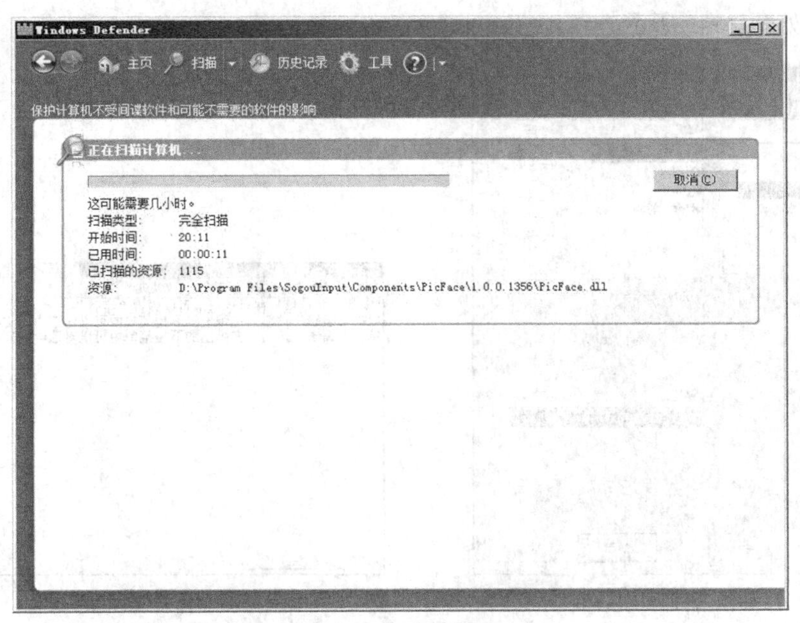

图 2-43 完全扫描

四、拓展训练

1. 打开控制面板中的“Windows Update”查询更新；启用“Windows Update 防火墙”。
2. 使用控制面板设置系统时间日期、显示效果。

实训五 Windows 7 附件应用

一、实训目的和要求

1. 熟练掌握记事本的操作方法。
2. 熟练掌握计算器的设置及操作方法。
3. 熟练掌握画图工具的操作方法。

二、实训内容

1. 使用记事本创建并修改文本文件。
2. 使用并设置计算器。
3. 使用画图工具。

三、实训步骤

1. 使用记事本

STEP 1 单击“开始”→“所有程序”→“附件”→“记事本”命令，打开“记事本”窗口并输入内容。

STEP 2 选中内容，单击“格式”→“字体”命令，打开“字体”对话框，在对话框中设置字体为宋体、字形为常规、大小为小四号，如图 2-44 所示，单击“确定”按钮完成设置。

STEP 3 单击“编辑”按钮，在弹出的下拉菜单中选择“复制”命令，在新行粘贴文字，如图 2-45 所示。

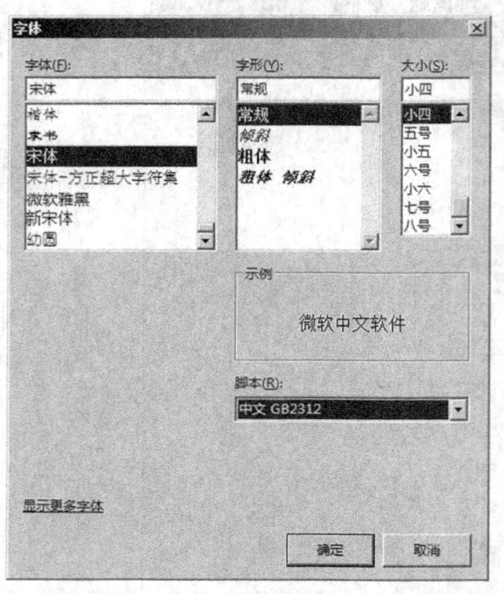

图 2-44 “字体”对话框

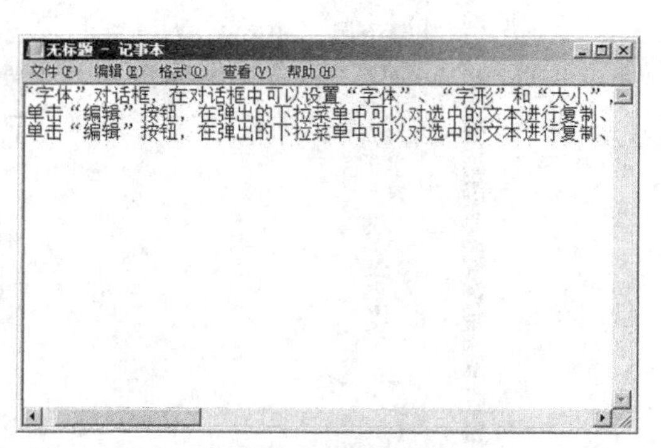

图 2-45 编辑文字

STEP 4 单击“文件”→“保存”命令，打开“另存为”对话框，将记事本命名为“1”并保存在桌面，单击“确定”按钮。

2. 使用计算器

STEP 1 单击“开始”→“所有程序”→“附件”→“计算器”命令，打开“计算器”程序。输入“85*63”算式，单击“=”按钮，即可计算出结果，如图 2-46 所示。

STEP 2 单击“查看”→“科学型”命令，打开科学型计算器程序，可进行更为复杂的运算，如计算“tan30”的数值，先输入“30”，然后单击“tan”按钮，即可计算出相应的数值，如图 2-47 所示。

3. 使用画图工具

Windows 7 系统中的画图工具较之以前的版本有很大的变化，所有功能按钮都分类集中在相应的功能组中，使用户操作起来更加简便、流畅。

STEP 1 导入图片。单击“开始”→“所有程序”→“附件”→“画图”命令，打开“画图”窗口。单击“剪贴板”功能组中的“粘贴”下拉按钮，选择“粘贴来源”命令，打开“粘贴来源”对话框，如图 2-48 所示。选择库中的菊花图片，单击“打开”按钮。

图 2-46　计算器界面

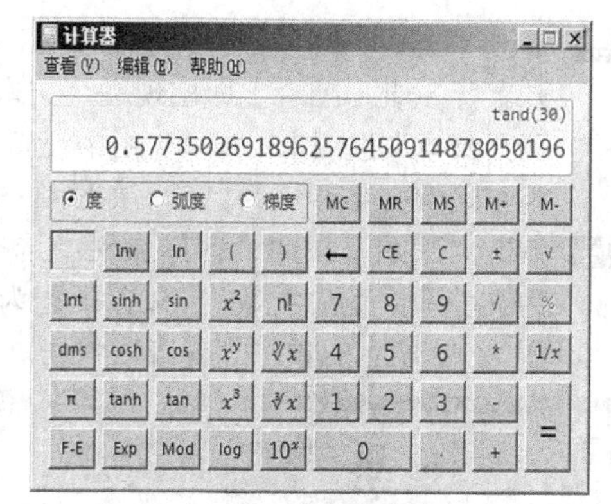

图 2-47　tan30 的计算结果

图 2-48　选择图片

STEP 2 截取图片。单击“图像”功能组中的“选择”下拉按钮，选择“自由图形选择”命令，当鼠标变成四向箭头时，在图片上画出想要保留的部分，松开鼠标左键，如图 2-49 所示。此时，方框内为截取部分的图片。单击“图像”功能组中的“裁剪”按钮，此时显示出截取的部分图片，如图 2-50 所示。

图 2-49　自由图形选择

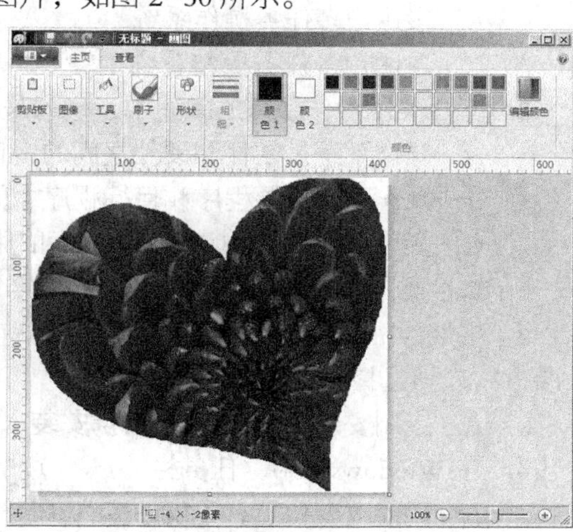

图 2-50　截取的部分图片

STEP 3 单击“工具”组中的“文本”按钮，按住鼠标左键在提取的图片上向下拖动，松开鼠标左键，图片上即出现一个文本框，输入“送你一颗心”并在打开的“文本工具文本”选项卡“字体”组中设置为方正姚体、18 号字、加粗格式，在“颜色”组中设置文字颜色为白色，如图 2-51 所示。

STEP 4 单击“画图”按钮，在导航栏中选择“保存”命令，打开“保存为”对话框，为文件命名为“礼物”，保存类型为“JPEG”格式，保存位置为“图片库”，如图 2-52 所示，单击“保存”按钮。

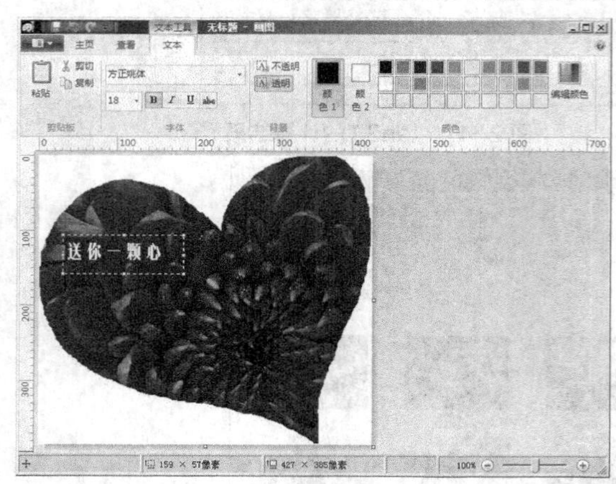

图 2-51　设置字体

图 2-52　保存图片

四、拓展训练

1. 使用附件中的“截图工具”截取桌面 Windows 旗帜，并保存为“微软之旗”.BMP。
2. 使用附件中的“画图”打开“微软之旗”.BMP，添加文字“我要超越”，绘制图形。

习题

一、选择题

1. Windows 7 是一个（　　）。

　A. 多用户多任务操作系统　　B. 单用户单任务操作系统

　C. 单用户多任务操作系统　　D. 多用户分时操作系统

2. 下面关于操作系统的叙述中正确的是（　　）。

　A. 操作系统是软件和硬件之间的接口

　B. 操作系统是源程序和目标程序之间的接口

　C. 操作系统是用户和计算机之间的接口

　D. 操作系统是主机和外设之间的接口

3. 安装 Windows 7 时，因为磁盘空间有限，只安装运行 Windows 7 所必需的基本文件，安装方式应该选择（　　）。

　A. 定制安装　　B. 便携安装　　C. 最小安装　　D. 典型安装

4. 在 Windows 7 中，任务栏（　　）。

　A. 只能改变位置，不能改变大小　　B. 只能改变大小，不能改变位置

　C. 既不能改变位置，也不能改变大小　　D. 既能改变位置，也能改变大小

5. 在 Windows 7 环境中，屏幕上可以同时打开若干个窗口，但是（　　）。

A. 其中只能有一个是当前活动窗口，它的标题栏颜色与其他窗口不同

B. 其中只能有一个在工作，其余都不能工作

C. 它们都不能工作，只有其余都关闭，留下一个窗口才能工作

D. 它们都不能工作，只有其余都最小化后，留下一个窗口才能工作

6. 当一个应用程序窗口被最小化时，该应用程序将（　　）。

A. 被暂停执行　　B. 被终止执行

C. 被转入后台执行　　D. 继续在前台执行

7. 操作系统的功能是（　　）。

A. CPU 管理、存储管理、设备管理、文件管理

B. 运算器管理、控制器管理、磁盘管理、内存管理

C. 硬盘管理、软盘管理、存储器管理、程序管理

D. 编译管理、文件管理、设备管理、中断管理

8. 把 Windows 7 系统当前活动窗口的信息复制到剪贴板，应按（　　）键。

A. Alt+PrintScreen　　B. Ctrl+PrintScreen

C. Shift+ PrintScreen　　D. PrintScreen

9. 以下四项描述中有一个不是鼠标器的基本操作方式，它是（　　）。

A. 单击　　B. 拖放

C. 连续交替按下左右键　　D. 双击

10. 图标是 Windows 7 的重要元素之一。下列关于图标的叙述中，错误的是（　　）。

A. 图标只能代表某个应用程序

B. 图标既可以代表程序，又可以代表文档

C. 图标可以表示被组合在一起的多个程序

D. 图标可能代表仍然在运行但窗口被最小化的程序

11. Windows 7 的“桌面”指的是（　　）。

A. 登录到 Windows 7 后看到的屏幕　　B. 全部窗口

C. 某个窗口　　D. 活动窗口

12. 关于 Windows 7 操作系统，下列论述正确的是（　　）。

A. 仅支持鼠标操作

B. 必须在 DOS 提示符下启动 Windows 7

C. 可以打开多个窗口但不能同时执行多个程序

D. 可以同时运行多个程序

13. 在 Windows 7 中，欲选定当前文件夹中的全部文件和文件夹对象，可使用的组合键是（　　）。

A. Ctrl+V　　B. Ctrl+C　　C. Ctrl+A　　D. Ctrl+D

14. 用鼠标拖动窗口的（　　）可以改变窗口的大小。

A. 工具栏　　B. 菜单栏　　C. 标题栏　　D. 边框

15. 当系统出现一些原因不明的故障时，不再运行 Windows 7 操作系统，应选择“关机”中的（　　）选项。

A. 重新启动计算机并切换到 MS-DOS 方式

B. 关闭所有程序以其他身份登录

C. 关闭计算机

D. 重新启动计算机

16. 在 Windows 7 的任务栏中，显示的是（　　）。

A. 不含窗口最小化的所有被打开窗口的图标

B. 所有已打开的窗口图标

C. 当前窗口的图标

D. 除当前窗口外的所有已打开窗口的图标

17. 关闭一个活动应用程序窗口，可以按快捷键（　　）。

A. Ctrl + Esc　　B. Ctrl + F4　　C. Alt + F4　　D. Shift + F4

18. 在 Windows 7 中，一旦屏幕保护开始，当前窗口就处于（　　）状态。

A. 前台运行　　B. 后台运行　　C. 关闭　　D. 等待

19. 在 Windows 7 环境中，当启动（运行）一个程序时就打开一个自己的窗口，关闭运行程序的窗口，就是（　　）。

A. 使该程序的运行转入后台工作

B. 暂时中断该程序的运行，启动另一个应用程序

C. 结束该程序的运行

D. 该程序的运行仍然继续，不受影响

20. 任务栏右侧显示的时间是（　　）。

A. 北京时间　　B. 伦敦时间　　C. 纽约时间　　D. 计算机系统时间

二、填空题

1. 双击 Windows 7 桌面上的快捷图标，可以________。

2. 在 Windows 7 中，为了重新安排系统的“开始”菜单，应在对话框中进行________。

3. 在 Windows 7 中，先将鼠标指针指向某一对象，然后单击右键，通常会打开________。

4. 在 Windows 7 中，每一个菜单中都含有若干命令项，其中有些命令项后面有“…”，执行该命令后，将弹出一个________。

5. 在 Windows 7 中，文件夹是用来组织磁盘文件的一种________数据结构。

6. 在 Windows 7 的某个对话框中，按________键与单击“确定”按钮的作用相同。

7. Windows 7 是基于________界面的操作系统。

8. 在 Windows 7 中，若要删除选定的文件，可直接按________键。

9. 任务栏的最左端是“________”菜单按钮。

10. “复制”操作是将选定的内容复制到系统的________上。

三、判断题

1. 文件是操作系统用于组织和存储文字材料的形式。（　　）

2. 操作系统是一个常用的应用软件。（　　）

3. 改变窗口大小时，若内容显示不下，窗口会自动出现水平或竖直滚动条。（　　）

4. 桌面上的图标可以移动到桌面上任何位置。（　　）

5. 在 Windows 7 桌面上删除文件的快捷方式丝毫不影响原文件。（　　）

6. 搜索文件时通配符“？”代表稳健命中该位置上的多个字符。（　　）

7. Windows 7 是计算机的操作系统软件。（　　）

8. 任务栏的作用是快速启动、管理和切换各个应用程序，不能任意隐藏后显示任务栏和改变他的设置。 （ ）

9. Windows 7 支持长文件名或文件夹名，且其中可以包含空格。 （ ）

10. 在 Windows 7 系统中，“回收站”被清空后，回收站图标不发生变化。 （ ）

四、简答题

1. 简述窗口界面的基本组成元素。
2. 在 Windows 7 中，如何进行任务切换？
3. 什么是快捷键、快捷菜单、快捷方式？
4. 如何选定文件或文件夹？
5. 控制面板的作用是什么？

PART 3

第3章 Word 2010 文字处理软件

实训一 诗词赏析

一、实训目的和要求

1. 熟练掌握使用 Word 2010 建立、编辑、保存和打开文档的方法。
2. 熟练掌握 Word 2010 中字符和段落格式化方法。
3. 熟练掌握页面背景和边框设置方法。
4. 熟练掌握页面设置方法。
5. 熟练掌握保护文档方法。

二、实训内容

1. 建立 Word 文档，输入如图 3-1 内容，以“诗词赏析”为文件名保存文档。

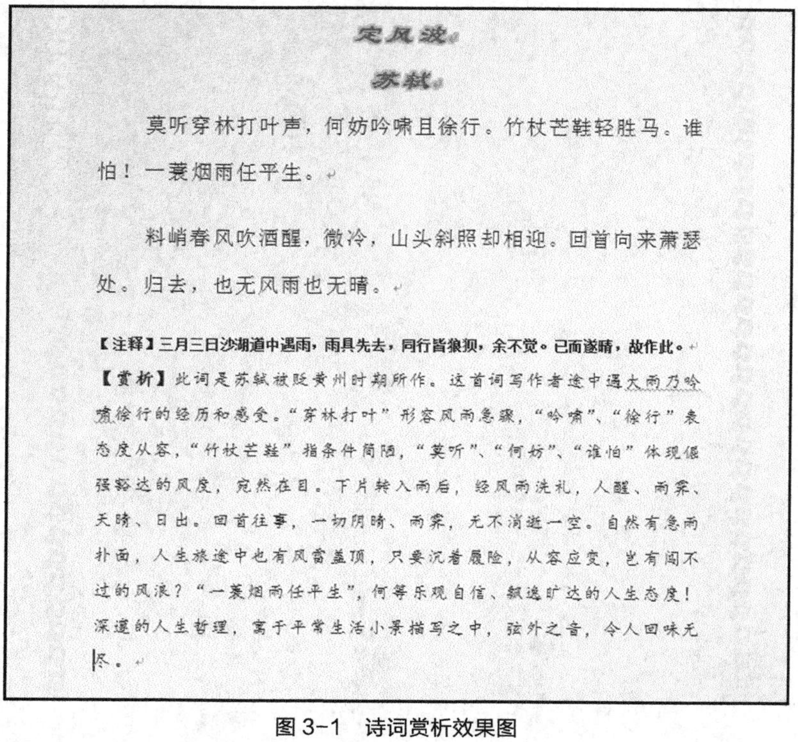

定风波

苏轼

莫听穿林打叶声，何妨吟啸且徐行。竹杖芒鞋轻胜马。谁怕！一蓑烟雨任平生。

料峭春风吹酒醒，微冷，山头斜照却相迎。回首向来萧瑟处。归去，也无风雨也无晴。

【注释】三月三日沙湖道中遇雨，雨具先去，同行皆狼狈，余不觉。已而遂晴，故作此。

【赏析】此词是苏轼被贬黄州时期所作。这首词写作者途中遇大雨乃吟啸徐行的经历和感受。“穿林打叶”形容风雨急骤，“吟啸”、“徐行”表态度从容，“竹杖芒鞋”指条件简陋，“莫听”、“何妨”、“谁怕”体现倔强豁达的风度，宛然在目。下片转入雨后，经风雨洗礼，人醒、雨霁、天晴、日出。回首往事，一切阴晴、雨霁，无不消逝一空。自然有急雨扑面，人生旅途中也有风雷盖顶，只要沉着履险，从容应变，岂有闯不过的风浪？“一蓑烟雨任平生”，何等乐观自信、飘逸旷达的人生态度！深邃的人生哲理，寓于平常生活小景描写之中，弦外之音，令人回味无尽。

图 3-1 诗词赏析效果图

2. 页面设计：纸张：B5；边距：左右边距为2cm，上下页边距为2.5cm，字符间距加宽0.5磅。

3. 将标题字体设置格式为“隶书、加粗倾斜、18号、紫色”，文字效果为“发光和柔滑边缘”中的预设“紫色，8pt发光，强调文字颜色4”；将正文字体格式设置为“宋体、4号”、首行缩进“2个字符”、段前段后间距设为“12磅”，行距为“1.5倍行距”。将【注释】文字的格式设置为“9号、加粗显示”；将【赏析】文字格式设置为“楷体、小四号字”。

4. 设置文档背景为“渐变、双色（水绿色，强调文字颜色5，淡色40%；橙色，强调文字颜色6，淡色80%）、斜上”效果。

5. 设置页面边框为“乐符”艺术边框，格式为“宽度15磅，橄榄色、强调文字颜色3、淡色40%”。

6. 在文档底部插入当天日期。

7. 为文档加密。

三、实训步骤

1. 启动Microsoft Word 2010

在“开始”菜单中选择“所有程序”命令，在弹出的菜单中单击“Microsoft Office”图标，并在级联菜单中选择“Microsoft Word 2010”命令。

2. 输入内容

选择一种输入法，按照图3-1所示输入相应内容。

3. 保存文档

单击“文件”选项卡，在导航栏中选择“另保存”命令，打开“另存为”对话框，选择“保存位置”为“D:\计算机文化基础”，“文件名”为“诗词赏析”，单击“保存”按钮。单击“文件”选项卡，在导航栏中选择“退出”命令，关闭Microsoft Word 2010。

4. 打开文档

用鼠标右键单击“计算机”图标，选择“打开”命令，在左侧窗口中单击D盘的折叠按钮，选中“计算机文化基础”文件夹，在右侧窗口中双击“诗词赏析”文件，如图3-2所示，完成打开操作。

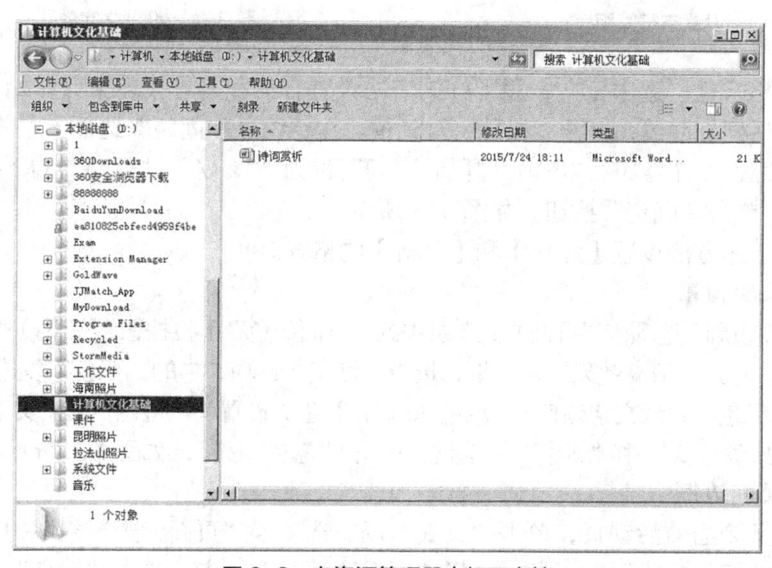

图3-2 在资源管理器中打开文档

5．页面设置

（1）设置页边距。单击“页面布局”选项卡“页面设置”组中的“纸张大小”按钮，在下拉列表中选择“B5”命令，单击“页边距”按钮，在下拉列表中选择“自定义边距”命令，打开“页面设置”对话框，按照题目要求输入页边距数值。

（2）设置字符间距。单击“开始”选项卡“字体”组中的对话框启动器，打开“字体”对话框，选择“高级”选项卡，在“间距”的下拉列表中选择“加宽”命令，在“磅值”编辑框中输入“0.5 磅”。如图 3–3 所示。

6．字符、段落格式化

（1）设置文本效果。选中标题文字，单击“开始”选项卡，在“字体”组的工具栏中将字体设置为“隶书”、字型设置为“加粗倾斜”、字号设置为“18 号”、字体颜色设置为“紫色”、对齐方式设置为“居中”。单击“字体”组中的对话框启动器，打开“字体”对话框，单击“文字效果”按钮，打开“设置文本效果格式”对话框，单击“发光和柔滑边缘”中的“预设”命令，在下拉列表中选择“紫色，8pt 发光，强调文字颜色 4”，如图 3–4 所示。单击“关闭”按钮返回到“字体”对话框，单击“确定”按钮。

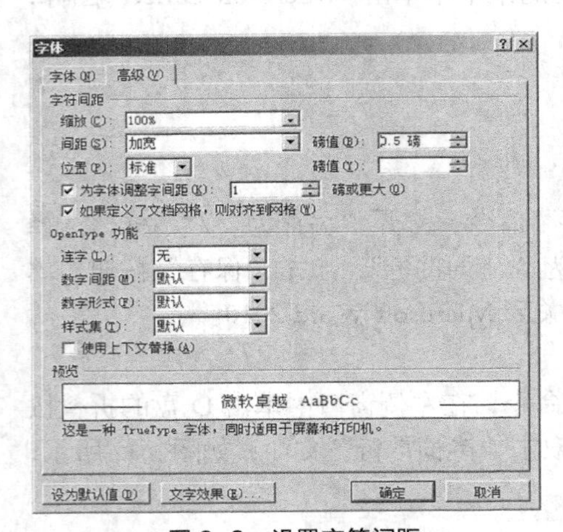

图 3–3 设置字符间距

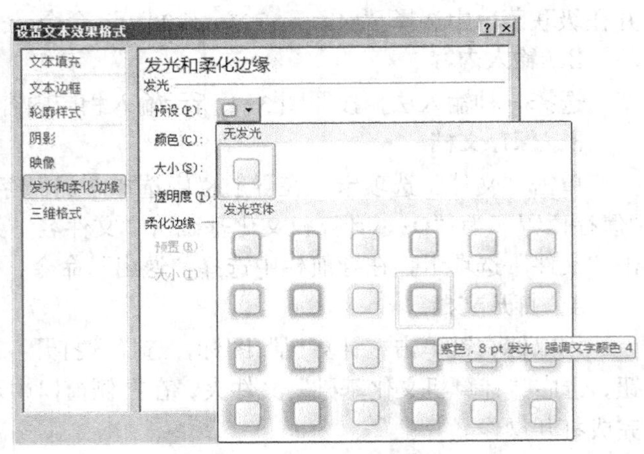

图 3–4 设置文字效果

（2）段落格式化。选中正文，用同样的方法设置字体和字号，单击“开始”选项卡“段落”组中的对话框启动器，打开“段落”对话框。在“缩进和间距”选项卡中将“特殊格式”设置为“首行缩进 2 个字符”“段前”“段后”间距设为“12 磅”，“行距”的下拉列表中选择“1.5 倍行距”，单击“确定”按钮，如图 3–5 所示。

（3）参照上述方法设置【注释】和【赏析】的格式。

7．设置文档背景

单击“页面布局”选项卡“页面背景”组中的“页面颜色”下拉按钮，在下拉列表中选择“填充效果”命令，打开“填充效果”对话框，选中“渐变”选项卡中的“双色”复选框；将“颜色 1”设置为“水绿色，强调文字颜色 5，淡色 40%”；颜色 2 设置为“橙色，强调文字颜色 6，淡色 80%”；选中“底纹样式”中“斜上”复选框，单击“确定”按钮，如图 3–6 所示。

8．设置页面边框

将光标放置到当前活动页，单击“页面布局”选项卡“页面背景”组中的“页面边框”按钮，打开“边框和底纹”对话框，选择“页面边框”选项卡，单击“颜色”下拉列表选择

“橄榄色、强调文字颜色 3、淡色 40%”；单击“宽度”下拉列表选择“15 磅”；单击“艺术型”下拉列表选择“乐符”艺术边框；单击“应用于”下拉列表选择“整篇文档”，如图 3-7 所示。

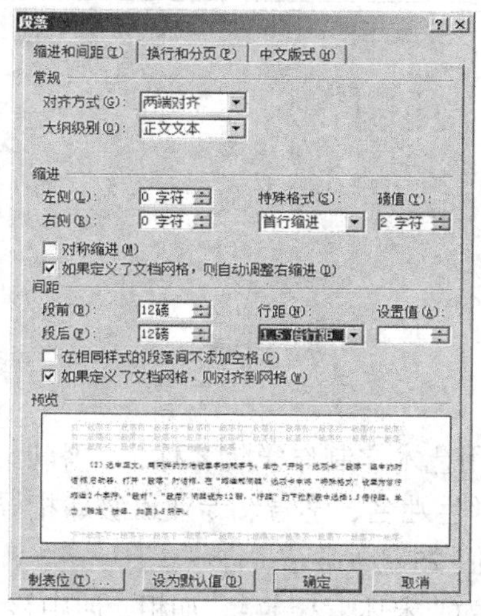

图 3-5　段落格式化

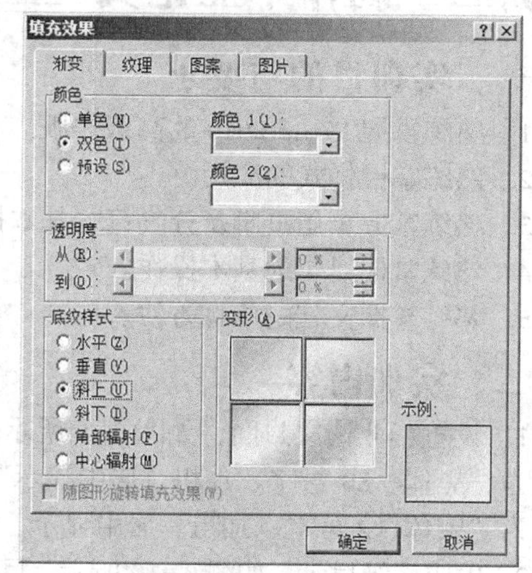

图 3-6　设置页面背景

9. 插入日期

将光标放置到文档底端，单击“插入”选项卡“文本”组中的“日期和时间”按钮，打开“日期和时间”对话框，在“可用格式”列表中选择一种日期格式，单击“确定”按钮，如图 3-8 所示。

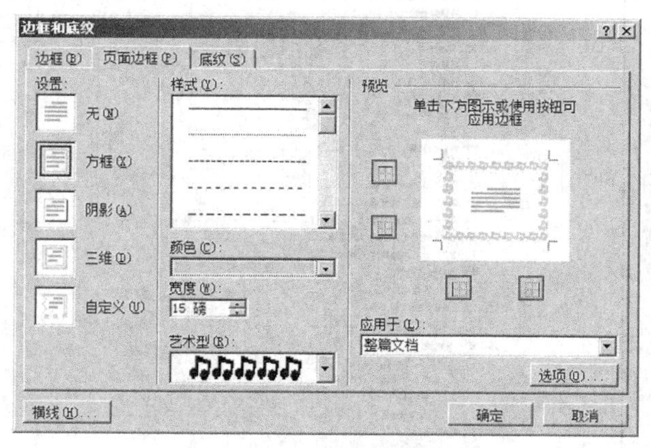

图 3-7　设置页面边框

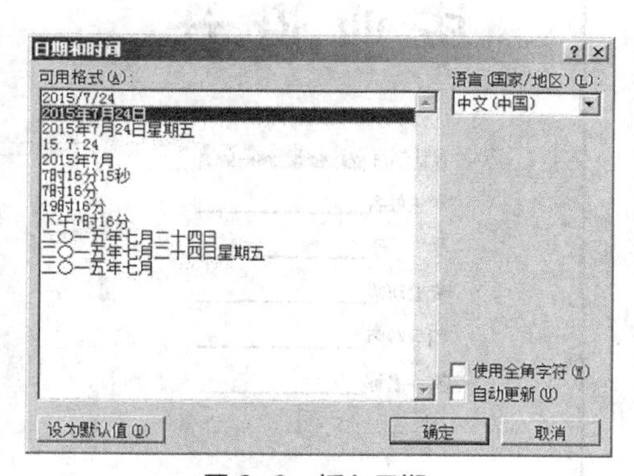

图 3-8　插入日期

10. 加密文档

单击“文件”选项卡，在导航栏中选择“另存为”命令，打开“另存为”对话框。单击该对话框左下角的“工具”按钮，在下拉列表项中选择“常规选项”命令，打开“常规选项”对话框。在“此文档的文件加密选项”下设置“打开文件时的密码”，在“此文档的文件共享选项”下设置“修改文件时的密码”，单击“确定”按钮。

四、拓展训练

题目：写给母亲的一封信。

要求：使用 Word 2010 中的封面及页面背景设置功能，设计制作一封信，书写对母亲含辛茹苦抚养你成长的感恩心情，书写你最想对母亲说的话。

实训二　制作毕业论文

一、实训目的与要求

1. 熟练掌握 Word 2010 的高级排版。
2. 熟练掌握样式的应用。
3. 熟练掌握页眉页脚及分隔符的基本操作。
4. 熟练掌握目录的基本操作。
5. 熟练掌握文档的修订方法。

二、实训内容

1. 设置毕业论文封面，如图 3–9 所示。要求：使用艺术字制作学院名称，“毕业设计”设置为“黑体、80 号字、加粗、居中显示”；题目、学生姓名、学号、专业班级、指导教师设置为“宋体、2 号字、加粗、居中显示、行距：固定值 25 磅”。

2. 生成三级目录，如图 3–10 所示。目录标题设置为“宋体、2 号字、加粗、居中显示”；目录内容设置为“宋体、小四号字、两端对齐方式”。

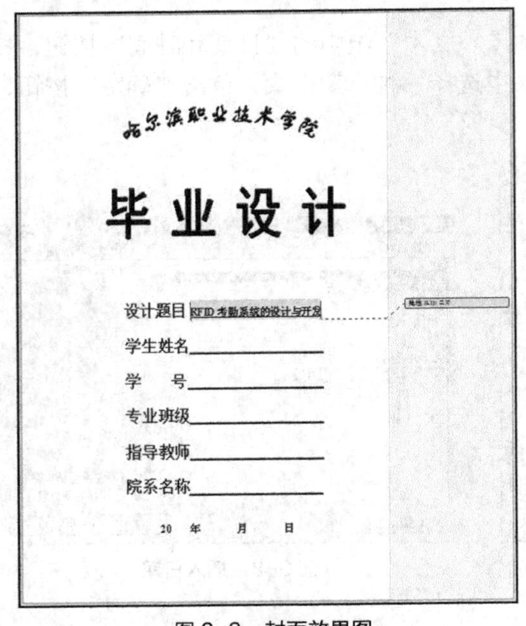

图 3–9　封面效果图

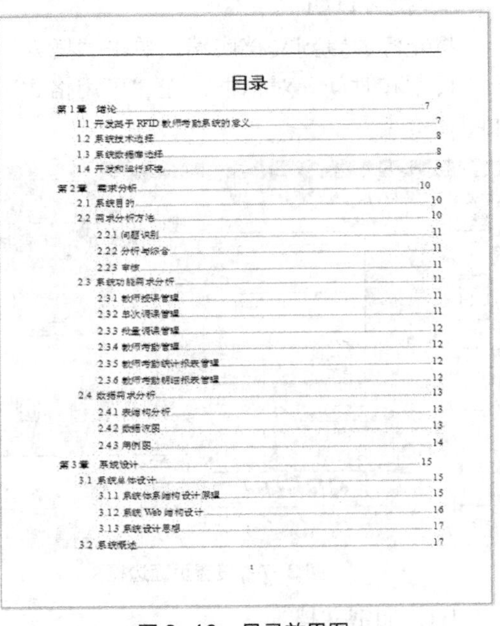

目录

第 1 章　绪论 7
1.1 开发基于 RFID 教师考勤系统的意义 7
1.2 系统技术选择 8
1.3 系统数据库选择 8
1.4 开发和运行环境 9
第 2 章　需求分析 10
2.1 系统目的 10
2.2 需求分析方法 10
2.2.1 问题识别 11
2.2.2 分析与综合 11
2.2.3 审核 11
2.3 系统功能需求分析 11
2.3.1 教师授课管理 11
2.3.2 单次调课管理 11
2.3.3 批量调课管理 12
2.3.4 教师考勤管理 12
2.3.5 教师考勤统计报表管理 12
2.3.6 教师考勤明细报表管理 12
2.4 数据需求分析 13
2.4.1 表结构分析 13
2.4.2 数据流图 13
2.4.3 用例图 14
第 3 章　系统设计 15
3.1 系统总体设计 15
3.1.1 系统体系结构设计原理 15
3.1.2 系统 Web 结构设计 16
3.1.3 系统设计思想 17
3.2 系统概述 17

1

图 3–10　目录效果图

3. 从第三页（即正文第一页）起插入页码；设置奇数页页眉为报告题目，如图 3–11 所示；偶数页页眉为学生所在院系、专业，如图 3–12 所示。

4. 正文应用样式：

（1）一级标题设置为黑体小二号字、居中、段前段后各 1 行、2.5 倍行距；二级标题设置为黑体小三号、左对齐、段前段后各 13 磅、1.5 倍行距；三级标题设置为黑体小三号字、左对齐、段前 0.5 行、段后 13 磅。

（2）正文设置为宋体小四号字、固定行距 20 磅、首行缩进 2 个字符。

5. 对报告中语法拼写错误的内容进行修订，并对标题加批注，批注内容为“已阅”。

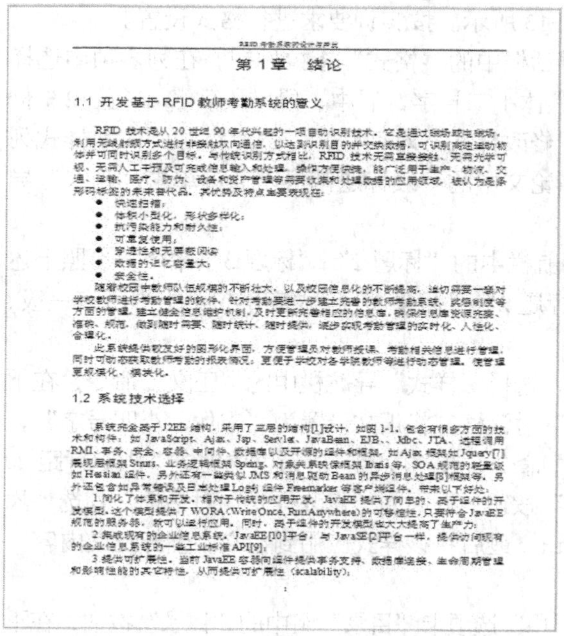

图 3-11　正文奇数页页眉效果图

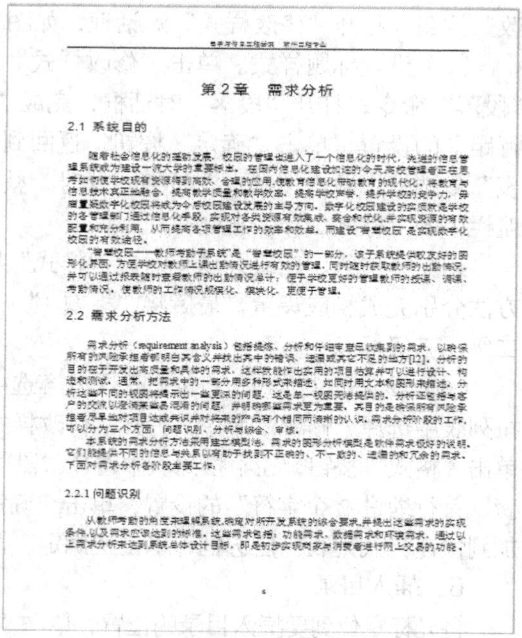

图 3-12　正文偶数页页眉和样式效果图

三、实训步骤

1．插入封面

单击“插入”选项卡“页”组中的“封面”按钮，在下拉列表中选择合适的封面，单击插入，按照图 3-9 输入论文封面内容，或自制论文封面。

2．设置字体格式

选中封面内容，按照实训要求，使用“开始”选项卡“字体”组或“段落”组中的工具按钮完成格式设置。特殊的字号可通过“Ctrl+Shift+<”或“Ctrl+Shift+>”进行设置。

3．从第三页开始插入页码

STEP 1 将光标定位到第 2 页末，单击“页面布局”选项卡“页面设置”组中的“分隔符”按钮，在下拉列表中选择“下一页”命令，此时，光标定位在第三页页首位置。

STEP 2 单击“插入”选项卡“页眉和页脚”组中的“页脚”按钮，选择“空白”样式，编辑页脚。

STEP 3 单击“页眉和页脚工具设计”选项卡“页眉和页脚”组中的“页码”按钮，在下拉列表中选择“页面底端”命令。在当前页面的页脚处插入页码。

STEP 4 选中第三页的页码，单击“页眉和页脚工具设计”选项卡“页眉和页脚”组中的“页码”按钮，在下拉列表中选择“设置页码格式”命令，打开“页码格式”对话框。确定编号格式，并在“起始页面”中输入“1”，单击“确定”按钮。

STEP 5 将第三页前的所有页码删除，完成设置。

4．为论文设置奇偶页页眉

参照教材【例 3-3】完成设置，这里不再赘述。

5．设置样式

（1）使用“修改样式”对话框。单击“开始”选项卡“样式”组的对话框启动器，打开“样式”导航窗格。选中正文的一级标题，单击“样式”导航窗格“标题 1”下拉列表中的“修改”按钮，打开“修改样式”对话框，如图 3-13 所示。按实训要求进行格式设置。

（2）设置标题样式。单击“修改样式”对话框中的“格式”下拉按钮，在列表项中选择“段落”命令，打开“段落”对话框，完成“黑体小二号字、居中、段前段后各 1 行、2.5 倍行距”的设置，单击“确定”按钮，返回到“修改样式”对话框，勾选“添加到快速样式列表”复选框，单击“确定”按钮。此时，整篇论文中的一级标题都可以通过单击“样式”导航栏中的“标题 1”命令完成。

正文中二级、三级标题相对应“样式”导航栏中的“标题 2”“标题 3”命令，参照上述方法分别完成相应设置。最后将“标题 1”“标题 2”“标题 3”样式应用到论文中所有一级、二级、三级标题。

（3）设置正文样式。将论文正文内容选中，选择“样式”导航栏中的“正文”命令，在下拉列表中选择“修改”命令，打开“修改样式”对话框，将正文设置为“宋体、小四号字”，单击“格式”按钮，在下拉列表中选择“段落”命令，在“段落”对话框中完成“固定行距 20 磅、首行缩进 2 个字符”的设置，单击“确定”按钮，返回到“修改样式”对话框，勾选“添加到快速样式列表”复选框，单击“确定”按钮。最后将该样式应用到论文中全部正文内容。

6．插入目录

将光标定位到要插入目录的位置，单击“引用”选项卡“目录”组中的“目录”按钮，在下拉列表中选择三级目录样式，如图 3-14 所示。完成创建。将目录格式按照实训要求进行设置。

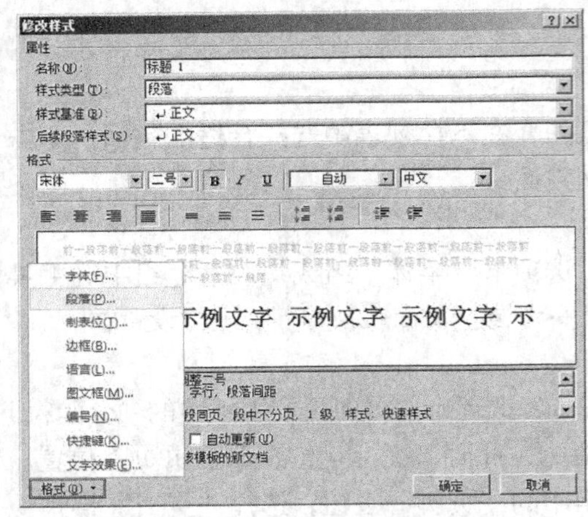

图 3-13 “修改样式”对话框

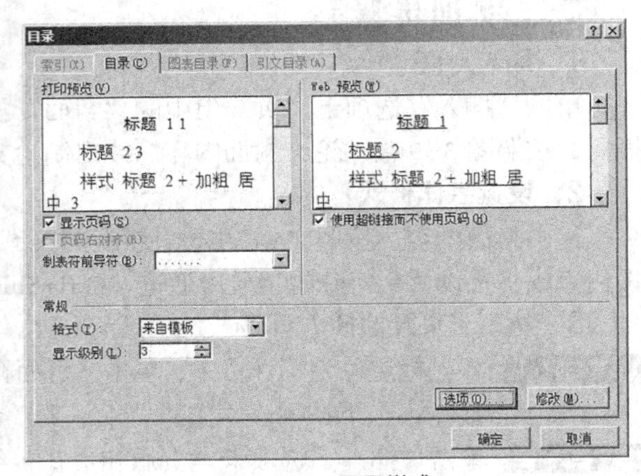

图 3-14 目录样式

7．设置检测语法

如果看到论文中有红色、蓝色或绿色的波浪线，说明论文存在拼写或语法错误。单击“审阅”选项卡“校对”组中的“拼写和语法”按钮，打开“拼写和语法”对话框，勾选“检查语法”复选框。检查系统列出存在错误的句子，如需修改则单击“更改”按钮；否则可以单击“忽略一次”或“全部忽略”按钮忽略关于此单词或词组的修改建议。

8．设置修订

单击“审阅”选项卡“修订”组中的“修订”按钮，对错误的文本进行内容或格式的修改，如图 3-15 所示。修改后的内容可通过“审阅”窗格阅览。

9．插入批注

选中封面标题，单击“审阅”选项卡“批注”组中的“新建批注”按钮，在批注文本框中输入“已阅”，如图 3-9 所示。

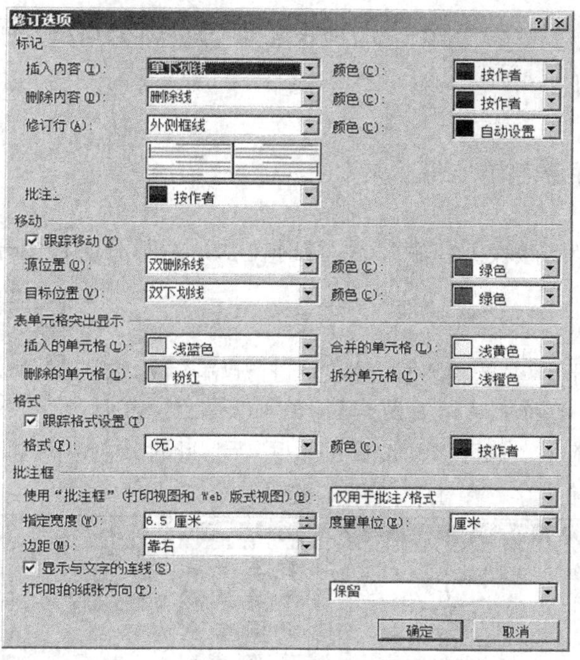

图 3-15　设置更改修订

四、拓展训练

使用 Word 2010 中快速套用样式功能，为每个样式设置对应的快捷键，加快工作效率。

1. 单击“样式”导航栏中第一个样式的下拉按钮，选择“修改”命令。

2. 在打开的“修改样式”对话框中单击“格式”按钮，在“格式”按钮的级联菜单中选择“快捷键”命令。

3. 打开“自定义键盘”对话框，将鼠标定位于“请按新快捷键”编辑栏，为它设置一个快捷键后单击“指定”按钮。

实训三　使用词典功能

一、实训目的与要求

1. 熟练掌握录入生字的操作方法。
2. 熟练掌握添加注音的操作方法。
3. 熟练掌握稿纸的应用。
4. 熟练掌握词典的应用。

二、实训内容

1. 使用 Word 2010 中的输入法录入“蕈、艉、毓、囟”生字。
2. 为生字添加注音，完成认字过程。
3. 清除注音操作。
4. 将文档转换为稿纸样式。

5. 创建一个名为“我爱学习.dic”的词典，将生字添加到自定义词典。

三、实训步骤

1. 新建文档

新建 Word 文档并命名为“我是汉字王”。

2. 切换输入法

打开该文档，切换到微软拼音输入法，此时在 Windows 任务栏中开启输入法，如图 3-16 所示。

图 3-16 微软拼音输入法

3. 录入生字

单击输入法中“开启/关闭输入板”按钮，打开输入板，单击“手写识别”按钮，切换到“输入板-手写识别”窗口，单击鼠标左键在输入板中输入“蕈”字，如图 3-17 所示。此时，在中间窗口列出所有系统识别到的生字列表，选中所输生字，单击“关闭”按钮。

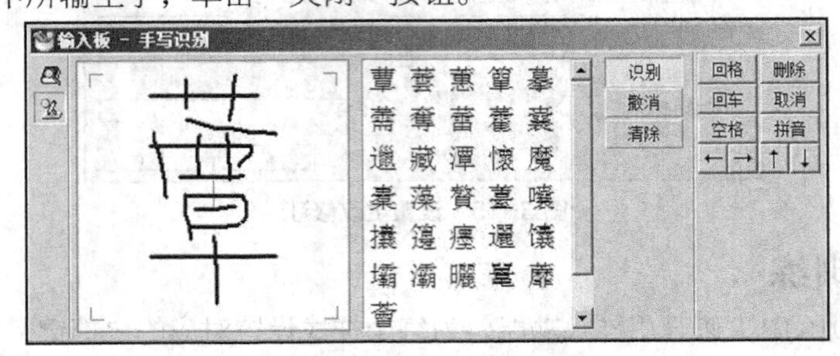

图 3-17 在输入板中输入生字

4. 录入

用同样的方法录入其他三个生字。

5. 添加注音

选中录入的所有生字，单击“开始”选项卡“字体”组“拼音指南”按钮，打开“拼音指南”对话框，如图 3-18 所示。单击“确定”按钮。此时生字上方显示出注音效果，如图 3-19 所示。

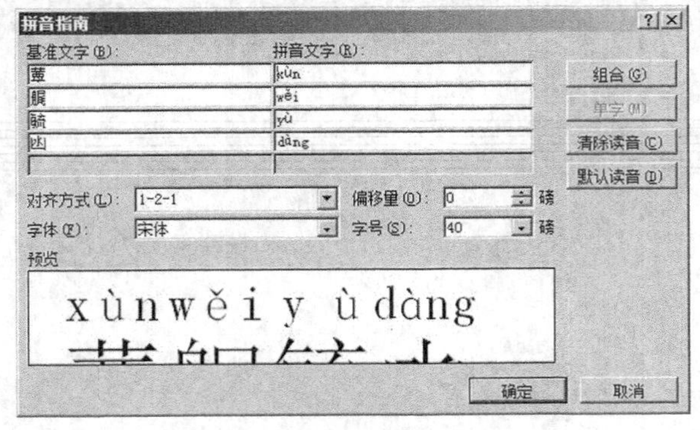

图 3-18 “拼音指南”对话框

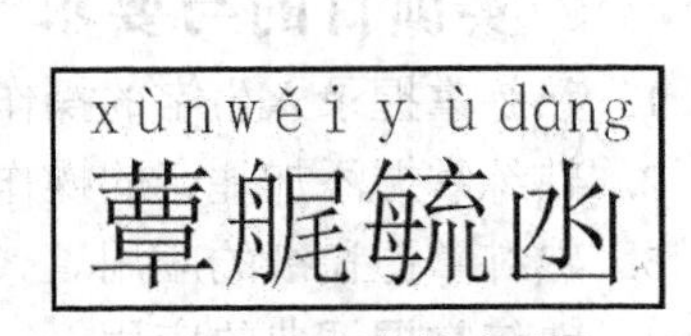

图 3-19 添加注音效果

6. 清除注音

完成识字过程后，选中带注音的生字，单击“开始”选项卡“字体”组“拼音指南”按钮，打开“拼音指南”对话框，单击“清除读音”按钮，单击“确定”按钮。完成清除注音操作。

7. 转换稿纸样式

将光标放置到当前活动页，单击“页面布局”选项卡“稿纸”组中的“稿纸设置”按钮，打开“稿纸设置”对话框，如图 3-20 所示。

8. 设置稿纸格式

在“稿纸设置”对话框中，单击“格式”编辑框下拉按钮，在列表中选择“非稿纸文档”选项，在“行数×列数”编辑框下拉列表中选择“20×20”选项，其余默认选项即可，单击“确定”按钮。此时文档转换为稿纸样式，如图 3-21 所示。

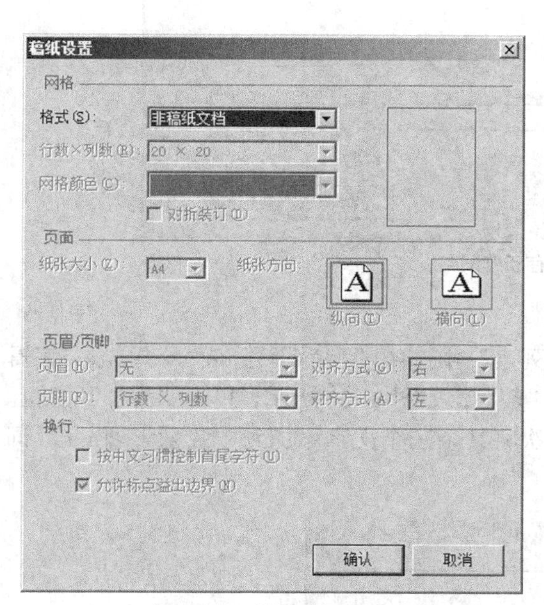

图 3-20　转换稿纸样式

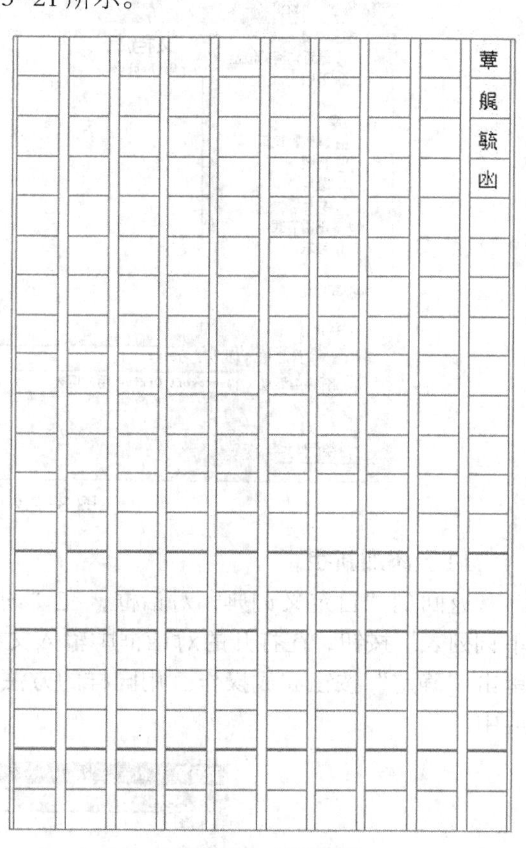

图 3-21　稿纸样式

9. 设置自定义词典

单击“文件”选项卡，在导航栏中选择“选项”命令，在打开的“Word 选项”对话框中选择“校对”选项卡，单击“自定义词典”按钮，打开“自定义词典”对话框，如图 3-22 所示。

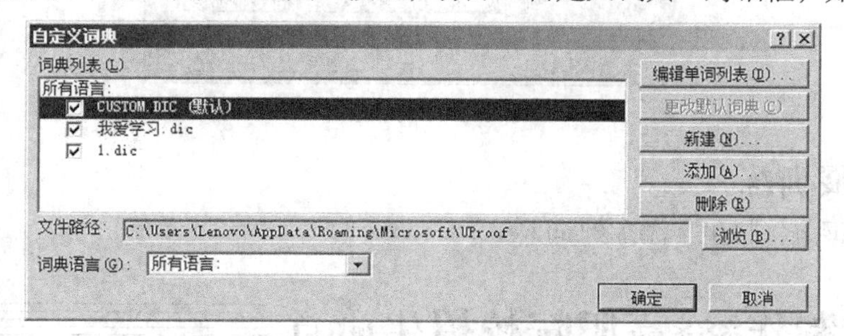

图 3-22　“自定义词典”对话框

10. 创建词典

在该对话框中，单击“新建”按钮，在打开的“创建自定义词典”对话框中选择自定义词典的保存路径，并将词典命名为“我爱学习.dic”，如图 3-23 所示，单击“保存”按钮。

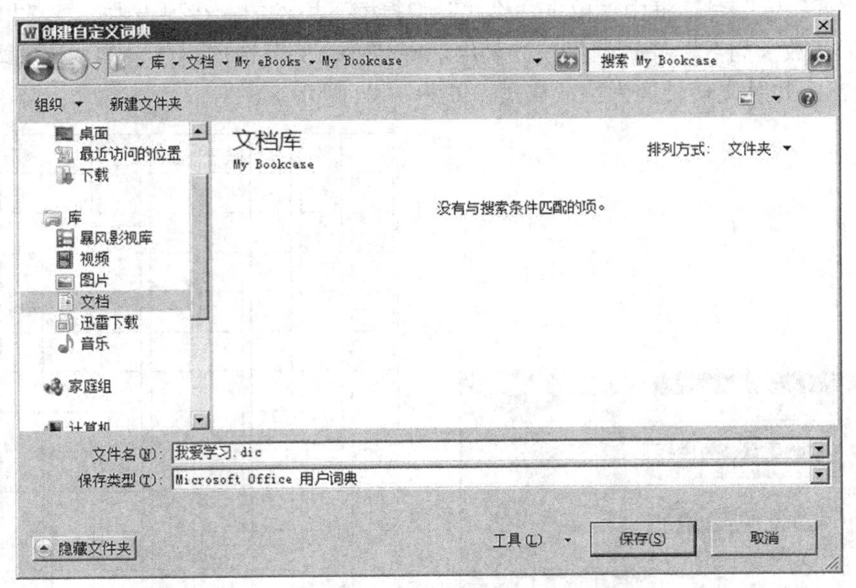

图 3-23　保存新建词典

11．添加新字

返回到“自定义词典”对话框，在“词典列表”中选中“我爱学习.dic”，单击“编辑单词列表”按钮，在打开的对话框中输入文字“蕈”，如图 3-24 所示，单击“添加”按钮。单击“确定”按钮完成操作。用同样的方法依次将其余三个文字添加到“我爱学习.dic”词典中。

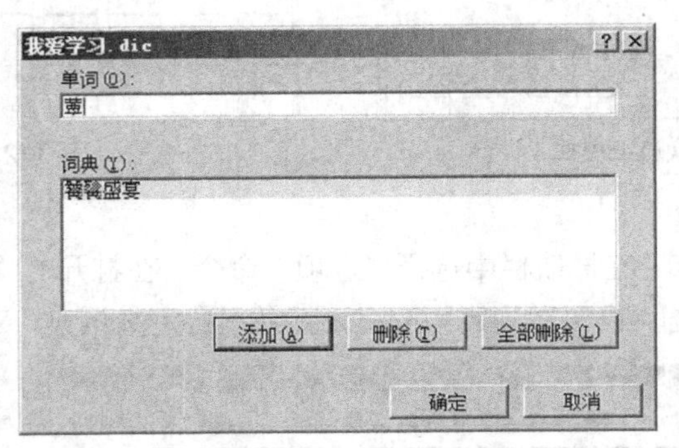

图 3-24　添加新字

四、拓展训练

创建个人词典，将生字添加到词典中。

实训四　制作***高职院校招生简章

一、实训目的与要求

1. 熟练掌握图片的基本操作。

2. 熟练掌握图形的基本操作。
3. 熟练掌握文本框的基本操作。
4. 熟练掌握图文混排的方法。
5. 熟练掌握保存图片格式的方法。

二、实训内容

1. 准备***高职院校的图片素材和招生相关的文字材料。
2. 设计招生简章版面布局。
3. 插入相应图片并编辑图片，绘制图形、在图形上添加文字、修改图形形状及样式。
4. 插入文本框，设置文本框样式和格式。
5. 实现图文混排。
6. 组合所有对象，生成 JPG 图片文件，如图 3-25 所示。

图 3-25 招生简章效果图

三、实训步骤

1. 插入图片

单击“插入”选项卡“插图”组中的“图片”按钮，在打开的“插入图片”对话框中选取要插入的 1、2、3 号图片素材，单击“插入”按钮。依次插入如图 3-26a、图 3-26b、图 3-26c 所示的图片。

图 3-26a　1 号图片

图 3-26b　2 号图片

图 3-26c　3 号图片

2．设置图片的版式和格式

（1）设置图片版式。选中 1 号图片，单击“图片工具格式”选项卡“排列”组中的“自动换行”按钮，在下拉列表中选择“浮于文字上方”命令，选中 2、3 号图片，用同样的命令将版式设置为“紧密型环绕”，将三张图片依照图 3-25 布局。

（2）修饰图片。选中单张图片，单击“图片工具格式”选项卡“大小”组中的“裁剪”按钮，在下拉列表中选择“裁剪”命令，当鼠标变成“┻”形状时，将鼠标放到图片的控点上，按住鼠标左键进行裁剪。

（3）调整图片尺寸。选中 1 号图片，在“图片工具格式”选项卡“大小”组中单击对话框启动器，打开“布局”对话框，选择“大小”选项卡，取消“锁定纵横比”命令，单击“确定”按钮。然后在“大小”组中将高度值设置为“5 厘米”；宽度值设置为“15.6 厘米”，如图 3-27 所示。选中 2、3 号图片，用同样的方法将高度值设置为“2.8 厘米”；宽度值设置为“5 厘米”；调整 3 张图片的版面位置。

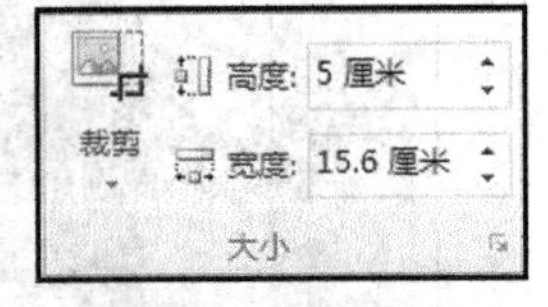

图 3-27　设置图片大小

3．插入艺术字

单击“插入”选项卡“文本”组中的“艺术字”下拉按钮，在列表项中选择“填充-蓝色，强调文字颜色 1，塑料棱台，映像”样式，插入到当前位置。

4．编辑艺术字

（1）设置文本填充。选中刚插入的艺术字，单击“绘图工具格式”选项卡“艺术字样式”组中的“文本填充”按钮，在下拉列表中选择“橙色”“渐变”效果，在弹出的级联菜单中选择“线性对角-右上到左下”命令，如图 3-28 所示。

（2）设置艺术字型。选中艺术字，单击“绘图工具格式”选项卡“艺术字样式”组中的“文本效果”按钮，在下拉列表中选择“转换”命令，在弹出的级联菜单中选择“朝鲜鼓”。

（3）设置版式。将编辑好的艺术字按照 3-25 所示放到 1 号图片上，用鼠标右键单击艺术字，在快捷菜单中选择“置于顶层”命令中的“置于顶层（R）”命令。

5．插入文本框

（1）绘制文本框 1。单击“插入”选项卡“文本”组中的“文本框”按钮，在下拉列表中单击“绘制文本框”按钮，拖动鼠标左键绘制文本框，依照图 3-25 所示输入文字并设置文字格式。选中文本框，选择“绘图工具格式”选项卡“形状样式”组中“其他”按钮，在下拉列表中选择“细微效果-橙色，强调颜色 6”样式，如图 3-29 所示。

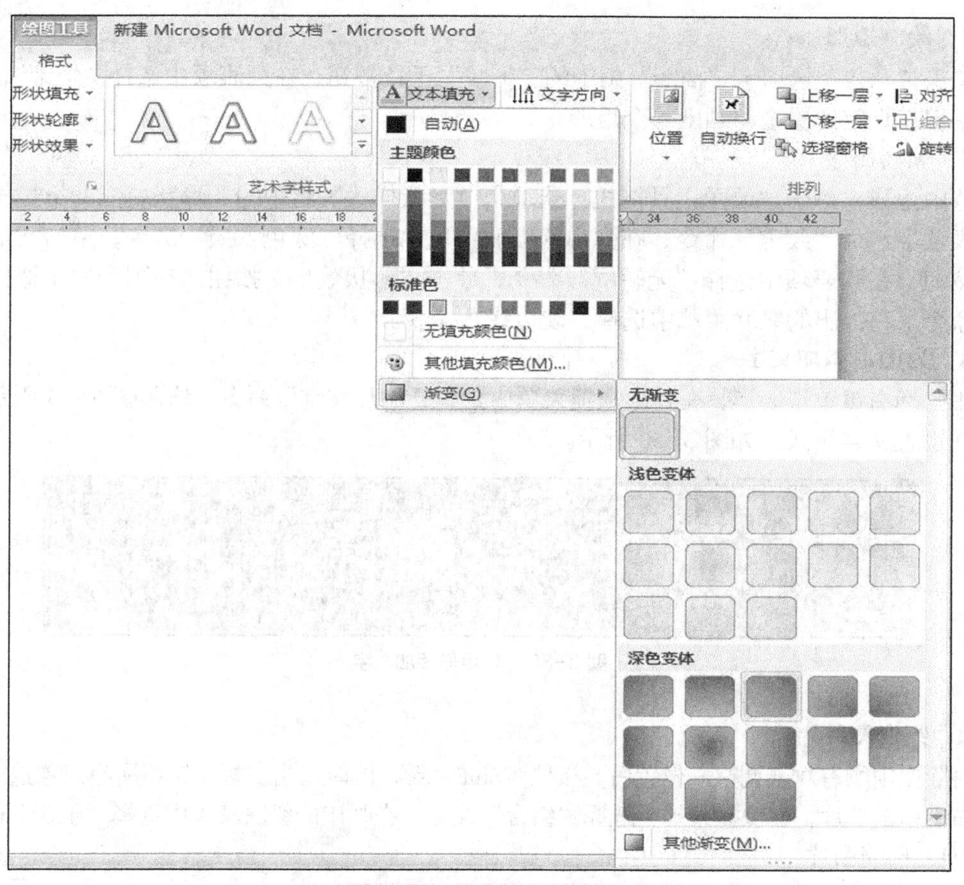

图 3-28 设置艺术字填充

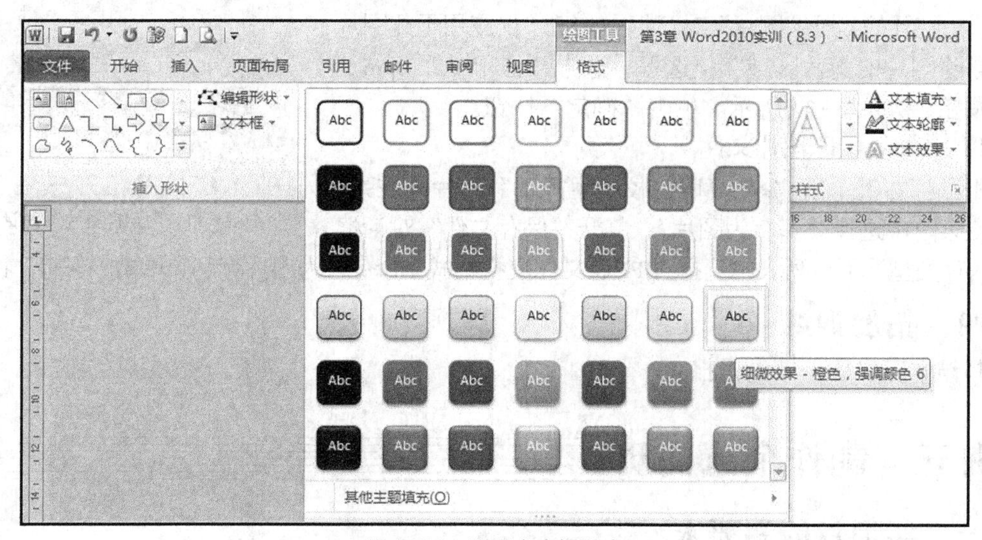

图 3-29 设置文本框样式

（2）绘制文本框 2。用同样的方法绘制文本框 2，并设置格式为“中等效果-橙色，强调颜色 6”，单击“形状效果”下拉列表选择“棱台”命令，在弹出的级联菜单中选择“柔圆”命令。将制作好的文本框 1、2 按照图 3-25 所示放置到相应位置。

6．绘制矩形

单击“插入”选项卡“插图”组中的“形状”下拉按钮，在列表项中选择“矩形”，按住鼠标左键在指定位置拖动画出一个矩形。

7．编辑图形

选中矩形，单击“绘图工具格式”选项卡“形状样式”组中的“形状填充”下拉按钮，在列表项中选择“纹理”命令，在弹出的级联菜单中选择“深色木质”命令；单击“形状轮廓”按钮，在列表项中选择“无轮廓”命令；单击“形状效果”按钮，在列表项中选择“棱台”命令，在弹出的级联菜单中选择“硬边缘”命令。

8．为图形添加文字

用鼠标右键单击矩形，在弹出快捷菜单中选择“添加文字”命令，依照图 3-25 所示输入文字并设置文字格式，如图 3-30 所示。

图 3-30　为矩形添加文字

9．组合图片

将版面中所有对象调整好位置后，按住“Shift”键，同时单击鼠标左键将所有对象选中，再鼠标右键单击图片，在快捷菜单中选择“组合”命令，在弹出的级联菜单中选择“组合”命令。

10．压缩图片

单击“图片工具格式”选项卡“调整”组中的“压缩图片”按钮，在打开的“压缩图片”对话框中勾选“仅应用于此图片”及“删除图片的剪裁区域”复选框，选中“打印（220 ppi）”单选按钮，如图 3-31 所示。单击“确定”按钮。

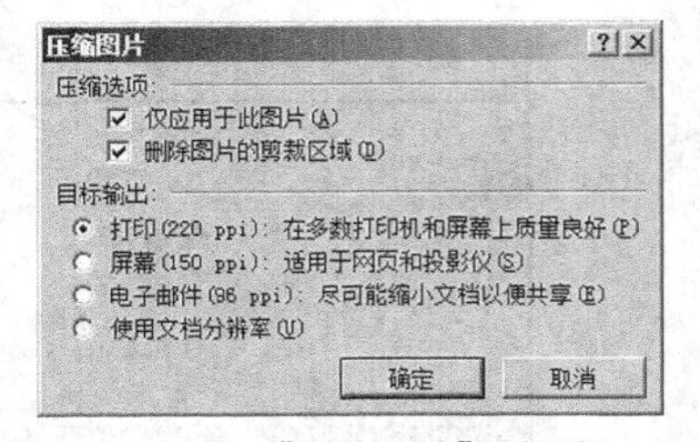

图 3-31　“压缩图片”对话框

11．生成 JPG 图片文件

用鼠标右键单击“***高职院校招生简章”图片，在弹出的快捷菜单中选择“另存为图片”，打开“保存文件”对话框，在“保存类型”下拉列表中选择“JPEG 文件交换格式”命令，为图片命名，单击“保存”按钮。

四、拓展训练

制作本班级的一期电子报。

实训五　制作个人简历

一、实训目的和要求

1. 熟练掌握文档的建立、保存与打开方法。
2. 熟练掌握文档的排版、页面设置方法。
3. 熟练掌握表格的创建、格式化方法。
4. 熟练掌握插入图形文件方法。

二、实训内容

1. 插入封面模板并设置格式。
2. 使用表格功能制作简历表。
3. 输入具体内容，插入图片。
4. 添加水印效果。

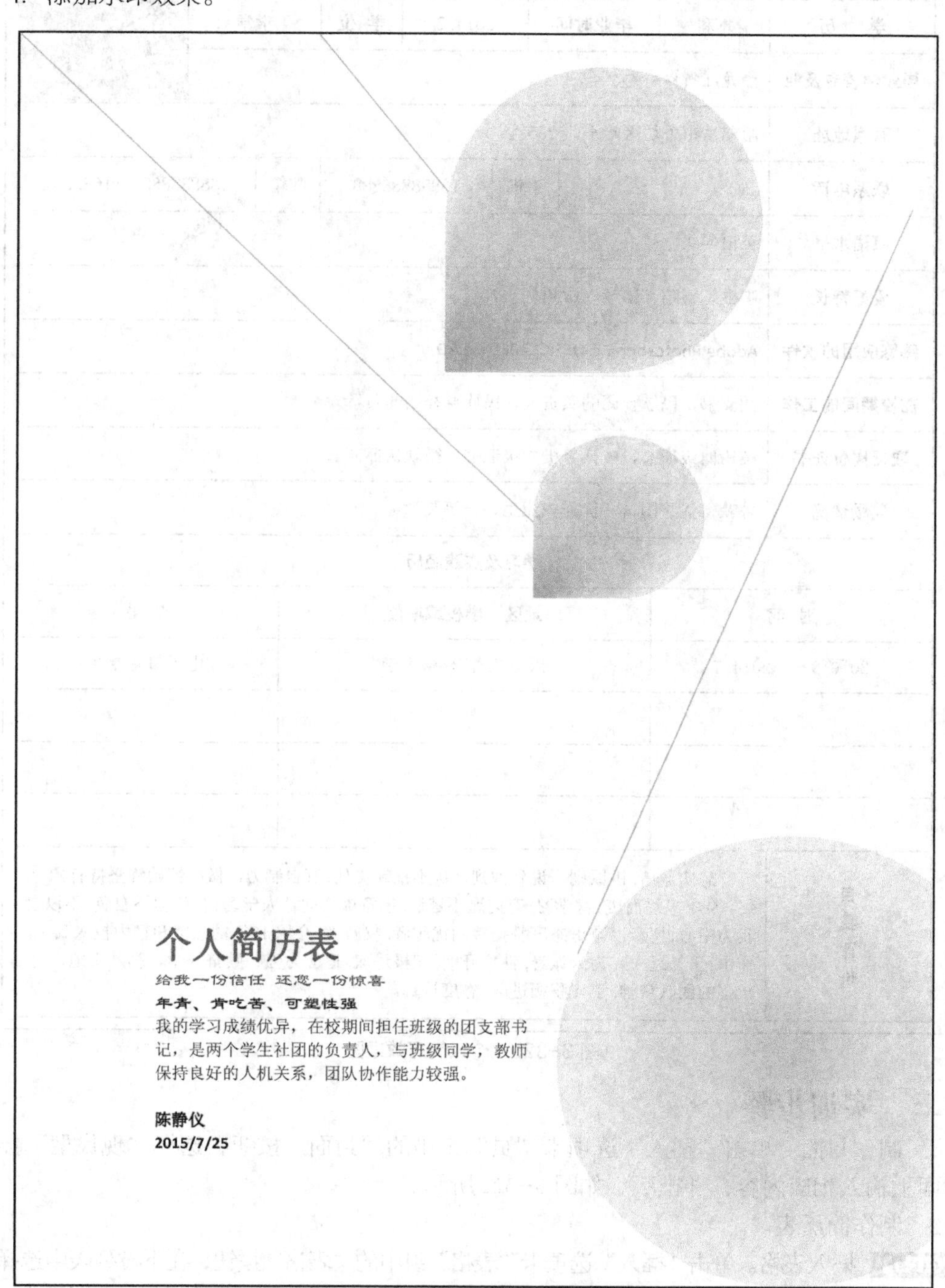

图 3-32a 个人简历效果图

个人简历表

姓　名	陈静仪	性　别	女	民族	满族	
政治面貌	团员	出生年月	1990.6.7	贯籍	山东	
学　历	本科	毕业时间	2014.7	学位	工学学士	
毕业学校专及业	黑龙江省*****大学					
联系地址	哈尔滨市香坊区哈平路256号					
联系电话		手机	13888888888	邮箱	13888888888@163.com	
英语水平	英语四级					
爱好特长	唱歌、舞蹈、钢琴、画画					
熟练应用的软件	Adobe Photoshop 、OFFICE2010、CAD					
在校期间的工作	团支书，民歌社团的负责人、民族舞社团的负责人					
取得岗位证书	英语四级证书、省计算机二级证书、微软认证证书					
奖励情况	曾获得优秀团员、优秀毕业生、一等奖学金					

学习及实践经历

时　间	地区、学校或单位	专　业
2010.9——2014.7	黑龙江省*****大学	电子信息专业

自我评价	忠实诚信，讲原则，说到做到，决不推卸责任；有自制力，做事情始终坚持有始有终，从不半途而废；肯学习，有问题不逃避，愿意虚心向他人学习；自信但不自负，不以自我为中心；愿意以谦虚态度赞扬接纳优越者，权威者；会用100%的热情和精力投入到工作中；平易近人。为人诚恳，性格开朗，积极进取，适应力强、勤奋好学、脚踏实地，有较强的团队精神，工作积极进取，态度认真。

图 3-32b　个人简历效果图

三、实训步骤

1. 制作封面。单击“插入”选项卡“页”组中的“封面”按钮，选择“现代型”样式。在封面上输入相应内容，并排版。如图 3-32a 所示。

2. 制作简历表。

STEP 1 插入表格。单击“插入”选项卡“表格”组中的“表格”按钮，在下拉列表中选择“插入表格”命令，在打开的“插入表格”对话框中输入 13 行 7 列，单击“确定”按钮。

STEP 2 合并单元格。选中 G1:G4 单元格区域，单击“表格工具布局”选项卡“合并”组中的“合并单元格”按钮。用同样的方法将 B4:F4、B5:G5、B7:G7、B8:G8、B9:G9、B10:G10、B11:G11、B12:G12、B13:G13、A13:G13 的单元格区域进行合并。单击“表格工具设计”选项卡“绘图边框”组中的“擦除”按钮，当鼠标变成橡皮擦形状后单击 F6 和 G6 单元格中间的线，将其擦除。完成操作后如图 3-33 所示。

↵	↵	↵	↵	↵	↵	↵
↵	↵	↵	↵	↵	↵	
↵	↵	↵	↵	↵	↵	
↵	↵					
↵	↵					
↵	↵	↵	↵	↵	↵	
↵	↵					
↵	↵					
↵	↵					
↵	↵					
↵	↵					
↵	↵					
↵						

图 3-33　合并单元格后的表格

STEP 3 绘制表格。单击“插入”选项卡“表格”组中的“表格”按钮，在下拉列表中选择“绘制表格”命令，此时鼠标变成笔的形状，在已插入的表格下面绘制出一个方格，用同样的方法接着再画一个方格，单击“绘制表格”命令结束绘制，完成操作后如图 3-34 所示。

3．拆分单元格

将光标放置到刚绘制的第一个方格中，单击“表格工具布局”选项卡“合并”组中的“拆分单元格”按钮，打开“拆分单元格”对话框，依照图 3-32b 将方格拆分成 5 行 3 列的表格，如图 3-35 所示，单击“确定”按钮。

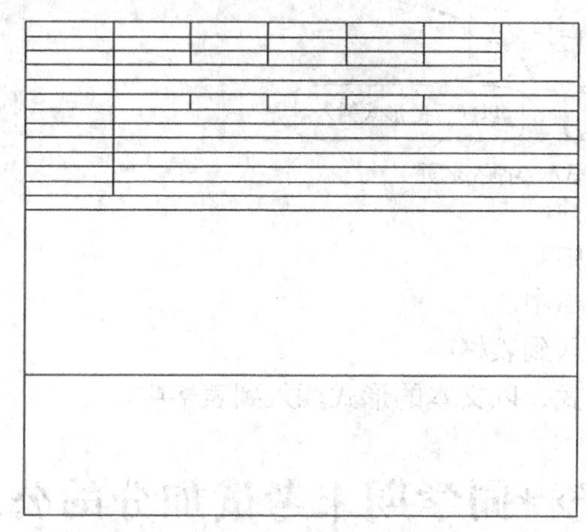

图 3-34　在已插入的表格下方绘制两个方格

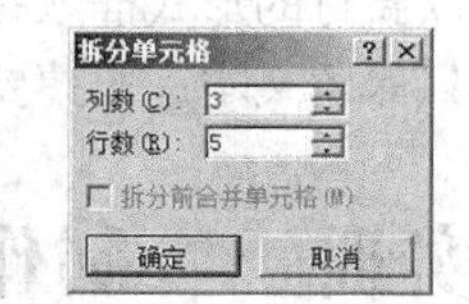

图 3-35　拆分单元格

4．绘制列边线

用绘制表格的方法在第二个方格的左侧绘制一条列边线。使用“表格工具布局”选项卡“单元格大小”组中快捷工具调整整个表格的行高和列宽，使其合理、美观，完成表格的制作，如图 3-36 所示。

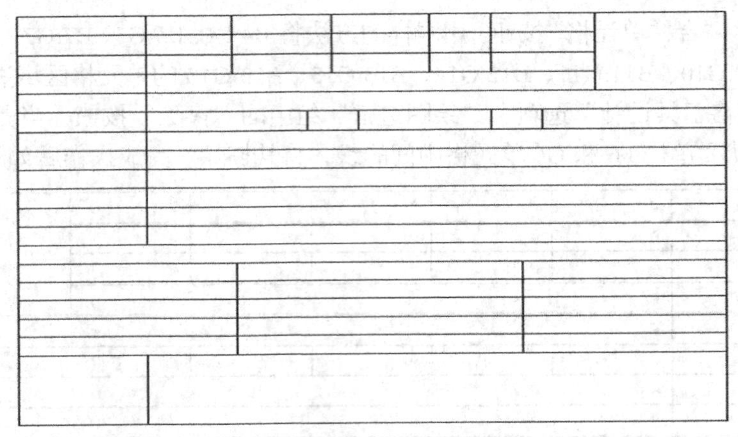

图 3-36　完成制作的表格

5．输入表格内容

按照图 3-32b 在表格中输入相应内容，并在照片的位置插入一张图片，完成图文混排操作。

6．添加水印

单击“页面布局”选项卡“页面背景”组中的“水印”下拉按钮，在下拉列表中，单击“严禁复制 1”样式。

四、拓展训练

在已制作完成的个人简历中插入新行，将你上学期成绩单复制粘贴到新行中。

提示

需要使用粘贴选项命令，如图 3-37 所示。

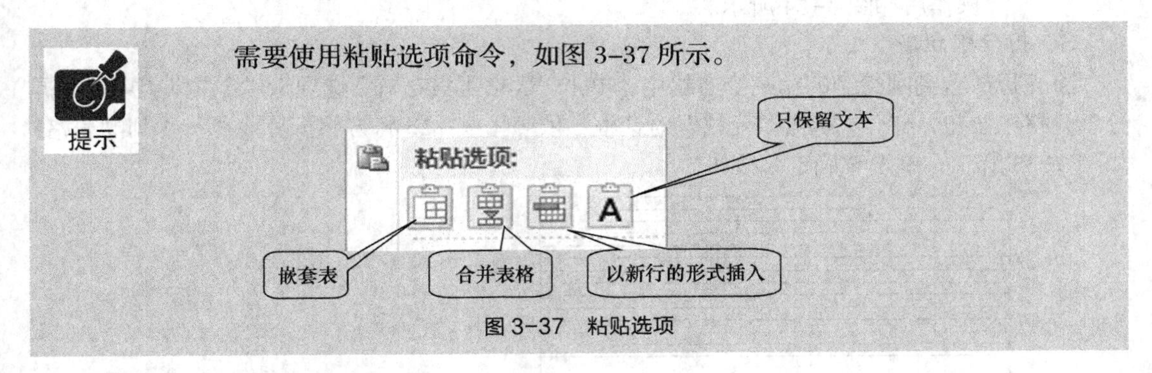

图 3-37　粘贴选项

- 嵌套表：以嵌套的形式插入到表格中。
- 合并表格：以合并的形式插入到表格中。
- 以新行的形式插入：另起一行，插入到表格中
- 只保留文本：去掉要插入表格的格式，以文本的形式插入到表格中。

综合实训一　制作关于给予**同学期末考试加分的公示

一、实训目的和要求

1. 熟练掌握页眉中图片的编辑方法。
2. 熟练掌握文档的排版、页面设置方法。
3. 熟练掌握表格的创建、编辑及表格中数据计算的方法。

4. 熟练掌握绘制图形的方法。

5. 熟练掌握制作名章的方法。

二、实训内容

1. 建立空白文档，输入公示内容。设置参数：标题：黑体 36 号字，红色、加粗，居中显示；副标题：黑体小二号字，加粗，居中显示，单倍行距；正文：仿宋三号字，黑色，两端对齐，首行缩进 2 个字符，单倍行距；落款右对齐；主题词设置为：宋体、4 号字、加粗；抄送和印发单位设置为：仿宋、4 号字。

2. 依照图 3-38 所示，在副标题上方绘制直线并设置为：红色，3 磅粗；在文档底端绘制三条直线并设置为：黑色、1.5 磅粗。实现图文混排。

哈尔滨职业学院文件

办公室发[2015]8号

关于给予**学生期末考试加分的公示

我校**学生在省第八届大学生运动会上荣获 100 米短跑第一名，根据我院《学生参加体育比赛及各种竞赛给予期末考试加分的暂行规定》文件精神，学院决定给予**学生本学期期末考试单科加 10 分的奖励。

特此公示！

公示期自即日始 5 个工作日，凡对**学生期末考试加分有意见者，请及时以书面或口头形式向**学院党总支反映，也可直接向纪检监察部反映。

接待时间：每天 8:00—11:00，13:00—15:00

联系电话：**学院党总支：12345678　纪检监察部：87654321

附件：**学生本学期期末考试成绩单

**学院党总支

2015 年 7 月 10 日

主题词：获奖 加分

抄送：各二级学院

哈尔滨职业学院办公室　2015 年 7 月 20 日印发

图 3-38　第一页效果图

3. 在第二页插入页眉：哈尔滨职业学院，并在右侧插入一张学院的校徽，设置校徽图片的格式。

4. 使用分隔符，将第二页文字方向设置为“横向”。

5. 在第二页创建表格，输入“**学生期末考试成绩单”，并完成加分后的成绩计算，如图 3-39 所示。

6. 绘制印章。依照图 3-39 所示绘制印章并放置到相应位置，实现图文混排。

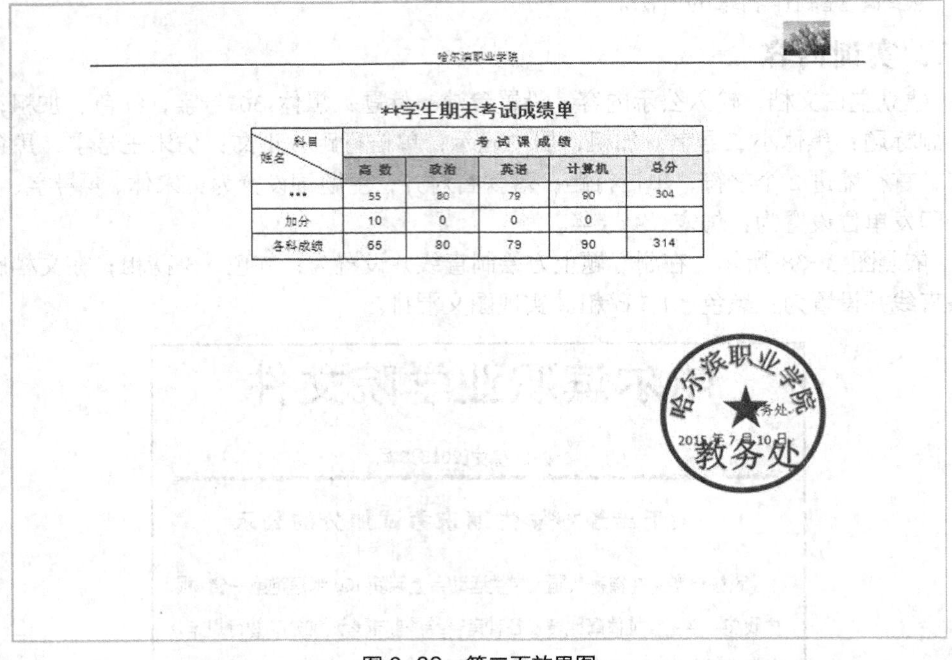

哈尔滨职业学院

**学生期末考试成绩单

科目／姓名	考试课成绩				
	高数	政治	英语	计算机	总分
***	55	80	79	90	304
加分	10	0	0	0	
各科成绩	65	80	79	90	314

哈尔滨职业学院
2015 年 7 月 10 日
教务处

图 3-39　第二页效果图

三、实训步骤

1．新建文档

用“Ctrl+N”组合键创建一个空白文档，并保存为“期末考试成绩加分公示”。

2．输入正文内容

按照图 3-38 所示录入公示的内容。

3．格式化文档

选中标题，单击“开始”选项卡，选择“字体”组，按实训要求分别设置文字格式。选择“段落”组，设置对齐方式、行距。用同样的方法将副标题和正文内容进行格式化。

4．绘制直线

单击“插入”选项卡“插图”组中的“形状”按钮，在下拉列表中选择“直线”命令，按住鼠标左键拖动，绘制出一条直线。选中直线，单击“绘图工具格式”选项卡“形状样式”组中的“形状轮廓”按钮，在下拉列表中选择“3 磅”的直线，并将颜色设置为红色。用同样的方法绘制出其余的三条直线并设置相应格式，如图 3-40 所示。

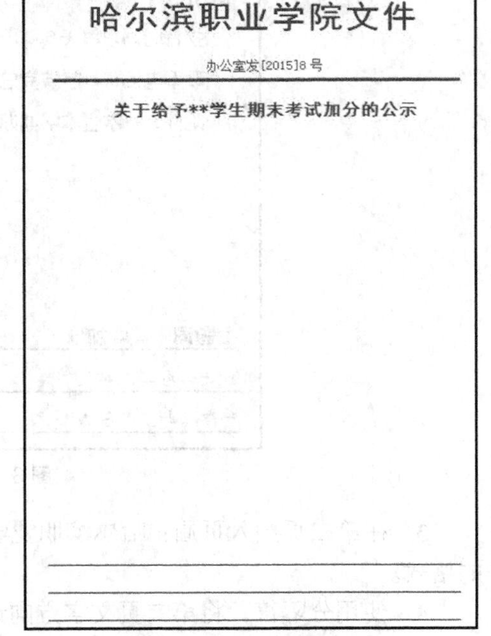

哈尔滨职业学院文件

办公室发[2015]8 号

关于给予**学生期末考试加分的公示

图 3-40　绘制的直线

5．设置横向页面

将光标定位在第一页的页尾处，单击“页面布局”选项卡“页面设置”组中的“分隔符”按钮，在下拉列表中选择“下一页”命令，此时，光标在第二页的顶端。单击“纸张方向”命令，将纸张调整为“横向”，完成不同页插入。

6．插入页眉

将光标放置在第二页的顶端，单击“插入”选项卡“页眉页脚”组中的“页眉”按钮，在下拉列表中选择“空白页眉”，输入页眉内容，将其左对齐。单击“页眉页脚工具设计”选项卡“插入”组中的“图片”按钮，将该学院的校徽插入到页眉中。

7．编辑页眉图片

选中校徽图片，单击“图片工具格式”选项卡“排列”组中的“自动换行”按钮，在下拉列表里选择“浮于文字上方”的环绕方式。将图片调整到文档的右上角，如图3-41所示。

哈尔滨职业学院

图3-41 插入有图片的页眉

8．插入表格

单击“插入”选项卡“表格”组中的“表格”按钮，在下拉列表中拖动鼠标左键插入一个5行6列的表格。

9．插入斜线表头

将光标定位在要插入斜线表头的单元格，单击“表格工具设计”选项卡“表格样式”组中的“边框”按钮，在下拉列表中单击“斜下框线”按钮。输入斜线表头。

10．完成考试课成绩的单元格合并

拖动鼠标左键将B1:F1单元格选中，单击“表格工具布局”选项卡“合并”组中的“合并单元格”按钮。

11．录入数据

根据图3-39所示输入表格数据。

12．设置表格格式

STEP 1 设置对齐方式。选中整个表格，单击“表格工具布局”选项卡“对齐方式”组中的“水平居中”按钮。

STEP 2 设置底纹。选中要添加底纹的单元格，单击“表格工具设计”选项卡“表格样式”组中的“底纹”按钮，在下拉列表中选择如图3-39所示的底纹颜色。

STEP 3 设置边框。选中整个表格，单击“表格工具设计”选项卡“表格样式”组中的“边框”按钮，在下拉列表中选择“边框和底纹”命令，打开“边框和底纹”对话框。分别设置外边框和内边框。

① 设置外边框：在该对话框的“边框”选项卡中，在“颜色”和“宽度”编辑栏中分别输入“黑色”、“2.25磅”，然后在“设置”区域选中“方框”选项，如图3-42所示。单击“确定”按钮。

② 设置内边框：在“颜色”和“宽度”编辑栏中分别输入“黑色”、“0.5磅”，在“预览”区域，单击“内框线”2个图标。单击“确定”按钮，完成设置，如图3-43所示。

13．求和计算

将光标放置到B5单元格内，单击“表格工具布局”选项卡“数据”组中的“公式”按钮，在下拉列表中打开“公式”对话框，检查默认公式相对应的单元格是否正确后，单击“确定”按钮。用同样的方法求出其他科目和总分的值。

14．绘制印章

参照教材【例3-4】操作步骤完成绘制，并实现图文混排。

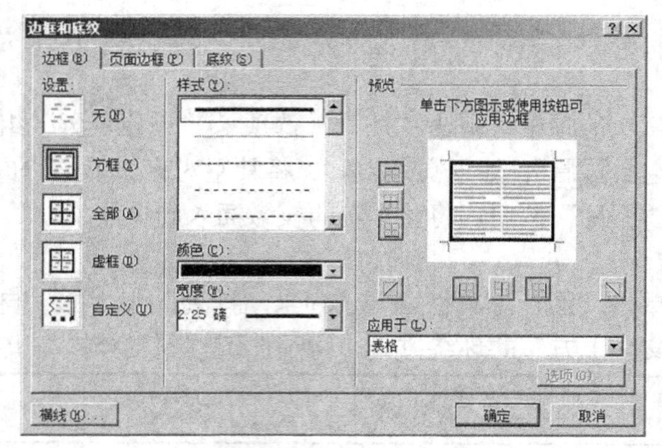

图 3-42　设置外边框

**学生期末考试成绩单

科目 姓名	考试课成绩				
	高 数	政治	英语	计算机	总分
***	55	80	79	90	304
加分	10	0	0	0	
各科成绩	65	80	79	90	314

图 3-43　制作成绩单

四、拓展训练

制作班级上学期期末成绩汇总表，计算班级平均分，用三维饼图显示班级成绩分布。

综合实训二　制作道德模范荣誉证书

一、实训目的和要求

1. 熟练掌握邮件合并的方法。
2. 熟练掌握云存储功能。

二、实训内容

1. 准备一个荣誉证书的模板。
2. 使用邮件合并向导批量制作荣誉证书。
3. 将证书保存到云。

图 3-44　批量制作的荣誉证书

三、实训步骤

1．导入荣誉证书模板

单击桌面“实训6证书模板.doc”文档，打开模板并修改荣誉证书模板内容如图3-45所示。

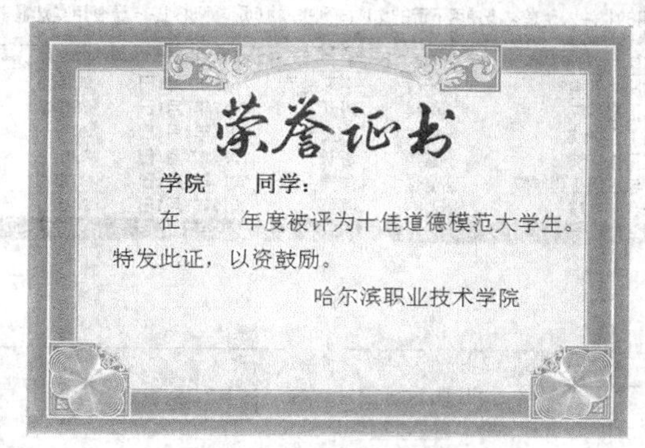

图3-45 荣誉证书模板

2．使用邮件合并向导

单击“邮件”选项卡选择“开始邮件合并”组中的“开始邮件合并”按钮，在下拉列表中选择“邮件合并分步向导”命令。

STEP 1 打开“邮件合并”导航栏，在“选择文档类型”向导页选中“信函”单选按钮，并单击“下一步：正在启动文档”命令，如图3-46所示。

STEP 2 在打开的“选择开始文档”向导页中，选中“使用当前文档”单选按钮，并单击“下一步：选取收件人”命令。

STEP 3 打开“选择收件人”向导页，选中“键入新列表”单选按钮，并选择“创建”命令，打开“新建地址列表”对话框，按照荣誉证书的编辑要素修改地址列表中的字段名，将需要奖励的人员信息输入到该对话框中，如图3-47所示，单击“确定”按钮。

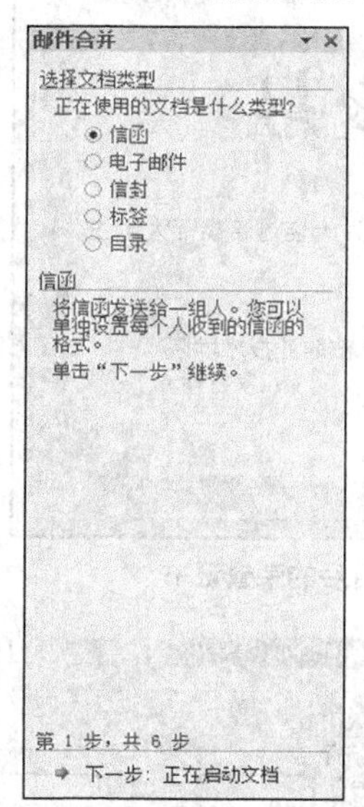

图3-46 邮件合并向导导航栏

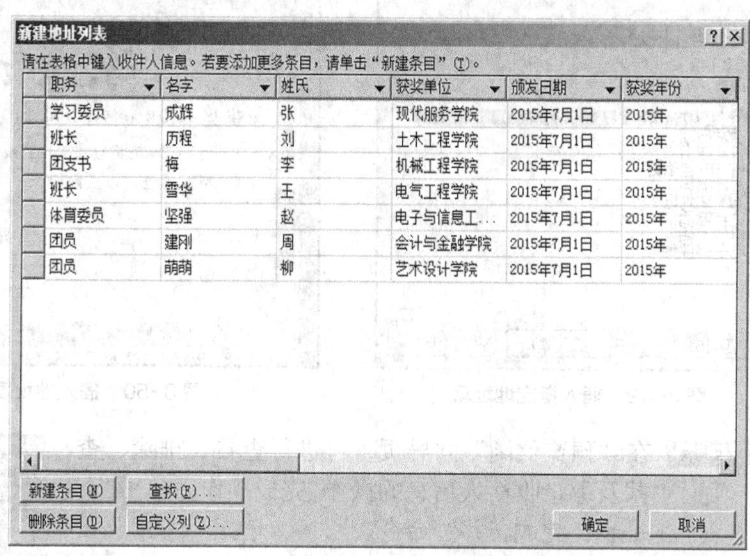

职务	名字	姓氏	获奖单位	颁发日期	获奖年份
学习委员	成辉	张	现代服务学院	2015年7月1日	2015年
班长	历程	刘	土木工程学院	2015年7月1日	2015年
团支书	梅	李	机械工程学院	2015年7月1日	2015年
班长	雪华	王	电气工程学院	2015年7月1日	2015年
体育委员	坚强	赵	电子与信息工...	2015年7月1日	2015年
团员	建刚	周	会计与金融学院	2015年7月1日	2015年
团员	萌萌	柳	艺术设计学院	2015年7月1日	2015年

图3-47 输入列表内容

STEP 4 打开“保存到通讯录”对话框，为信函数据源命名，单击“保存”按钮。

STEP 5 打开“邮件合并收件人”对话框，可通过编辑数据源操作，更新收件人信息，确认信息无误后单击“确定”按钮，如图 3-48 所示。返回“邮件合并”导航栏，单击“下一步：撰写信函”命令。

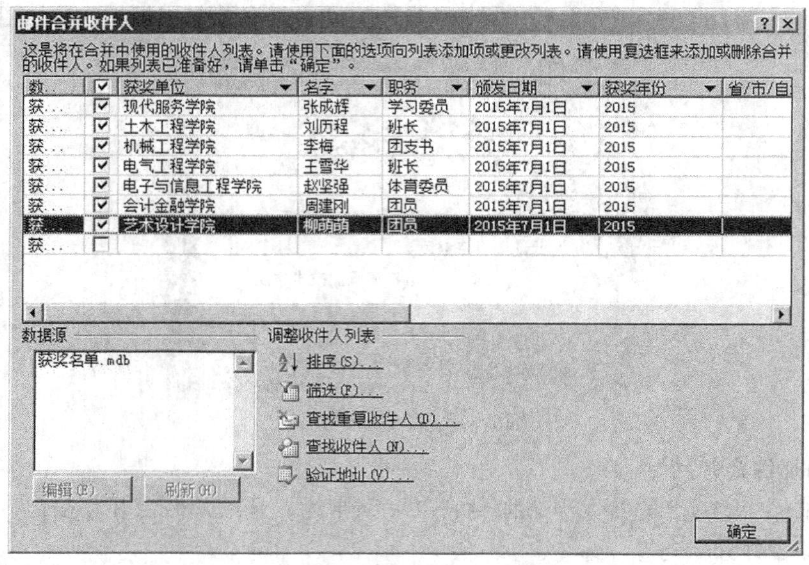

图 3-48 邮件合并收件人对话框

STEP 6 将光标放置到荣誉证书的“**”学院位置，单击“撰写信函”导航栏中的“其他项目”命令，打开“插入合并域”对话框，选取“获奖单位”地址元素，如图 3-49 所示。单击“插入”按钮。用同样的方法依次将“名字”“颁发日期”“获奖年份”插入到证书模板的相应位置，如图 3-50 所示。完成设置后，单击“下一步：预览信函”命令。

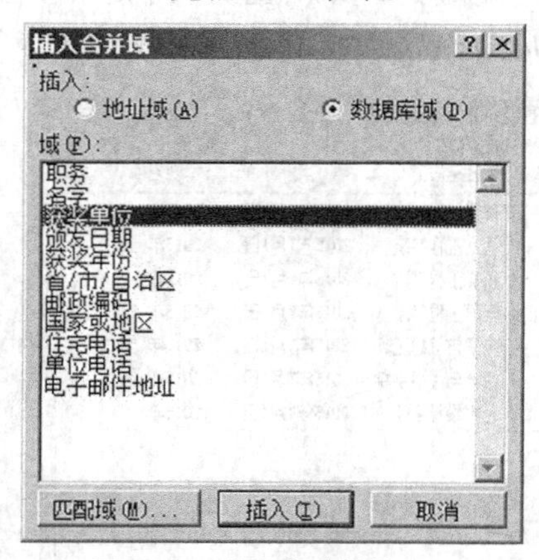

图 3-49 插入指定地址项目

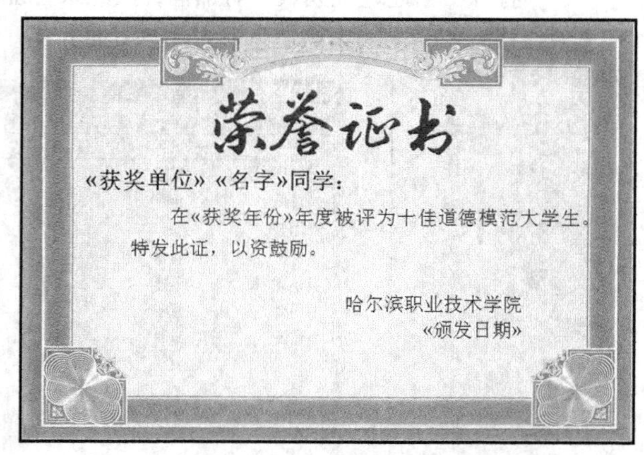

图 3-50 插入地址项目后的荣誉证书

STEP 7 在“预览信函”向导页，可进行查看、排除、查找及编辑收件人信息的操作，完成操作后单击“下一步：完成合并”命令。

STEP 8 在“完成合并”向导页，选择打印命令以完成合并操作，在打开的“合并到打印机”对话框中输入要打印的页，如图 3-51 所示，单击“确定”按钮。

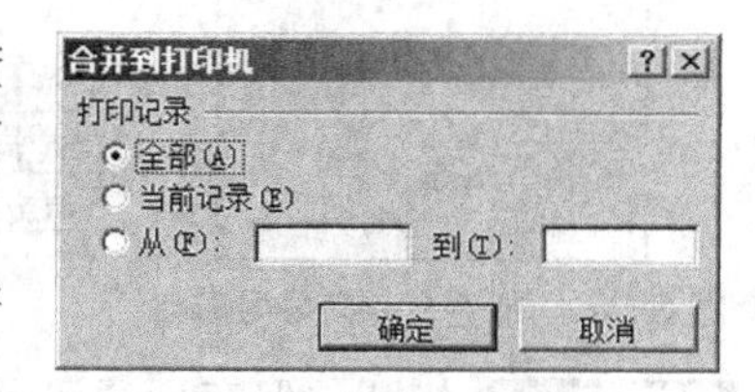

图 3-51 打印合并后文档

3．保存到云

STEP 1 单击“文件”选项卡，在导航栏中选择“保存并发送”命令。选择“保存到 Web”命令，在右侧窗口中单击“登录”按钮。使用已注册的 Outlook 账户登录到“Microsoft OneDriver”窗口，如图 3-52 所示。

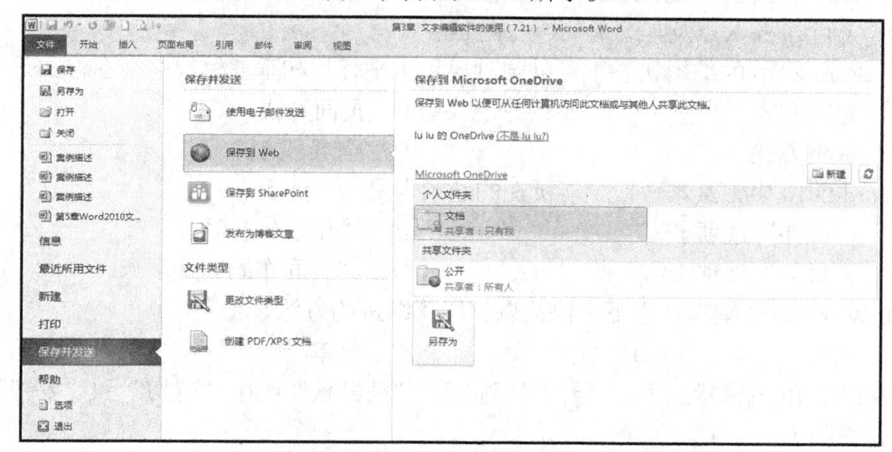

图 3-52 登录到 Microsoft OneDriver

STEP 2 选择“公开”文件夹单击“另存为”按钮，打开“另存为”对话框，输入保存后的文件名，单击“保存”按钮。将文档上传，保存到 OneDriver 中。

STEP 3 登录到个人“OneDriver”界面，可以看到上传的文件，如图 3-53 所示。

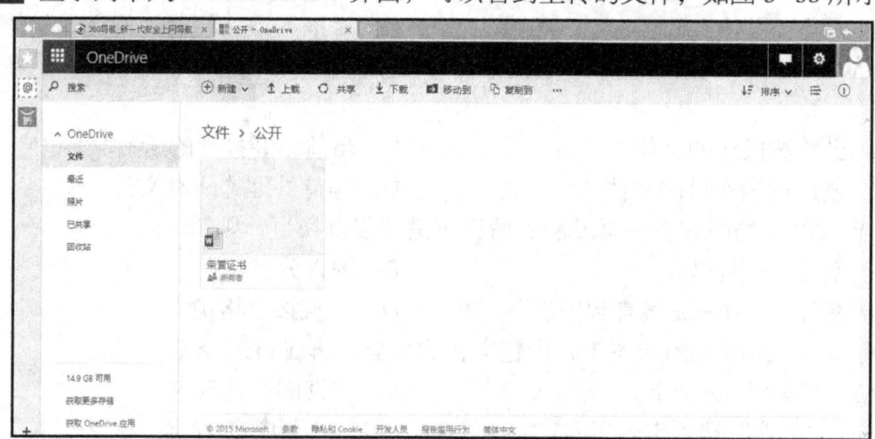

图 3-53 上传保存到 OneDriver 的文档

四、拓展训练

为全班每个同学制作一张圣诞祝福卡片。

习题

一、选择题

1. 在 Word 2010 中选中某段文字后，双击“字体”组中的“B”按钮，则（　　）。

A. 字体呈粗体格式　　B. 字体格式不变

C. 字体换行显示　　D. 产生出错报告

2. 在 Word 2010 的编辑状态下，选中文档中的一行，按“Del”键后（　　）。

A. 删除了插入点所在的行

B. 删除了被选择的一行

C. 删除了被选择行及其之后的所有内容

D. 删除了插入点及其之前的所有内容

3. 在 Word 2010 的编辑状态下可以同时显示水平标尺和垂直标尺的视图方式是（　　）。

A. 普通方式　　B. 页面方式

C. 大纲方式　　D. 全屏幕方式

4. Word 2010 中，文本替换功能所在的选项卡是（　　）。

A. “文件”选项卡　　B. “开始”选项卡

C. “插入”选项卡　　D. “页面布局”选项卡

5. 在 Word 2010 编辑状态下，快速调整段落缩进的方法是（　　）

A. 工具　　B. 格式栏　　C. 菜单　　D. 标尺

6. Word 2010 编辑状态下，“开始”选项卡“剪贴板”组中“剪切”和“复制”命令呈淡灰色时，说明（　　）。

A. 剪贴板上已经有信息存放了　　B. 在文档中没有选中任何内容

C. 选定的内容是图片　　D. 选定的内容太长，剪贴板放不下

7. 在 Word 2010 中，不选择文本设置字体则（　　）。

A. 不对任何文本起作用　　B. 对全部文本起作用

C. 对当前文本起作用　　D. 对插入点后新输入的文本起作用

8. 在 Word 2010 的后台视图导航栏中，“最近所用文件”选项下显示的文档名所对应的文件是（　　）。

A. 当前被操作的文件　　B. 当前已经打开的所有文件

C. 最近被操作过的文件　　D. 等待处理的所有文件

9. 如果文档中的内容在一页没满的情况下需要强制换页，则（　　）。

A. 不可以这样做　　B. 插入分页符

C. 多按几次 Enter 键直到出现下一页　　D. 一直按空格键

10. 在 Word 2010 编辑状态下，设置文档的页眉页脚应该选择（　　）。

A. “插入”选项卡　　B. “视图”选项卡

C. “文件”选项卡　　D. “开始”选项卡

11. 在 Word 2010 编辑状态下进行分栏操作，应首先选定要分栏的段落然后单击（　　）。

A. “插入”选项卡　　B. “视图”选项卡

C. “页面布局”选项卡　　D. “开始”选项卡

12. 在 Word 2010 编辑状态下，设置首字下沉应单击（　　）。

A. “插入”选项卡　　B. “视图”选项卡

C. “页面布局”选项卡　　D. “开始”选项卡

13. 在 Word 2010 编辑状态下，对当前文档进行“字数统计”操作，应使用的功能区是（　　）。

A. “字体”功能区　　B. “段落”功能区

C. “样式”功能区　　D. “校对”功能区

14. Word 2010 编辑状态下，绘制文本框命令按钮所在的选项卡是（　　）。

A. “引用”　　B. “插入”　　C. “开始”　　D. “视图”

15. 要在 Word 2010 文档中创建表格，应使用的选项卡（　　）。

A. “页面布局”　B. “插入”　　C. “开始”　　D. “视图”

16. 在 Word 2010 表格中填入的信息（　　）。

A. 只限于文字形式　　B. 只限于数字形式

C. 可以是文字、数字和图形对象等　　D. 只限于文字和数字形式

17. 在 Word 2010 的编辑状态下，绘制图形的操作命令为（　　）。

A. “插入”选项卡下的“图片”命令按钮

B. “插入”选项卡下的“形状”命令按钮

C. “开始”选项卡下的“更改样式”按钮

D. “插入”选项卡下的“文本框”命令按钮

18. Word 2010 在打印已经编辑好的文档之前，可以在“打印预览”中查看整篇文档的排版效果，打印预览在（　　）。

A. “文件”选项卡下的“打印”命令中

B. “文件”选项卡下的“选项”命令中

C. “开始”选项卡下的“打印预览”命令中

D. “页面布局”选项卡下的“页面设置”中

19. Word 2010 具有分栏功能，下列关于分栏的说法正确的是（　　）。

A. 最多可以设 4 栏　　B. 各栏的宽度必须相同

C. 各栏的宽度可以不同　　D. 各栏之间的间距是固定的。

20. Word 2010 中复制字符和段落格式可利用是（　　）。

A. 格式刷　　B. 粘贴　　C. 复制　　D. 剪切

二、填空题

1. 在 Word 2010 中，用快捷键退出 Word 的方法是________。

2. Word 2010 文件的扩展名为________。

3. 在 Word 2010 中，能将所有的标题分级显示出来，但不显示图形对象的视图是________。

4. 在 Word 2010“文件”选项卡中，“最近所有文件”选项下显示文档名的个数最多可设置________个。

5. 在 Word 2010 中，为图片或图像插入题注是________选项卡中的命令。

6. 在 Word 2010 编辑状态下，使插入点快速移动到文档尾的操作是________。

7. 在 Word 2010 中，设置页码应选择的选项卡是________。

8. 在 Word 2010 中，打印页码 5-7，9，10 表示打印的页码是第________页。

9. 在 Word 2010 中插入表格后，会打开________选项卡，对表格进行“设计”和“布局”的设置。

10. 在 Word 2010 中，选择某段文本，双击格式刷进行格式应用时，格式刷可以使用的次数是________。

三、判断题

1. 在 Word 2010 中，如果双击某行文字左端的空白处，可选择该行。　　（　　）

2. 在 Word 2010 中，表格和文本是可以互相转换的。 (　　)

3. 在 Word 2010 中表格一旦建立，行、列不能随便增、删。 (　　)

4. 在 Word 2010 编辑状态下，当前输入的文字显示在插入点处。 (　　)

5. 在 Word 2010 编辑状态下，将文档编辑后再保存，则该文档被保存在原文件夹下。 (　　)

6. 在 Word 2010 中，若要设定打印纸张大小，可在“页面布局”选项卡“页面设置”组中进行。 (　　)

7. 在 Word 2010 中，不能对表格中数据进行排序操作。 (　　)

8. 在 Word 2010 中，可以使用大纲视图来编辑设置标题。 (　　)

9. 在 Word 2010 中，可以使用视图选项卡来编辑页眉和页脚。 (　　)

10. 在 Word 2010 中，可以使用开始选项卡来进行分栏设置。 (　　)

四、简答题

1. Word 2010 的录入原则有哪些？
2. Word 2010 文档中有哪几种视图？各有什么作用？
3. Word 2010 图形图片的环绕方式有几种？
4. 在 Word 2010 中，如何设置水印？
5. 在 Word 2010 中，如何使用云存储功能保存文档？

PART 4

第4章 Excel2010电子表格处理软件

实训一 职工工资表格管理

一、实训目的和要求

1. 熟练掌握Excel工作表的建立与操作。
2. 熟练应用Excel进行工作表的编辑与格式化。

二、实训内容

1. 建立名为“职工工资表”的电子表格文档，完成图 4-1 所示的表格内容，保存文档。

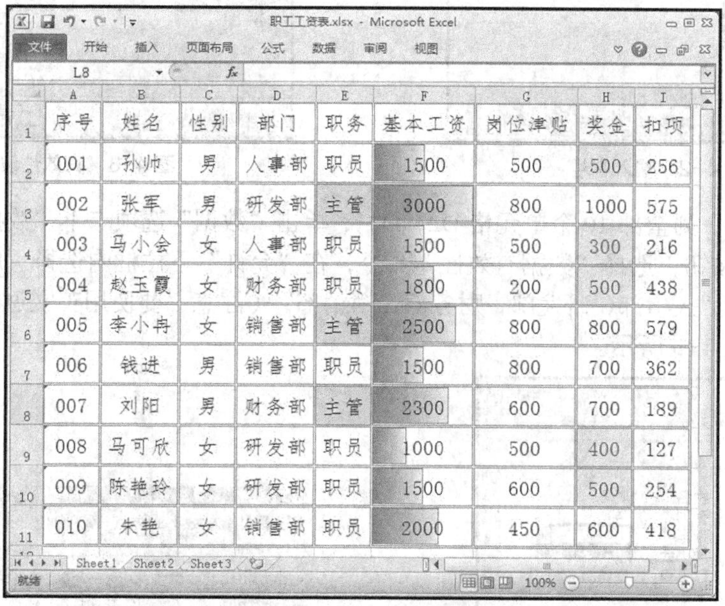

序号	姓名	性别	部门	职务	基本工资	岗位津贴	奖金	扣项
001	孙帅	男	人事部	职员	1500	500	500	256
002	张军	男	研发部	主管	3000	800	1000	575
003	马小会	女	人事部	职员	1500	500	300	216
004	赵玉霞	女	财务部	职员	1800	200	500	438
005	李小冉	女	销售部	主管	2500	800	800	579
006	钱进	男	销售部	职员	1500	800	700	362
007	刘阳	男	财务部	主管	2300	600	700	189
008	马可欣	女	研发部	职员	1000	500	400	127
009	陈艳玲	女	研发部	职员	1500	600	500	254
010	朱艳	女	销售部	职员	2000	450	600	418

图 4-1 职工工资发放表

2. 对电子表格进行格式设计，设置表格内容的字体、字号；设置单元格数据“居中”对齐；设置表格边框及颜色；对“性别”“部门”和“基本工资等列设置有效性限制。

3. 对“基本工资”“岗位津贴”“奖金”等数据进行“条件格式”设置，不同等级的数值用不同的数字格式表示。对“职务”进行“条件格式”设置。

三、实训步骤

1. 启动 Microsoft Excel 2010

在“开始”菜单中选择“所有程序”命令，在弹出的菜单中单击“Microsoft Office”图标，并在级联菜单中选择“Microsoft Excel 2010”命令。自动建立一个新文档，文件名默认为“工作簿 1.xlsx”。

2. 输入所有内容

（1）“序号”列数据采用序列填充。输入英文的“'”，再输入“001”，按“填充柄”向下拖动生成“001”至“010”，如图 4-2 所示。

（2）对“性别”“部门”和“基本工资”列数据设置有效性限制。选择“性别”列全部 10 个单元格 C2：C11，单击“数据”选项卡上“数据工具”组中的“数据有效性”下拉按钮，选择“数据有效性”命令，在“允许”下拉框内选择“序列”，在“来源”文本框输入“男, 女”（注意，要使用英文逗号），如图 4-3 所示。单击“确定”按钮，效果如图 4-4 所示。

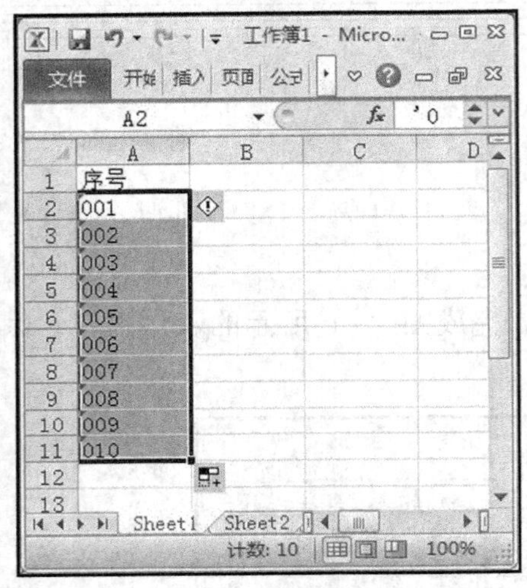

图 4-2 输入学号

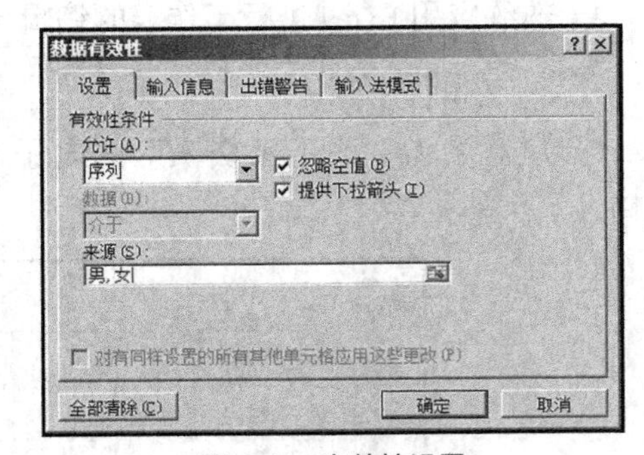

图 4-3 有效性设置

选择“部门”列全部 10 个单元格 D2：D11，单击“数据”选项卡上“数据工具”组中的“数据有效性”按钮，选择“数据有效性”命令，在“允许”下拉框内选择“序列”，在“来源”文本框输入“人事部，研发部，财务部，销售部”（注意，要使用英文逗号），单击“确定”按钮，如图 4-5 所示。

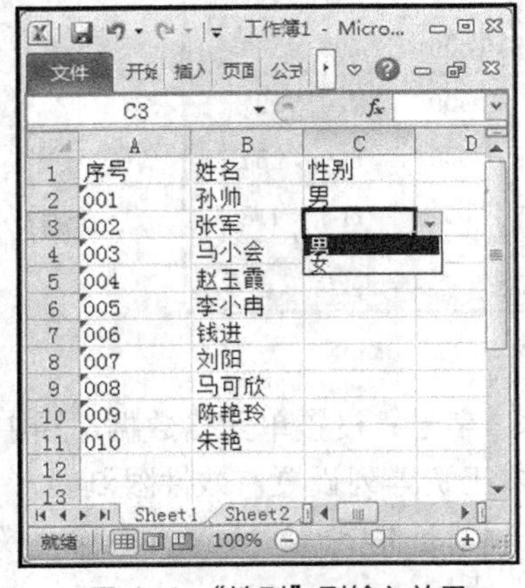

图 4-4 “性别”列输入效果

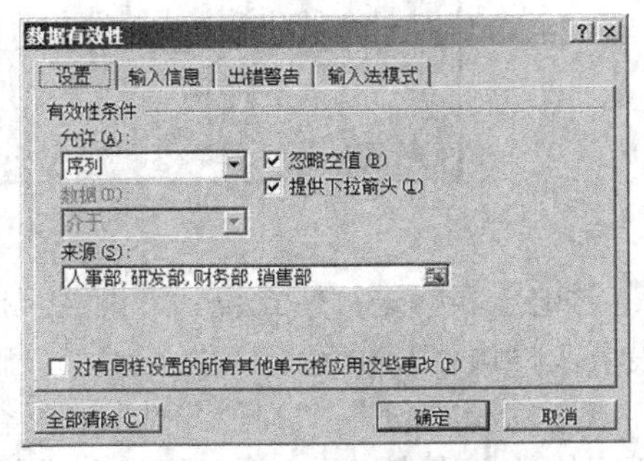

图 4-5 “部门”列数据有效性设置

选择“基本工资”数据单元格 F2：F11，选择“数据有效性”命令，在“允许”下拉框内选择“整数”，在“数据”下拉框内选择“介于”，“最小值”和“最大值”分别填入 1000 和 5000，如图 4-6 所示，单击“确定”按钮。这样就保证了在该区域内只能填入满足条件的数据，否则就会显示错误提示且不允许数据输入，如图 4-7 所示。

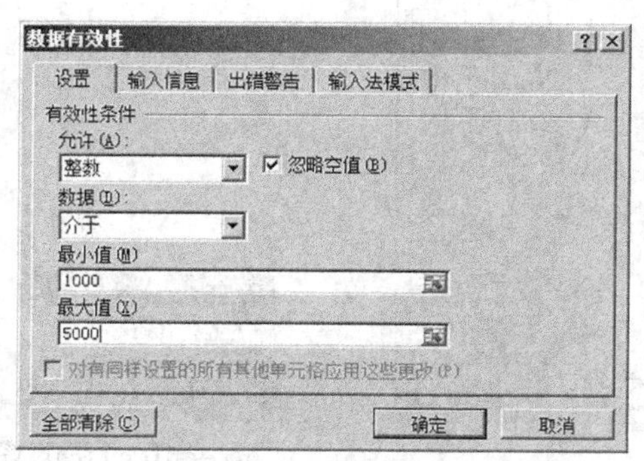

图 4-6 “基本工资”列数据有效性设置

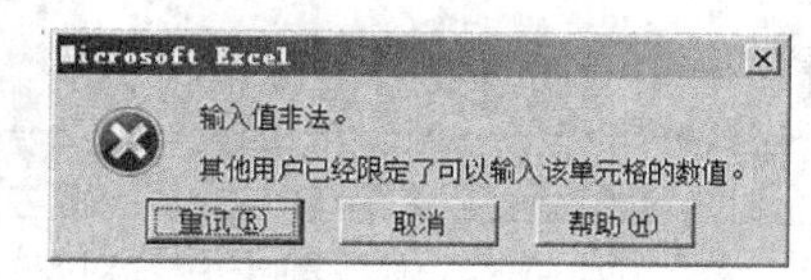

图 4-7 错误提示

3. 设置单元格格式

STEP 1 选择全部表格内容，单击“开始”选项卡上“字体”组中的“字体”下拉按钮，设置字体为“仿宋”，字号为“16”，也可以单击“开始”选项卡上“字体”组右下方的“对话框启动器”按钮，在如图 4-8 所示的对话框中进行设置。

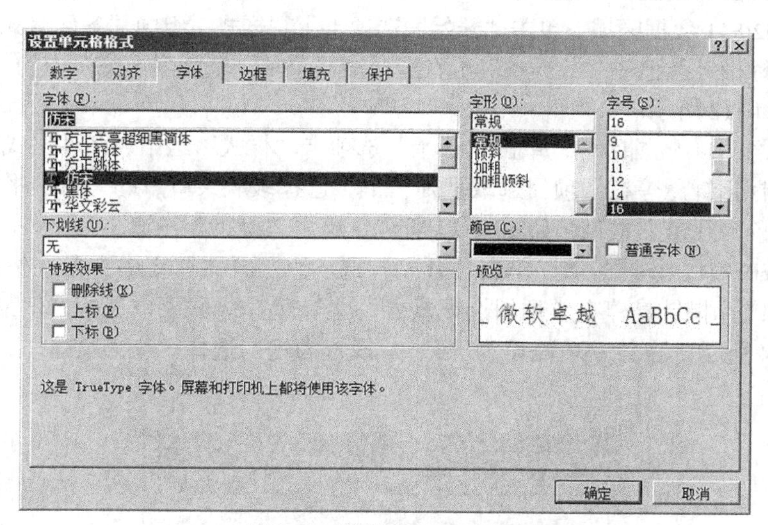

图 4-8 “字体”设置对话框

STEP 2 设置居中对齐，单击“开始”选项卡上“字体”组或“对齐方式”组右下方的“对话框启动器”按钮，选择“对齐”选项卡，水平和垂直都设为“居中”，如图 4-9 所示。单击“确定”按钮。

STEP 3 设置行高，单击“开始”选项卡上“单元格”组中“格式”按钮，在下拉列表中选择“行高”命令，设置行高为“32”，如图 4-10 所示，单击“确定”按钮。

STEP 4 设置列宽，单击“开始”选项卡上“单元格”组中“格式”按钮，在下拉列表中选择“自动调整列宽”命令。

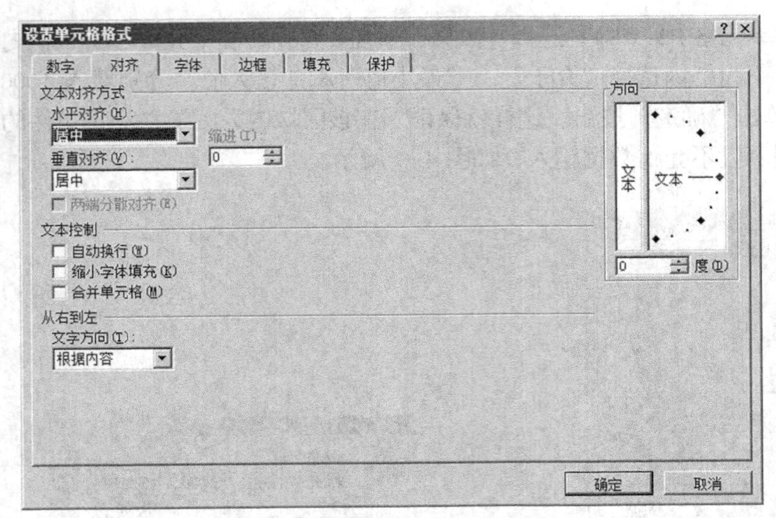

图 4-9 “对齐”设置对话框

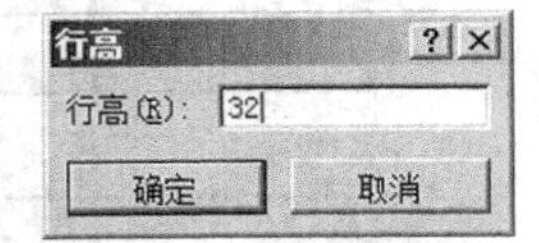

图 4-10 行高设置

STEP 5 设置条件格式。

① 选择 E2:E11 数据区域，在“开始”选项卡上的“样式”组中，单击“条件格式”的下拉按钮，在下拉列表中将鼠标指针悬停在“突出显示单元格规则”图标上，在弹出的级联菜单中选择“等于”命令，如图 4-11 所示。在第一项中填入“主管”，设置为框内选择“浅红色填充”，单击“确定”按钮。

② 选择 F2:F11 数据区域，单击“开始”选项卡上“样式”组中“条件格式”按钮，在下拉列表中将鼠标指针悬停在“数据条”上，选择级联菜单下“渐变填充”中的“蓝色数据条”项，效果如图 4-12 所示。

③ 选择 G2:G11 数据区域，单击“开始”选项卡“样式”组中“条件格式”按钮，在下拉列表中将鼠标指针悬停在“项目选取规则”上，选择级联菜单下的“低于平均值”项，设置为“绿填充色深绿色文本”，如图 4-13 所示，单击“确定”按钮。

④ 选择 H2:H11 数据区域，单击“开始”选项卡“样式”组中“条件格式”按钮，在下拉列表中将鼠标指针悬停在“项目选取规则”上，选择级联菜单下的“值最大的 10 项”项，如图 4-14 所示，在第一项值设为“3”，设置为框内选择“红色文本”，单击“确定”按钮。

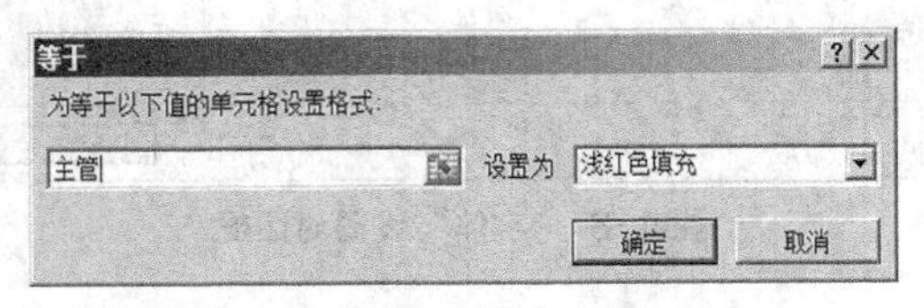

图 4-11 “条件格式”设置对话框

STEP 6 设置边框，选择 A1:H11 单元格，单击“开始”选项卡“字体”组中“边框”的下拉按钮，在下拉列表中选择“其他边框”命令，如图 4-15 所示；选择线条为“双线”，颜色选择标准色中的“绿色”，单击“边框”左侧第一个按钮，设置上边线，以此类推，分别设置下边线、左边线、右边线、表中横线与竖线，（也可以直接设置“外边框”和“内部”两项）单击“确定”按钮。（也可以直接在预置中直接单击“外边框”和“内部”）。

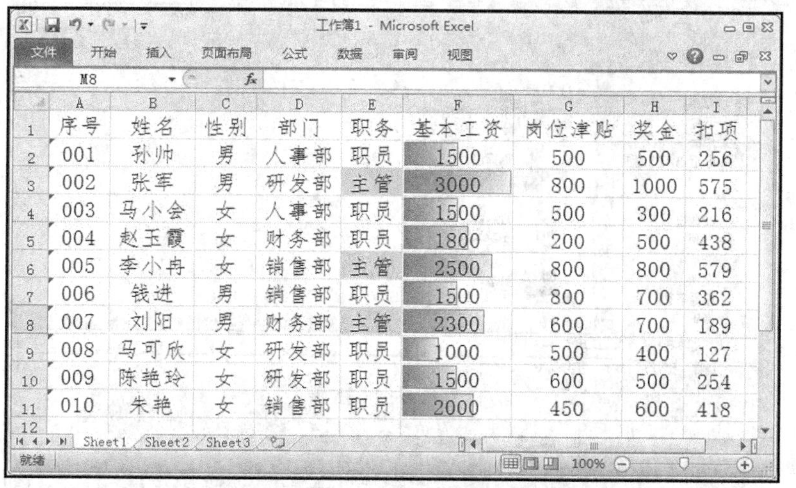

	A	B	C	D	E	F	G	H	I
1	序号	姓名	性别	部门	职务	基本工资	岗位津贴	奖金	扣项
2	001	孙帅	男	人事部	职员	1500	500	500	256
3	002	张军	男	研发部	主管	3000	800	1000	575
4	003	马小会	女	人事部	职员	1500	500	300	216
5	004	赵玉霞	女	财务部	职员	1800	200	500	438
6	005	李小冉	女	销售部	主管	2500	800	800	579
7	006	钱进	男	销售部	职员	1500	800	700	362
8	007	刘阳	男	财务部	主管	2300	600	700	189
9	008	马可欣	女	研发部	职员	1000	500	400	127
10	009	陈艳玲	女	研发部	职员	1500	600	500	254
11	010	朱艳	女	销售部	职员	2000	450	600	418

图 4-12 条件格式设置效果

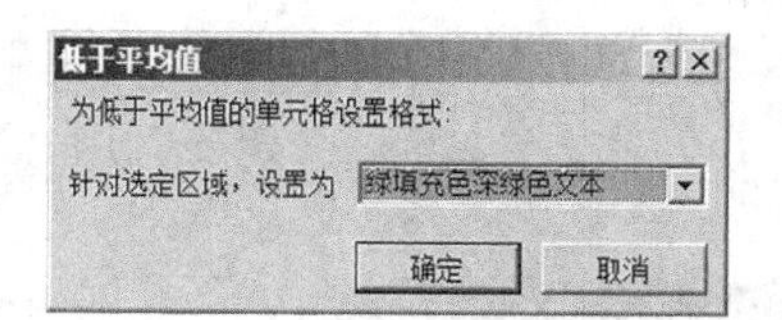

图 4-13 设置“低于平均值”对话框

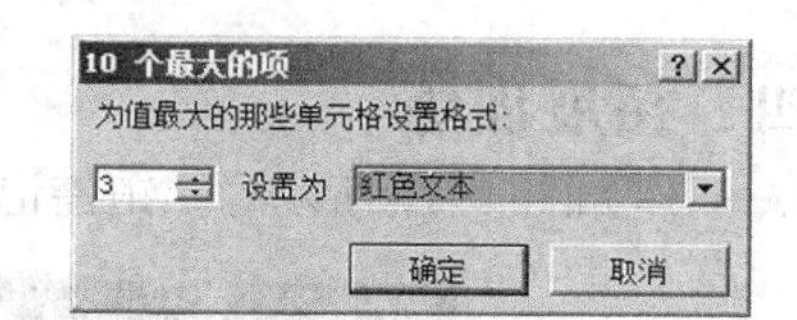

图 4-14 设置“前三个最大值”对话框

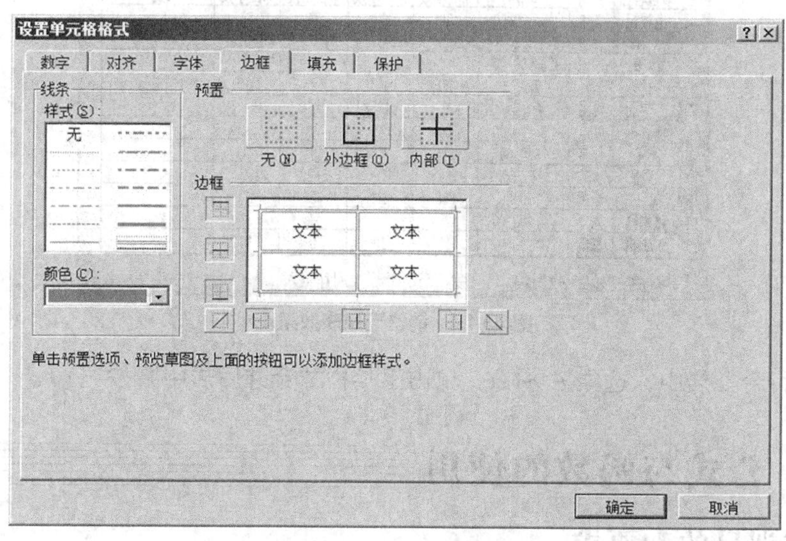

图 4-15 设置表格框线

4. 保存文档

将文件保存在桌面上，单击“文件”选项卡，在导航栏中选择“保存”或“另存为”命令，打开“另存为”对话框，如图 4-16 所示，将文件名改为“职工工资表”，单击“确定”按钮，保存文件。

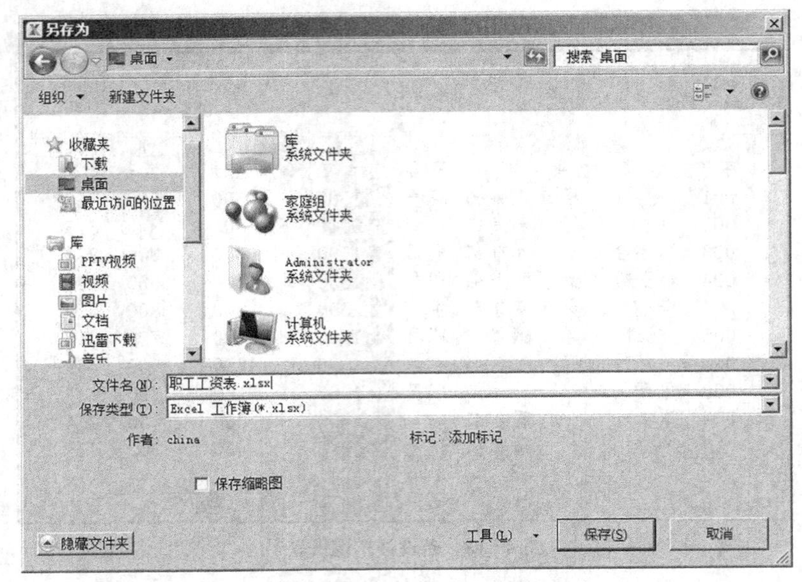

图 4-16 “另保存”对话框

四、拓展训练

1. 创建如图 4-17 所示的“销售记录表”。

销售记录表							
项目名称	类别	单价	第一季度	第二季度	第三季度	第四季度	总价
电视机	家电	￥5,300.00	30	42	34	38	
果汁	食品	￥3.20	14378	16547	18325	15677	
冰箱	家电	￥4,500.00	35	36	45	33	
衬衫	服装	￥280.00	321	343	523	479	
方便面	食品	￥2.80	12091	11088	13123	12147	
洗衣机	家电	￥3,000.00	20	23	21	31	
裙子	服装	￥550.00	214	257	351	289	
豆油	食品	￥68.00	1547	1531	1629	1528	
裤子	服装	￥390.00	358	431	387	412	
热水器	家电	￥2,200.00	25	35	22	37	
DVD机	家电	￥890.00	10	12	8	14	

图 4-17 销售记录表效果图

2. 第一行合并居中，选中 A1~H1，单击工具栏“合并后居中”按钮。

实训二 公式与函数的使用

一、实训目的和要求

熟练掌握 Excel 公式与常用函数的使用。

二、实训内容

1. 在“实训一”创建的表格“职工工资表”中增加“应发工资”“实发工资”“实发工资排名”列；增加“平均实发工资”“最高实发工资”“最低实发工资”“职工人数”“实发工资高于 3000 人数”“男平均工资”“女实发工资总额”行。

2. 使用公式和函数完成所有计算。

三、实训步骤

STEP 1 打开“职工工资表”。

STEP 2 在J1、K1、L1单元格中分别输入“应发工资”“实发工资”“实发工资排名”，在A12：A18单元格中分别输入“平均实发工资”“最高实发工资”“最低实发工资”“职工人数”“实发工资高于3000人数”“男平均工资”“女实发工资总额”。选中A12：E12区域，单击“开始”选项卡上“对齐方式”组中的“合并后居中”按钮（ ），依次将“最高实发工资”“最低实发工资”“职工人数”“实发工资高于3000人数”“男平均工资”“女实发工资总额”完成合并居中。用同样方式将F12：L18区域按行进行合并居中。并将A1：L18区域画相同边框线，如图4-18所示。

职工工资表.xlsx - Microsoft Excel

序号	姓名	性别	部门	职务	基本工资	岗位津贴	奖金	扣项	应发工资	实发工资	实发工资排名
001	孙帅	男	人事部	职员	1500	500	500	256			
002	张军	男	研发部	主管	3000	800	1000	575			
003	马小会	女	人事部	职员	1500	500	300	216			
004	赵玉霞	女	财务部	职员	1800	200	500	438			
005	李小寿	女	销售部	主管	2500	800	800	579			
006	钱进	男	销售部	职员	1500	800	700	362			
007	刘阳	男	财务部	主管	2300	600	700	189			
008	马可欣	女	研发部	职员	1000	500	400	127			
009	陈艳玲	女	研发部	职员	1500	600	500	254			
010	朱艳	女	销售部	职员	2000	450	600	418			
平均实发工资											
最高实发工资											
最低实发工资											
职工人数											
实发工资高于3000人数											
男平均工资											
女实发工资总额											

图4-18 函数计算案例

STEP 3 选中J2单元格，单击“编辑栏”中的“fx”按钮，打开“插入函数”对话框，如图4-19所示。选择“SUM”函数。单击“确定”按钮，如图4-20所示，单击“Number1”后的编辑框，使用鼠标拖曳选择单元格区域F2：H2，单击“确定”按钮。

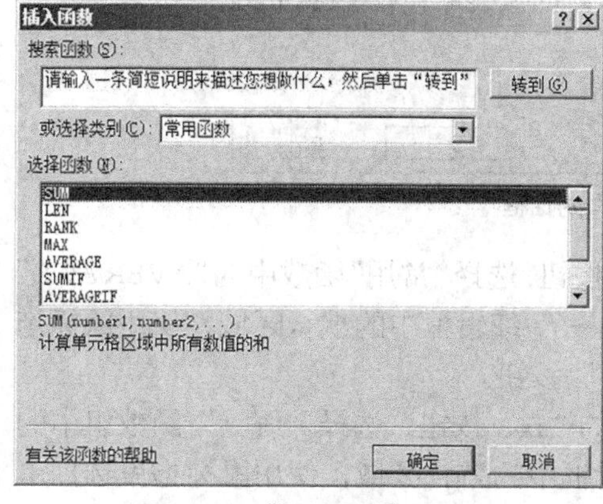

图4-19 “插入函数”对话框

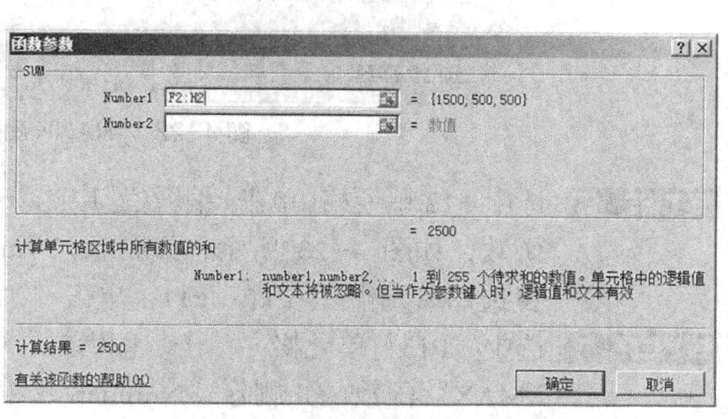

图4-20 “SUM函数”对话框

使用J2格的填充柄向下拖曳，将函数复制，完成“应发工资”列的运算。

STEP 4 选定 K2 单元格，输入“=J2−I2”，如图 4−21 所示；单击“Enter”键。使用 K2 单元格的填充柄向下拖曳，将公式复制，完成“实发工资”列的运算。

职工工资表.xlsx - Microsoft Excel

SUM　=J2-I2

	B	C	D	E	F	G	H	I	J	K	
1	姓名	性别	部门	职务	基本工资	岗位津贴	奖金	扣项	应发工资	实发工资	实发工
2	孙帅	男	人事部	职员	1500	500	500	256	2500	=J2-I2	
3	张军	男	研发部	主管	3000	800	1000	575	4800		
4	马小会	女	人事部	职员	1500	500	300	216	2300		
5	赵玉霞	女	财务部	职员	1800	200	500	438	2500		
6	李小冉	女	销售部	主管	2500	800	800	579	4100		
7	钱进	男	销售部	职员	1500	800	700	362	3000		
8	刘阳	男	财务部	主管	2300	600	700	189	3600		
9	马可欣	女	研发部	职员	1000	500	400	127	1900		
10	陈艳玲	女	研发部	职员	1500	600	500	254	2600		
11	朱艳	女	销售部	职员	2000	450	600	418	3050		

图 4−21　实发工资计算

STEP 5 选中 L2 单元格，单击“编辑栏”中的“fx”按钮，选择“全部”函数中的“RANK”函数，如图 4−22 所示，在“Number”编辑框中输入“K2”，在“Ref”编辑框使用鼠标拖曳选择单元格区域“K2：K11”，由于在函数复制时必须保持原始数据区域 K2：K11 不变，因此要使用“绝对引用”，格式为：“$K$2:$K$11”。方法为在“Ref”编辑框中选中“K2：K11”内容，按“F4”键，所选内容就会变为“绝对引用”，单击“确定”按钮。使用 L2 单元格的填充柄向下拖曳，将函数复制，完成“实发工资排名”列的运算。

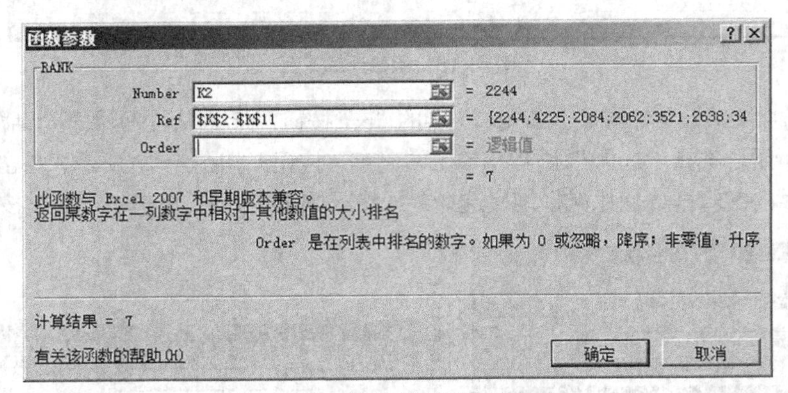

图 4−22　“RANK 函数”对话框

STEP 6 选中 F12 单元格，单击“编辑栏”中的“fx”按钮，选择“常用”函数中的“AVERAGE”函数，如图 4−23 所示，先删除“Number1”编辑框中的默认区域，使用鼠标拖曳选择单元格区域 k2：k11，单击“确定”按钮。

STEP 7 选中“F13”单元格，单击“编辑栏”中的“fx”按钮，选择“统计”函数组中的“MAX”函数，先删除“Number1”编辑框中的默认区域，使用鼠标拖曳选择单元格区域 k2：k11，如图 4−24 所示，单击“确定”按钮。

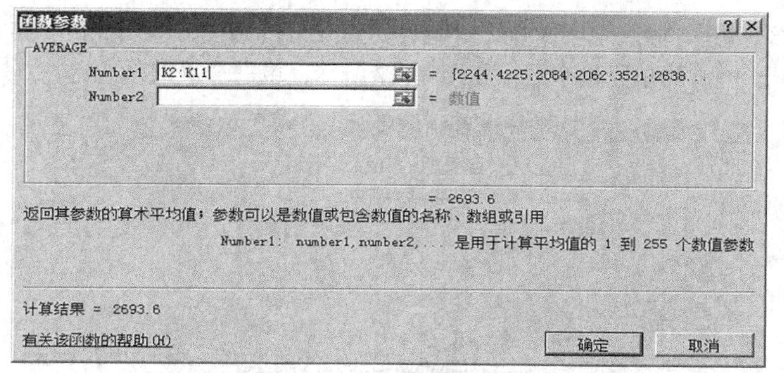

图 4-23 “AVERAGE 函数”对话框

图 4-24 “MAX 函数”对话框

STEP 8 选中“F14”，单击“编辑栏”中的“fx”按钮，选择“统计”函数组中的“MIN”函数，先删除“Number1”编辑框中的默认区域，使用鼠标拖曳选择单元格区域k2：k11，如图 4-25 所示，单击“确定”按钮。

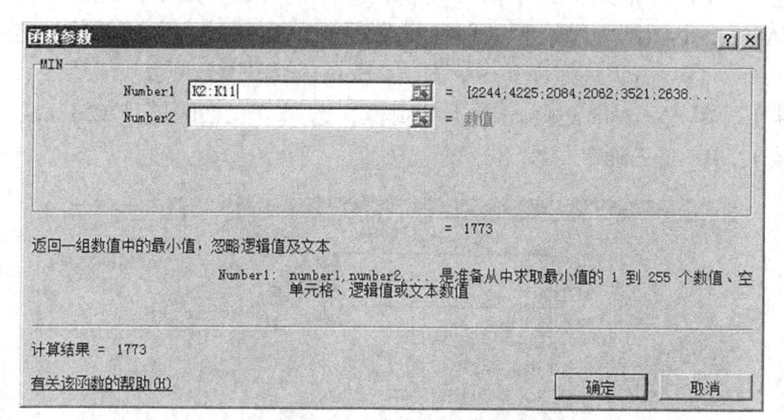

图 4-25 “MIN 函数”对话框

STEP 9 选中“F15”单元格，单击“编辑栏”中的“fx”按钮，选择“统计”函数组中的“COUNT”函数，先删除“Number1”编辑框中的默认区域，使用鼠标拖曳选择单元格区域 F2：F11，如图 4-26 所示，单击“确定”按钮。

STEP 10 选中“F16”单元格，单击“编辑栏”中的“fx”按钮，选择“统计”函数组中的“COUNTIF”函数，单击“Range”编辑框，使用鼠标拖曳选择单元格区域 K2：K11，单击“Criteria”

后编辑框，输入“>=3000”，这是进行统计的条件，即只统计“实发工资”大于或等于 3000 的单元格个数，如图 4-27 所示，单击“确定”按钮。

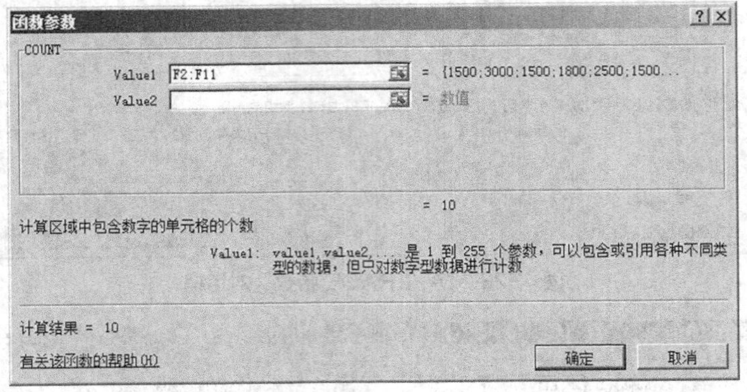

图 4-26 “COUNT 函数”对话框

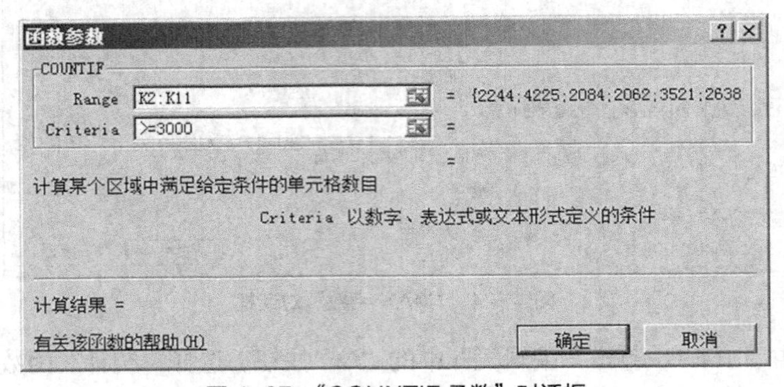

图 4-27 “COUNTIF 函数”对话框

STEP 11 选中“F17”单元格，单击“编辑栏”中的“fx”按钮，选择“全部”函数中的“AVERAGEIF”函数，如图 4-28 所示，单击“Rang”编辑框，选择单元格区域“C2:C11”（即性别列），单击“Criteria”编辑框，输入“男”，（求平均的条件），单击“Average-range”编辑框，选择单元格区域“K2:K11”（求平均的区域），单击“确定”按钮。

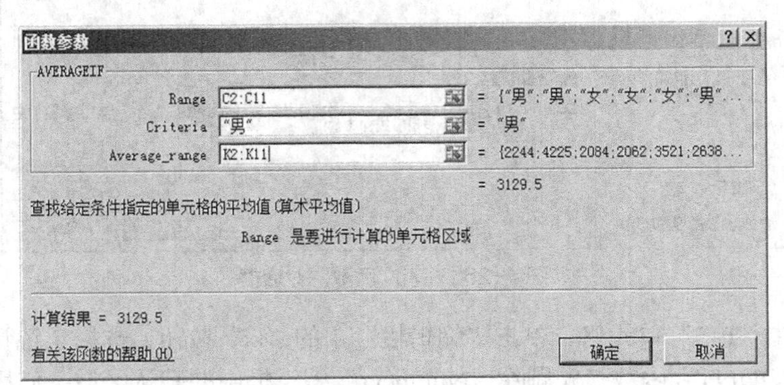

图 4-28 “AVERAGEIF 函数”对话框

STEP 12 选中“F18”单元格，单击“编辑栏”中的“fx”按钮，选择“全部”函数中的“SUMIF”函数，如图 4-29 所示，单击“Rang”编辑框，选择单元格区域“C2:C11”（即性别列），单击“Criteria”编辑框，输入“女”，（求和条件），单击“Sum-range”编辑框，选择单元格区域“K2:K11”（求和区域），单击“确定”按钮。

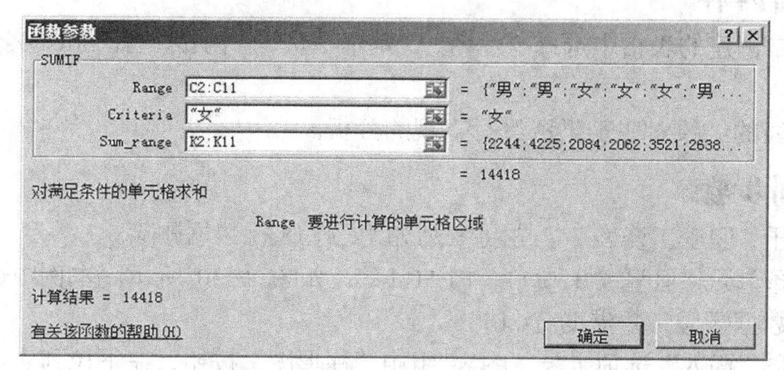

图 4-29 “SUMIF 函数”对话框

STEP 13 保存工作簿。

四、拓展训练

1. 创建如下表所示的“销售情况统计表”。

虚构药品店季度销售情况统计表				
	一月	二月	三月	季度销售
清目养神丸	1588.5	1965.5	1320	
消炎王	678	890	800	
五黄片	660	688	680	
清肺片	1280	1380	1300	
护肝液	3800	3900	3800	
健胃灵	1050	2100	850	
速去感	2200	1800	2300	
保喉片	230	212	182	
善存丸	20050	23000	28050	
巨王钙	10500	20100	18500	
施尔壮	10500	10100	10850	
瘦身霜	22000	10800	83000	
养颜胶	2030	2120	1802	

2. 对表中数据计算季度销售额，对四列数值进行四种不同条件格式的设定，不允许相同。
3. 保存文件，文件名为销售统计表。

实训三　图表制作

一、实训目的和要求

1. 熟练掌握图表的设计制作。

2. 掌握通过图表对数据进行直观分析。

二、实训内容

1. 在实训二创建的表格中选择“姓名”“基本工资”“岗位津贴”和“奖金”列制作“柱形”图表。

2. 通过图表的结果对职工工资进行直观的分析。

三、实训步骤

STEP 1 打开“职工工资表”。先将 L 列和 12 到 18 行数据删除。

STEP 2 选择单元格区域“B1:B11，F1:H11”，如图 4-30 所示。本例中选择的是不连续的数据区域，要借助“Ctrl”键。

STEP 3 单击“插入”选项卡上“图表”组中“柱形图”按钮，在下拉列表中选择二维柱形图中的“簇状柱形图”。显示出建立的图表，如图 4-31 所示。

	A	B	C	D	E	F	G	H	I	J	K
1	序号	姓名	性别	部门	职务	基本工资	岗位津贴	奖金	扣项	应发工资	实发工资
2	001	孙帅	男	人事部	职员	1500	500	500	256	2500	2244
3	002	张军	男	研发部	主管	3000	800	1000	575	4800	4225
4	003	马小会	女	人事部	职员	1500	500	300	216	2300	2084
5	004	赵玉霞	女	财务部	职员	1800	200	500	438	2500	2062
6	005	李小冉	女	销售部	主管	2500	800	800	579	4100	3521
7	006	钱进	男	销售部	职员	1500	800	700	362	3000	2638
8	007	刘阳	男	财务部	主管	2300	600	700	189	3600	3411
9	008	马可欣	女	研发部	职员	1000	500	400	127	1900	1773
10	009	陈艳玲	女	研发部	职员	1500	600	500	254	2600	2346
11	010	朱艳	女	销售部	职员	2000	450	600	418	3050	2632

就绪 平均值: 1011.666667 计数: 44 求和: 30350 110%

图 4-30　图表设置步骤一

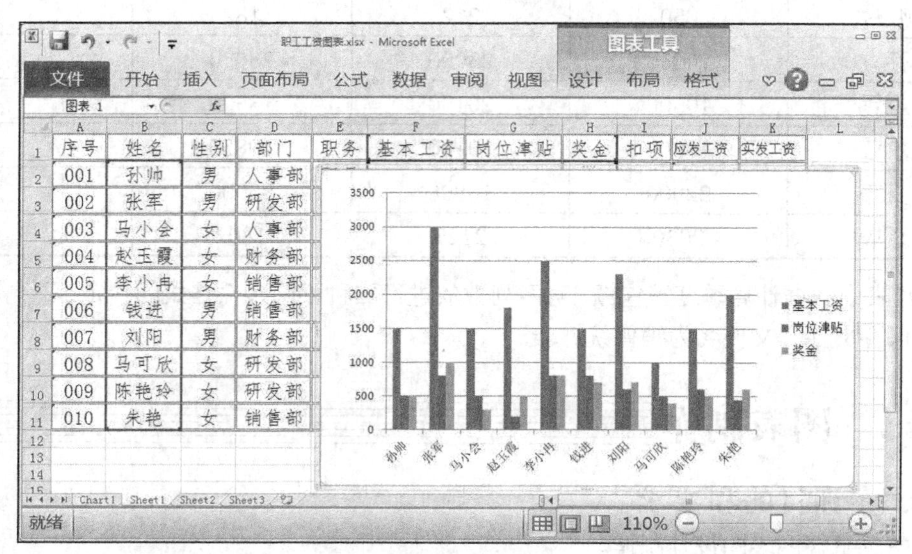

图 4-31　图表设置步骤二

STEP 4 在“图表工具”中选择“布局”选项卡，在“布局”选项卡的“标签”组中单击“图表标题”按钮，如图 4-32 所示。在下拉列表中选择“图表上方”命令，图表的上方出现“图表标题”框。在“图表标题”输入“职工工资图”，如图 4-33 所示。

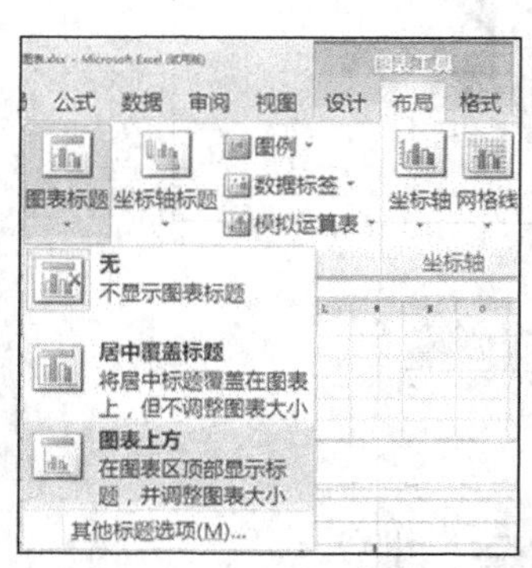

图 4-32 “图表工具”选项卡

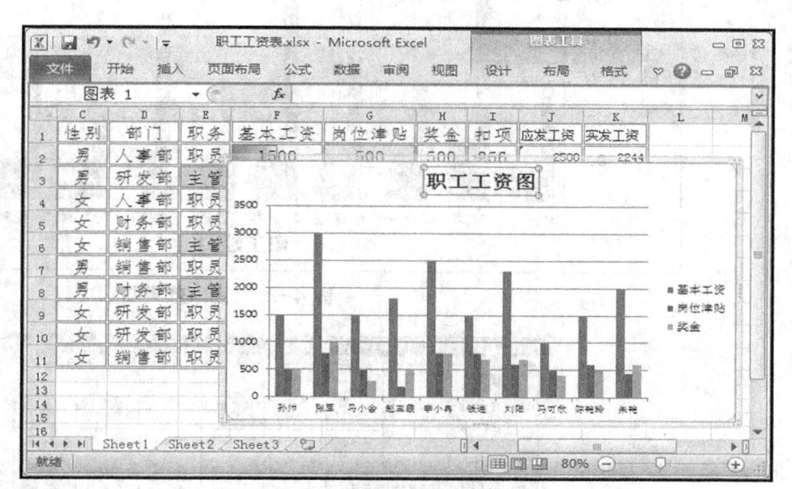

图 4-33 图表设置步骤三

STEP 5 单击“布局”选项卡的“标签”组中的“坐标轴标题”按钮，设置主要横坐标标题为“职工姓名”，如图 4-34 所示，同样方式设置纵坐标标题为“金额”。

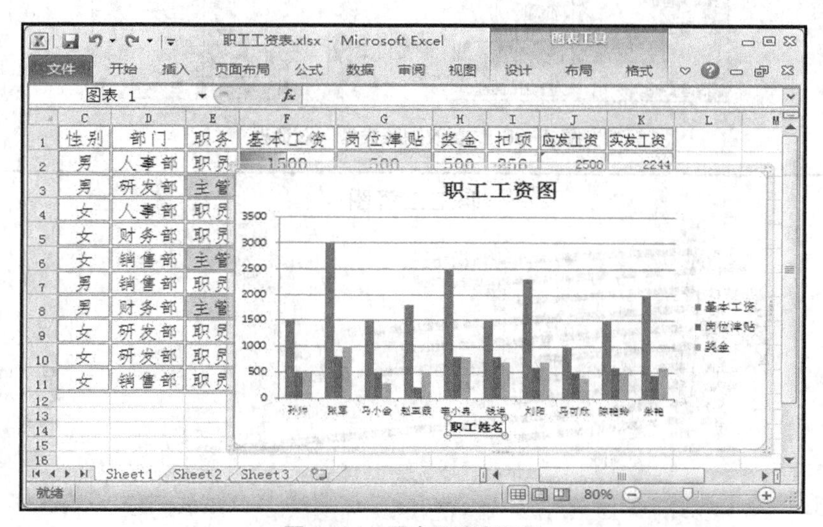

图 4-34 图表设置步骤四

STEP 6 结果如图 4-35 所示。

STEP 7 在“图表工具”中选择“设计”选项卡，在“设计”选项中卡选择“类型”组中“更改图表类型”按钮，打开如图 4-36 所示的“更改图表类型”对话框，在对话框的左侧选择图表大类，右侧可选图表子类。在左侧选择条形图，右侧选择堆积水平圆柱图，单击“确定”按钮，图表效果如图 4-37 所示。

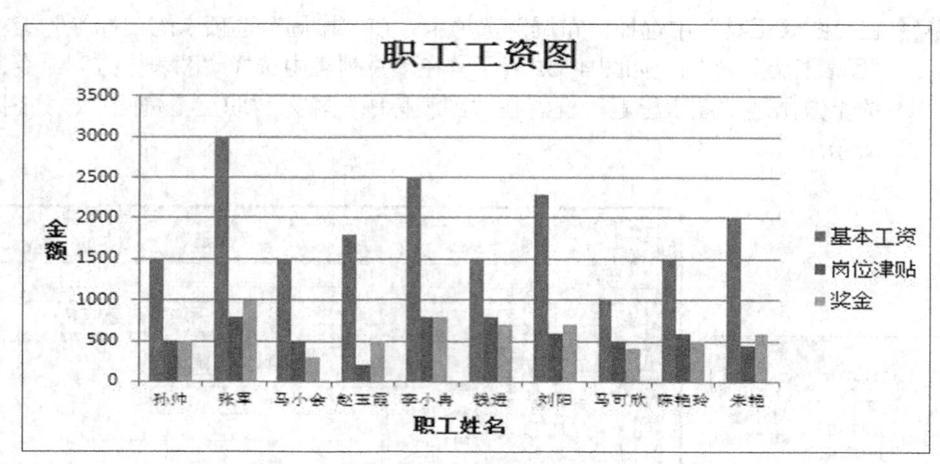

图 4-35　图表效果图

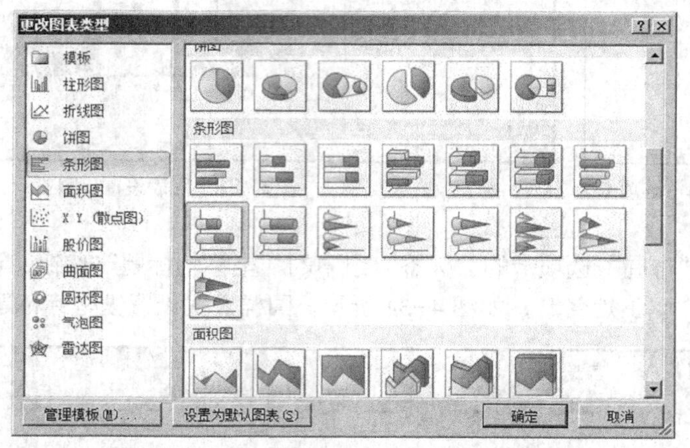

图 4-36　“更改图表类型”对话框

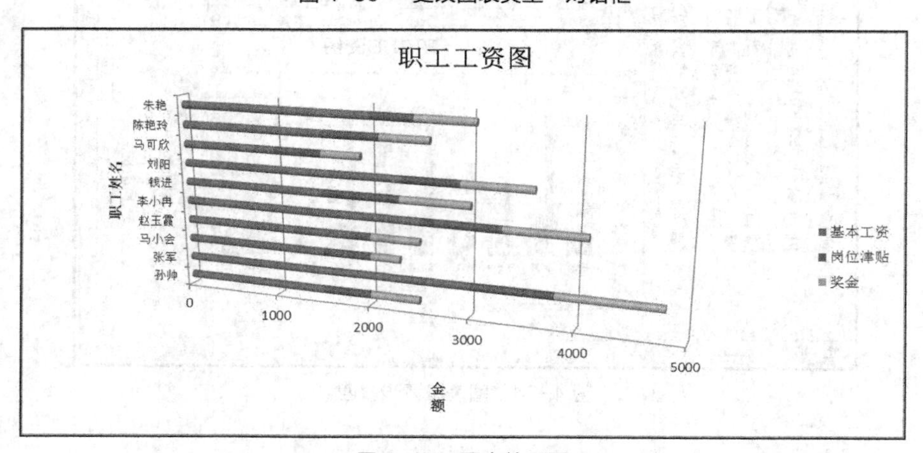

图 4-37　图表效果图

STEP 8 单击“图表工具”中“设计”选项卡“位置”组中的“移动图表”按钮，打开如图 4-38 所示的“移动图表”对话框，在对话框中选择“新工作表”项，单击“确定”按钮，图表效果如图 4-39 所示。表名自动定为“Chart1”，如需具体表名可自行修改。

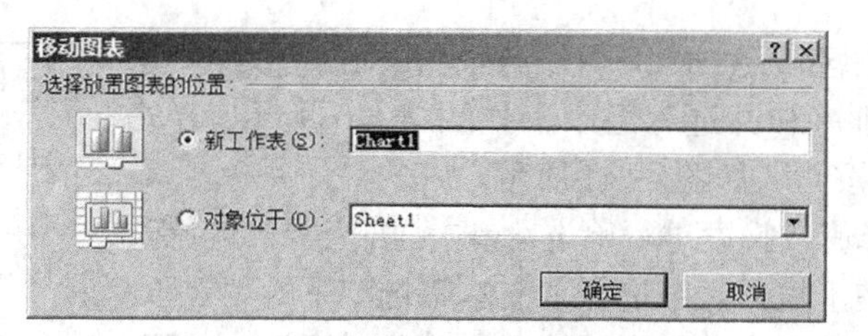

图 4-38 “移动图表”对话框

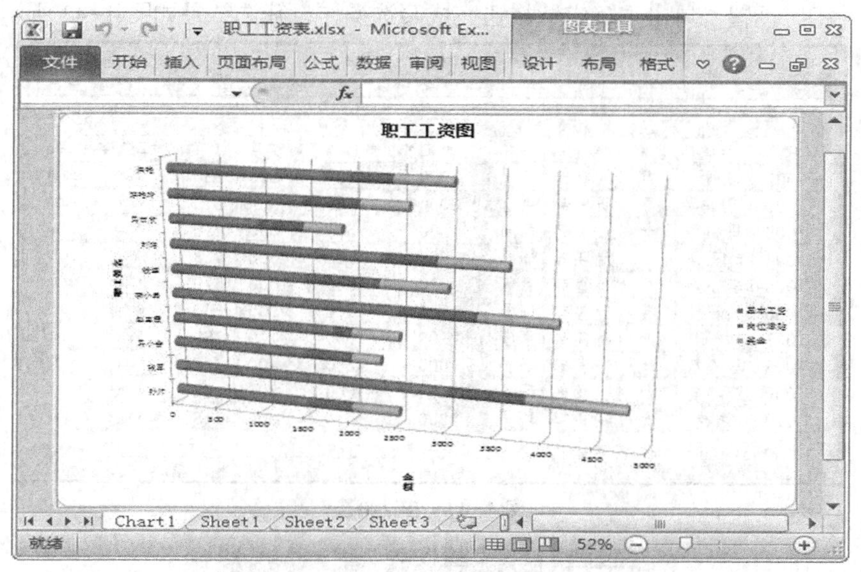

图 4-39 图表效果图

STEP 9 将工作簿另存为“职工工资图表”。

四、拓展训练

制作图表对图 4-17 表中的数据进行分析。

实训四 数据管理

一、实训目的和要求

熟练掌握电子表格数据的管理，如排序、筛选、分类汇总、数据透视图等。

二、实训内容

1. 对“职工工资图表”中的数据进行筛选，首先筛选出销售部和研发部中的职工，再进一步筛选出实发工资超过 3000 的职工。

2. 对“职工工资图表”中的数据进行多重排序。

3. 制作数据汇总表（以性别为分类条件）。

4. 制作数据透视图（按部门查各种职务的平均基本工资）

三、实训步骤

STEP 1 打开“职工工资图表”。插入一张工件表，将工作表“sheet1”中的数据全部复制到“sheet2”“sheet3”和“sheet4”中，选择“sheet1”。

STEP 2 选择数据区域 A1:K11 的任意位置，在“数据”选项卡“排序和筛选”组中，如图 4-40 所示，单击“筛选”按钮，如图 4-41 所示。

图 4-40 “排序和筛选”组

STEP 3 通过选择值或搜索进行筛选。单击“部门”列的筛选按钮，在下拉列表中选择“文本筛选”下的“等于”命令，打开“自定义自动筛选方式”对话框，如图 4-42 所示，在对话框中进行相应设置，单击“确定”按钮完成筛选操作，筛选结果如图 4-43 所示。

	A	B	C	D	E	F	G	H	I	J	K
1	序号	姓名	性别	部门	职务	基本工资	岗位津贴	奖金	扣项	应发工资	实发工资
2	001	孙帅	男	人事部	职员	1500	500	500	256	2500	2244
3	002	张军	男	研发部	主管	3000	800	1000	575	4800	4225
4	003	马小会	女	人事部	职员	1500	500	300	216	2300	2084
5	004	赵玉霞	女	财务部	职员	1800	200	500	438	2500	2062
6	005	李小冉	女	销售部	主管	2500	800	800	579	4100	3521
7	006	钱进	男	销售部	职员	1500	800	700	362	3000	2638
8	007	刘阳	男	财务部	主管	2300	600	700	189	3600	3411
9	008	马可欣	女	研发部	职员	1000	500	400	127	1900	1773
10	009	陈艳玲	女	研发部	职员	1500	600	500	254	2600	2346
11	010	朱艳	女	销售部	职员	2000	450	600	418	3050	2632

图 4-41 自动筛选

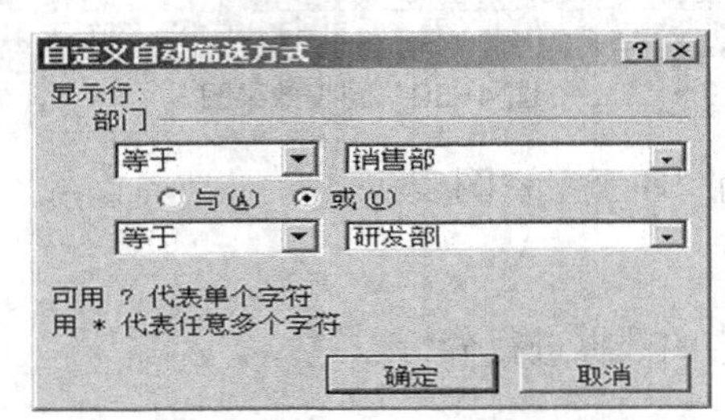

图 4-42 “自定义自动筛选方式”对话框

	A	B	C	D	E	F	G	H	I	J	K
1	序号	姓名	性别	部门	职务	基本工资	岗位津贴	奖金	扣项	应发工资	实发工资
3	002	张军	男	研发部	主管	3000	800	1000	575	4800	4225
6	005	李小冉	女	销售部	主管	2500	800	800	579	4100	3521
7	006	钱进	男	销售部	职员	1500	800	700	362	3000	2638
9	008	马可欣	女	研发部	职员	1000	500	400	127	1900	1773
10	009	陈艳玲	女	研发部	职员	1500	600	500	254	2600	2346
11	010	朱艳	女	销售部	职员	2000	450	600	418	3050	2632

图 4-43 自动筛选结果

要取消对“部门”的筛选，单击图 4-40 中的“清除”按钮即可。

STEP 4 从“实发工资”列的筛选中，选择“数字筛选”下的“大于或等于”项，如图 4-44 所示，在对话框中进行相应设置，单击“确定”按钮完成筛选操作，筛选结果如图 4-45 所示。

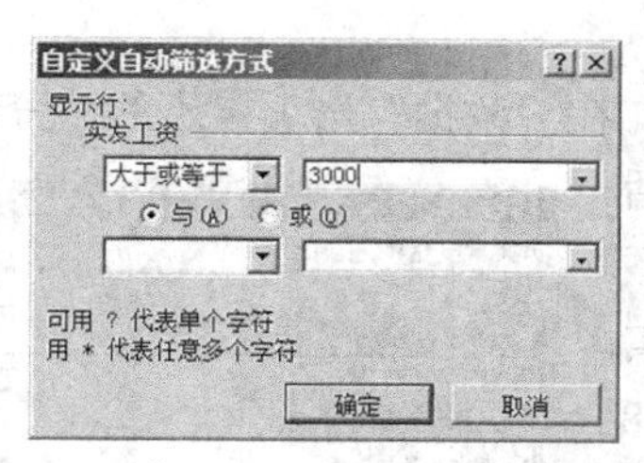

图 4-44 “自定义自动筛选方式”对话框

序号	姓名	性别	部门	职务	基本工资	岗位津贴	奖金	扣项	应发工资	实发工资
002	张军	男	研发部	主管	3000	800	1000	575	4800	4225
005	李小冉	女	销售部	主管	2500	800	800	579	4100	3521

图 4-45 自动筛选结果

STEP 5 双击“sheet1”工作表标签，将表名更改为“筛选结果”。

STEP 6 多重排序

选定“sheet2”工作表，当前位置定位于有效数据区域 A1:K11 内，在“数据”选项卡上的“排序和筛选”组中，如图 4-40 所示，单击“排序”按钮。打开“排序”对话框如图 4-46 所示。

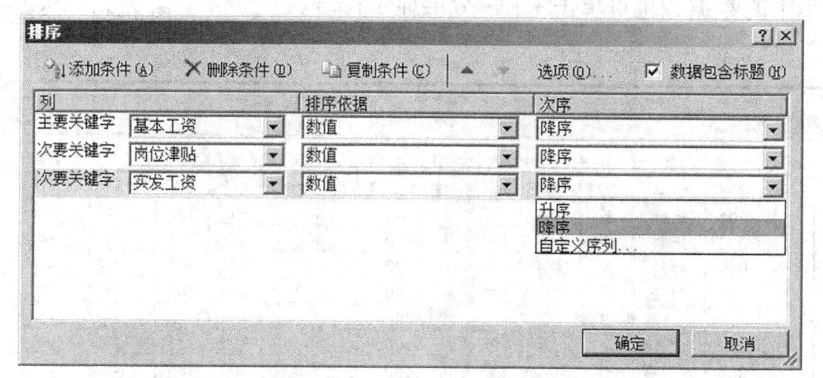

图 4-46 “排序”对话框

在主要关键字下拉菜单中选择主关键字“基本工资”，排序方式选择“降序”；单击“添加条件”按钮，在次要关键字下拉菜单中选择“岗位津贴”，排序方式选择“降序”；再次单击“添加条件”按钮，在次要关键字下拉菜单中选择“实发工资”，排序方式选择“降序”，单击“确定”按钮，完成排序操作。将表名“sheet2”改为“排序表”，结果如图 4-47 所示。

序号	姓名	性别	部门	职务	基本工资	岗位津贴	奖金	扣项	应发工资	实发工资
002	张军	男	研发部	主管	3000	800	1000	575	4800	4225
005	李小冉	女	销售部	主管	2500	800	800	579	4100	3521
007	刘阳	男	财务部	主管	2300	600	700	189	3600	3411
010	朱艳	女	销售部	职员	2000	450	600	418	3050	2632
004	赵玉霞	女	财务部	职员	1800	200	500	438	2500	2062
006	钱进	男	销售部	职员	1500	800	700	362	3000	2638
009	陈艳玲	女	研发部	职员	1500	600	500	254	2600	2346
001	孙帅	男	人事部	职员	1500	500	500	256	2500	2244
003	马小会	女	人事部	职员	1500	500	300	216	2300	2084
008	马可欣	女	研发部	职员	1000	500	400	127	1900	1773

图 4-47 排序效果图

STEP 7 数据汇总表

选择“sheet3”工作表，对“性别”列排序。升降序均可。在“数据”选项卡上的“分级显示”组中，单击“分类汇总”按钮，打开“分类汇总”对话框。在“分类汇总”对话框中，分类字段中选择“性别”；汇总方式选择“求和”；在选定汇总项中选择“基本工资”和“实发工资”两项，选中“汇总结果显示在数据下方”项。如图 4-48 所示。单击“确定”按钮，完成汇总操作。将表名“sheet3”改为“汇总表”，结果如图 4-49 所示。

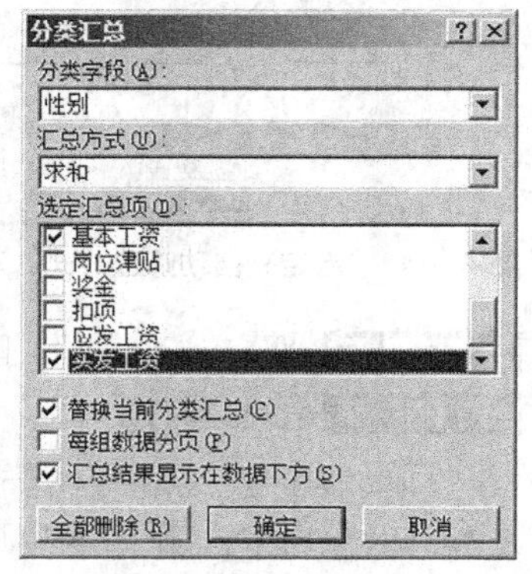

图 4-48 “分类汇总”对话框

分级显示可汇总整个工作表或其中的一部分。使用分级显示用户可以显示和隐藏每个分类汇总的明细行。直接单击行编号旁边的分级显示符号 1、2、3，就可看到效果。若要展开或折叠分级显示中的数据，也可单击+和-分层显示符号。

序号	姓名	性别	部门	职务	基本工资	岗位津贴	奖金	扣项	应发工资	实发工资
001	孙帅	男	人事部	职员	1500	500	500	256	2500	2244
002	张军	男	研发部	主管	3000	800	1000	575	4800	4225
006	钱进	男	销售部	职员	1500	800	700	362	3000	2638
007	刘阳	男	财务部	主管	2300	600	700	189	3600	3411
		男 汇总			8300					12518
003	马小会	女	人事部	职员	1500	500	300	216	2300	2084
004	赵玉霞	女	财务部	职员	1800	200	500	438	2500	2062
005	李小冉	女	销售部	主管	2500	800	800	579	4100	3521
008	马可欣	女	研发部	职员	1000	500	400	127	1900	1773
009	陈艳玲	女	研发部	职员	1500	600	500	254	2600	2346
010	朱艳	女	销售部	职员	2000	450	600	418	3050	2632
		女 汇总			10300					14418
		总计			18600					26936

图 4-49 汇总效果图

STEP 8 数据透视表

选择“sheet4”工作表，选择单元格区域“A1:K11”，在“插入”选项卡上“表格”选项组中单击“数据透视表”按钮，在“数据透视表”下拉列表中选择“数据透视表”命令，打开“创建数据透视表”对话框，如图 4-50 所示。

图 4-50 “创建数据透视表”对话框

在“请选择要分析的数据”栏中，选中“选择一个表或区域”单选项，在“表/区域”文本框中直接会出现前面选择的单元格区域，如“Sheet4!$A$1:$K$11”。在“选择放置数据透视表的位置”栏中，选中“现有工作表”单选项，在“位置”文本框中输入数据透视表的存放位置“Sheet4!$D$15”(也可以直接在表中单击 D15 单元格位置)。单击“确定”按钮，出现“数据透视表字段列表”窗口。

从“数据透视表字段列表”窗口的“选择要添加到报表的字段”中，将“部门”字段拖曳到“行标签”框内，将“职务”字段放到“列标签”框内，将“基本工资”放到“数值”框内，如图 4-51 所示。

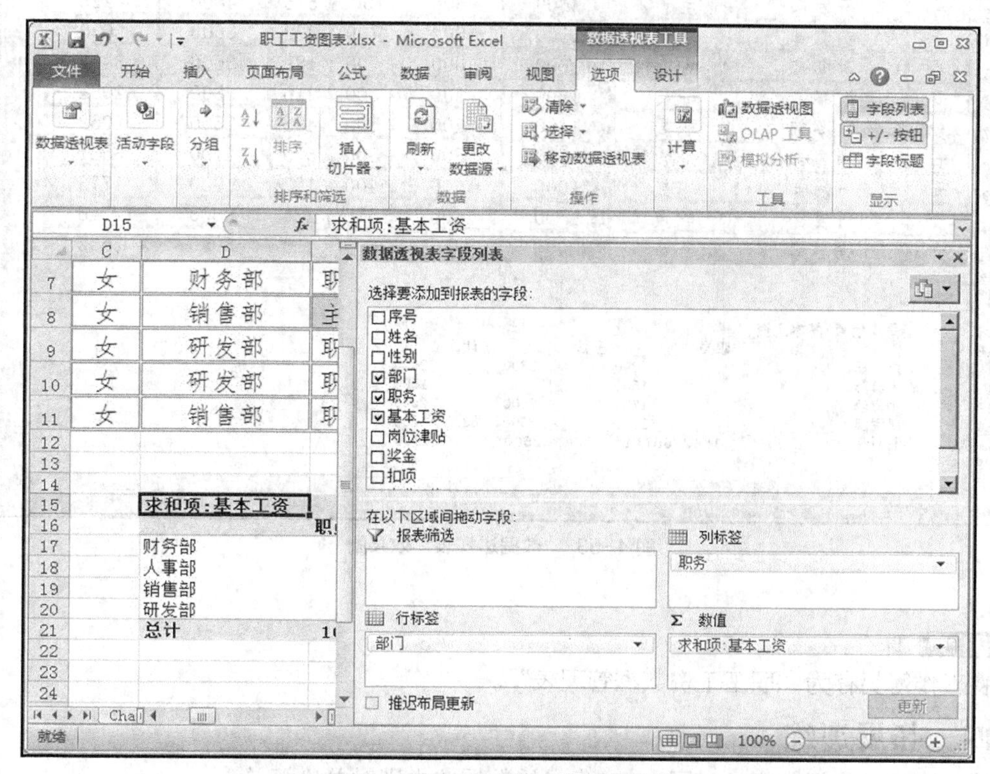

图 4-51　数据透视表字段列表窗口

单击“数值”框内的“求和项基本工资”按钮，在弹出的菜单中选择“值字段设置”命令，打开“值字段设置”对话框，如图 4-52 所示，在“计算类型”框选择“平均值”，单击“确定”按钮。关闭“数据透视表字段列表”窗口，完成数据透视表的建立，效果如图 4-53 所示。

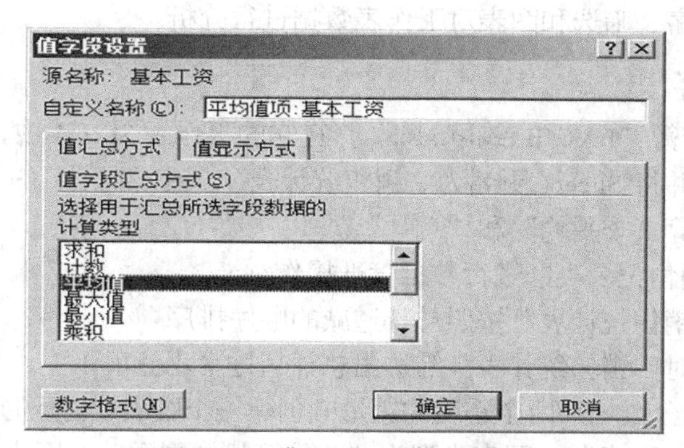

图 4-52　“值字段设置”对话框

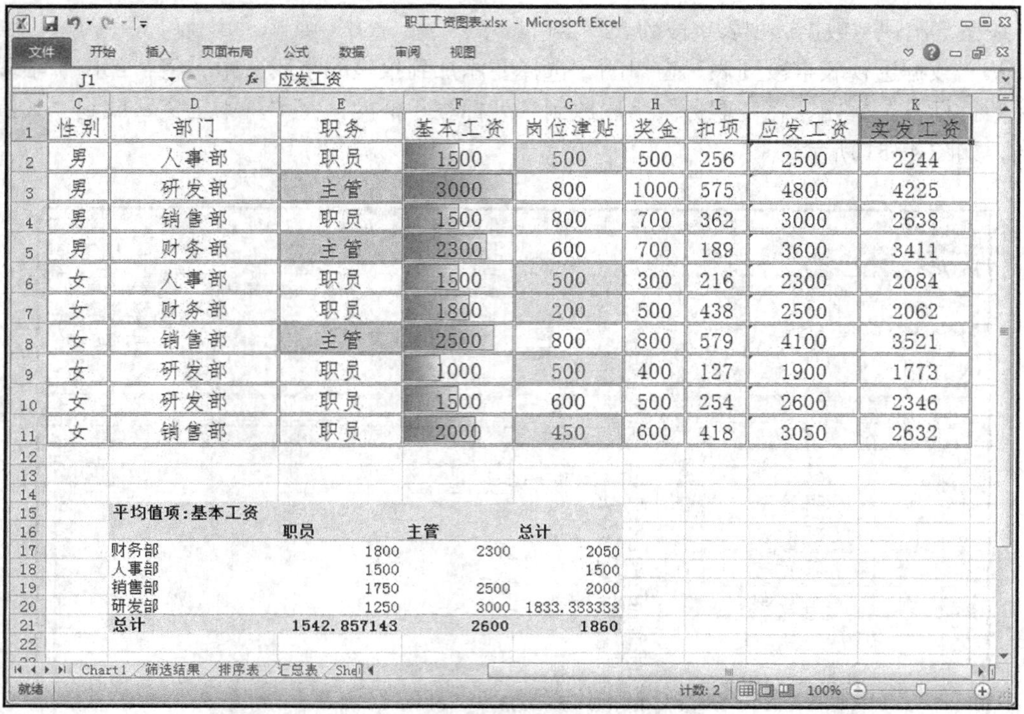

职工工资图表.xlsx - Microsoft Excel

J1 应发工资

	C	D	E	F	G	H	I	J	K
1	性别	部门	职务	基本工资	岗位津贴	奖金	扣项	应发工资	实发工资
2	男	人事部	职员	1500	500	500	256	2500	2244
3	男	研发部	主管	3000	800	1000	575	4800	4225
4	男	销售部	职员	1500	800	700	362	3000	2638
5	男	财务部	主管	2300	600	700	189	3600	3411
6	女	人事部	职员	1500	500	300	216	2300	2084
7	女	财务部	职员	1800	200	500	438	2500	2062
8	女	销售部	主管	2500	800	800	579	4100	3521
9	女	研发部	职员	1000	500	400	127	1900	1773
10	女	研发部	职员	1500	600	500	254	2600	2346
11	女	销售部	职员	2000	450	600	418	3050	2632

平均值项:基本工资	职员	主管	总计
财务部	1800	2300	2050
人事部	1500		1500
销售部	1750	2500	2000
研发部	1250	3000	1833.333333
总计	1542.857143	2600	1860

Chart1 / 筛选结果 / 排序表 / 汇总表 / She

就绪 计数: 2 100%

图 4-53 “数据透视表”效果图

STEP 9 保存

将工作簿另存为“职工工资数据管理表”。

四、拓展训练

独立完成制作汇总表，对图 4-17 表中的数据按类别对总价汇总。

综合实训一 销售统计表的建立与分析

一、实训目的和要求

熟练掌握工作表的建立，数据的输入，工作表的编辑与排版，使用公式与函数对表内数据进行处理，使用排序、筛选和图表对工作表数据进行分析。

二、实训内容

1. 新建一个工作簿“EXCEL 练习.xlsx”，在它的工作表 Sheet1 中，建立一个如图 4-54 所示的销售统计表，并将 Sheet1 更名为“销售统计表”，在“总计”一列前插入一列，列标题为“季平均”，计算“季平均”和“总计”。

2. 对工作表“销售记录表”进行数据管理操作。

（1）排序：对“销售统计表”按照总计递减的顺序排序。

（2）自动筛选：对“销售统计表”筛选出总计超过平均值项。

3. 对工作表中的分公司和四个季度的销量额创建一个图表，创建的图表作为新工作表插入，名称为“销售统计图表”，图表类型为“三维簇状柱形图”，图表标题为“全年销售图表”，纵坐标的标题为“销售额”，横坐标的标题为“分公司”。

销售统计表.xlsx - Microsoft Excel

C5 1800

虚构公司全年软件销售统计表					
			单位：万元		
分公司	一季度	二季度	三季度	四季度	总计
南京	¥1,500.00	¥1,500.00	¥3,000.00	¥4,000.00	¥10,000.00
北京	¥1,500.00	¥1,800.00	¥2,550.00	¥4,900.00	¥10,750.00
天津	¥1,200.00	¥1,800.00	¥1,800.00	¥4,400.00	¥9,200.00
哈尔滨	¥700.00	¥1,300.00	¥1,600.00	¥2,900.00	¥6,500.00

图 4-54 “销售统计表”工作表效果图

三、实训步骤

1．建立工作簿

STEP 1 单击“开始”按钮，选择“所有程序”选项中“Microsoft Office”级联菜单中的“Microsoft Excel 2010”命令。自动建立一个新文档，文件名默认为“工作簿 1.xlsx”。

STEP 2 保存工作簿 1，将其命名为“EXCEL 练习.xlsx”，存于桌面。

① 单击“文件”选项卡，在导航栏中选择“保存”命令，打开“另存为”对话框，如图 4-55 所示。

② 选择文件名的位置，在“文件名”编辑框中输入“EXCEL 练习”。

③ 单击“保存”按钮。

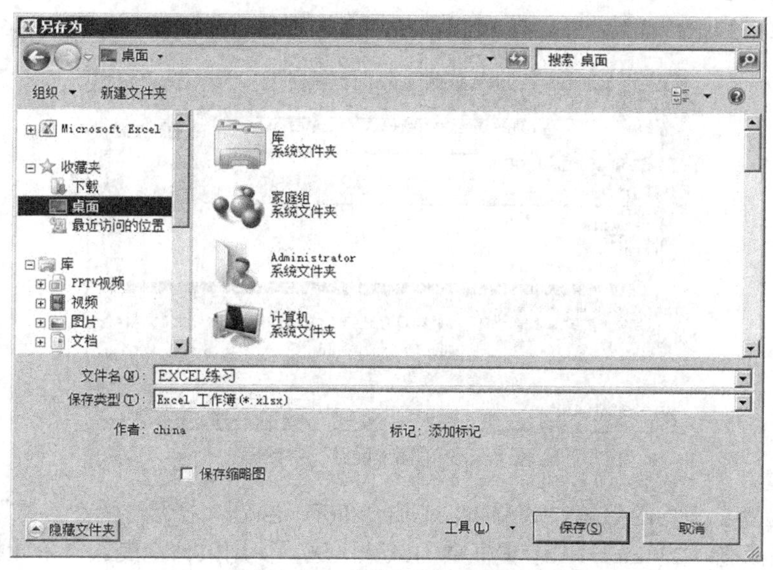

图 4-55 “另存为”对话框

2．编辑工作表

STEP 1 将工作表 Sheet1 更名为“销售统计表”，操作方法有以下两种：

① 在 Sheet1 的“工作表标签”上单击鼠标右键，在弹出的快捷菜单中选择“重命名”命

令，工作表的标签文字反相显示，输入新的工作表名称“销售统计表”。

② 双击 Sheet1 的“工作表标签”，工作表名反相显示，输入新的工作表名称“销售统计表”。

STEP 2 向表中输入数据。

3．工作表的格式化

STEP 1 在 A1 单元格输入表格标题“虚构公司软件销售统计表”，选中“A1:F1”区域，在“开始”选项卡上的“对齐方式”组中，单击“合并后居中”按钮，实现表格标题的合并居中。

STEP 2 选中 A1 单元格，在“开始”选项卡的“字体”组中，设置字体为“隶书”、字号为“24”。

STEP 3 选中“A3:F7”区域，设置字体为“隶书”、字号为“16”，其中，“A3:F3”区域和“A3:A7”区域字形为“加粗”。

STEP 4 选中“B3:F7”区域，在“开始”选项卡的“数据”组中，设置数字格式为“货币”。

STEP 5 选中“A3:F7”区域，在“开始”选项卡的“对齐方式”组中，设置对齐方式为“水平居中”。

STEP 6 选中“A3:F7”区域，在“开始”选项卡的“字体”组中，设置表格的边框，外框粗线，内框细线。

STEP 7 选中 F 列，在“开始”选项卡的“单元格”组中单击“插入”按钮，在“插入”菜单中选择“插入工作表列”命令；单击 F3 单元格，输入“季平均”。

STEP 8 适当调整行高或列宽，美化表格。

也可在“设置单元格格式”对话框中进行字体、字形、字号和对齐方式等设置。

4．公式和函数的使用

STEP 1 选中 F4 单元格。

STEP 2 单击编辑栏中的“fx”按钮，打开“插入函数”对话框，如图 4-56 所示。

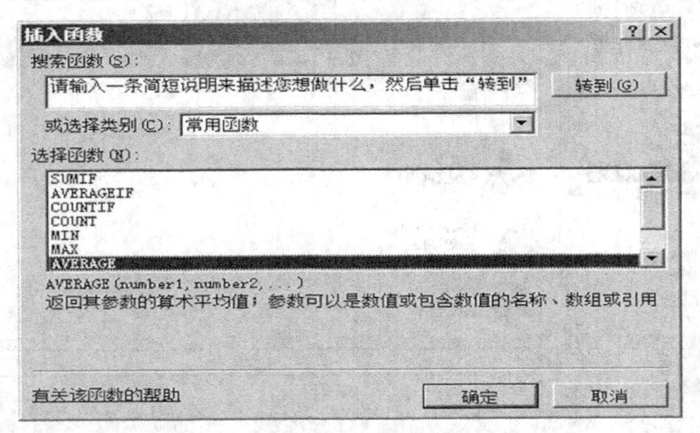

图 4-56 “插入函数”对话框

STEP 3 选择求平均函数 AVERAGE，单击“确定”按钮，打开“函数参数”输入对话框，先删除“Number1”编辑框中的默认区域，使用鼠标拖曳选择单元格区域 B4:E4，如图 4-57 所示。

STEP 4 单击“确定”按钮，计算出 F4 单元格的值。

STEP 5 拖动填充柄复制公式到其他的单元格中。具体的操作方法是：将鼠标放在 F4 单元格的右下角，当鼠标指针变成黑色十字形时，拖动鼠标到其他单元格，完成 F5～

F7 单元格中的公式复制。

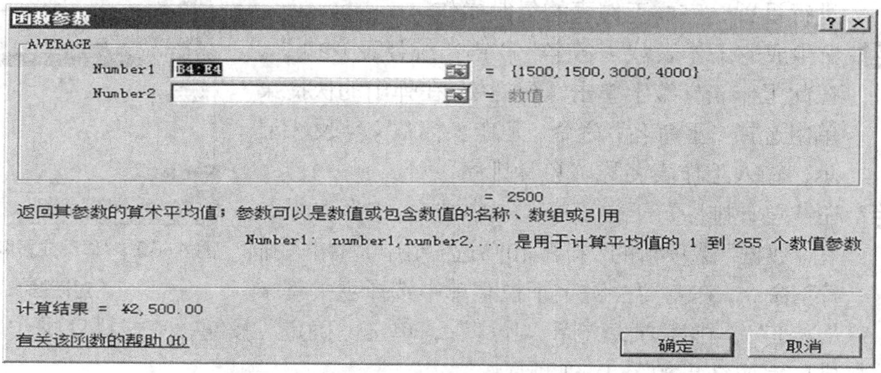
函数参数
AVERAGE
Number1 B4:E4 = {1500, 1500, 3000, 4000}
Number2 = 数值
= 2500
返回其参数的算术平均值；参数可以是数值或包含数值的名称、数组或引用
Number1: number1, number2, ... 是用于计算平均值的 1 到 255 个数值参数
计算结果 = ¥2, 500. 00
有关该函数的帮助 (H)
确定
取消

图 4-57 “函数参数”对话框

STEP 6 选中 G4 单元格。

STEP 7 在编辑栏内输入“=B4+C4+D4+E4”，如图 4-58 所示，按“Enter”键完成输入。

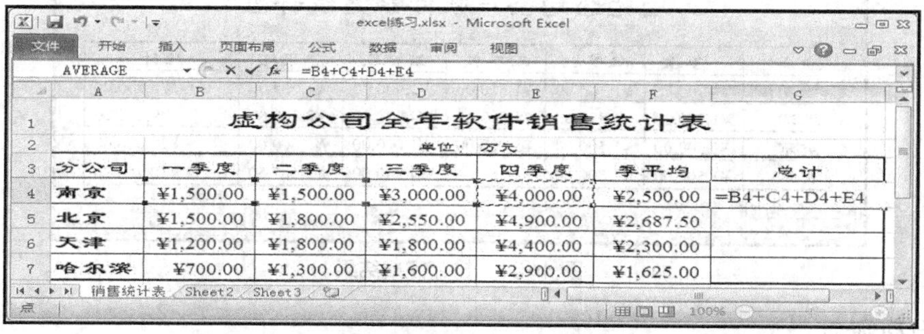
excel练习.xlsx - Microsoft Excel
文件 开始 插入 页面布局 公式 数据 审阅 视图
AVERAGE
=B4+C4+D4+E4
虚构公司全年软件销售统计表
单位：万元
分公司 一季度 二季度 三季度 四季度 季平均 总计
南京 ¥1,500.00 ¥1,500.00 ¥3,000.00 ¥4,000.00 ¥2,500.00 =B4+C4+D4+E4
北京 ¥1,500.00 ¥1,800.00 ¥2,550.00 ¥4,900.00 ¥2,687.50
天津 ¥1,200.00 ¥1,800.00 ¥1,800.00 ¥4,400.00 ¥2,300.00
哈尔滨 ¥700.00 ¥1,300.00 ¥1,600.00 ¥2,900.00 ¥1,625.00
销售统计表 Sheet2 Sheet3
点
100%

图 4-58 计算总计值

STEP 8 拖动填充柄复制公式到其他的单元格中。

结果如图 4-59 所示。

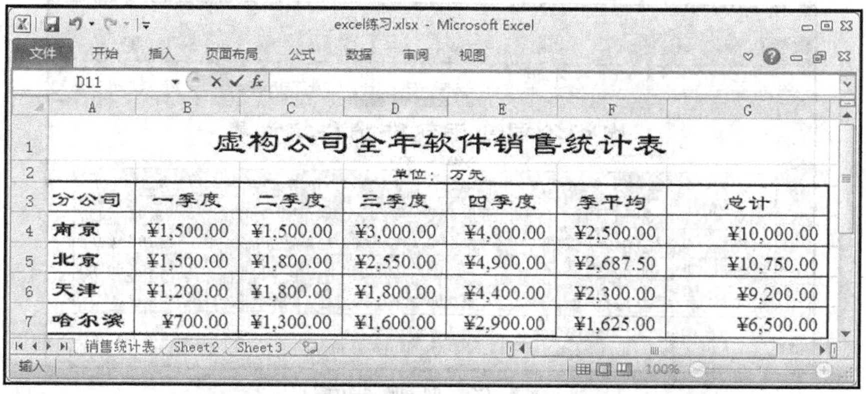
excel练习.xlsx - Microsoft Excel
文件 开始 插入 页面布局 公式 数据 审阅 视图
D11
虚构公司全年软件销售统计表
单位：万元
分公司 一季度 二季度 三季度 四季度 季平均 总计
南京 ¥1,500.00 ¥1,500.00 ¥3,000.00 ¥4,000.00 ¥2,500.00 ¥10,000.00
北京 ¥1,500.00 ¥1,800.00 ¥2,550.00 ¥4,900.00 ¥2,687.50 ¥10,750.00
天津 ¥1,200.00 ¥1,800.00 ¥1,800.00 ¥4,400.00 ¥2,300.00 ¥9,200.00
哈尔滨 ¥700.00 ¥1,300.00 ¥1,600.00 ¥2,900.00 ¥1,625.00 ¥6,500.00
销售统计表 Sheet2 Sheet3
输入
100%

图 4-59 “销售统计表”工作表结果

5．排序

STEP 1 打开工作簿“EXCEL 练习.xlsx”，在“销售记录表”工作表标签上单击鼠标右键，在弹出的快捷菜单中选择“移动或复制”命令，打开“移动或复制工作表”对话

框，如图 4-60 所示，单击“建立副本”复选框，进行设置，完成工作表的复制操作。

STEP 2 新生成的工作表默认名字为“销售统计表（2）”，在此工作表标签上单击鼠标右键，在弹出的快捷菜单中选择“重命名”命令，工作表标签文字反相显示，输入工作表名称“总计排序”。

STEP 3 在“总计排序”工作表中，选中“A3:G7”区域，在“数据”选项卡的“排序和筛选”组中，单击“排序”命令，在主要关键字下拉菜单中选择主关键字“总计”，排序方式选择“升序”，单击“确定”按钮，完成排序操作。

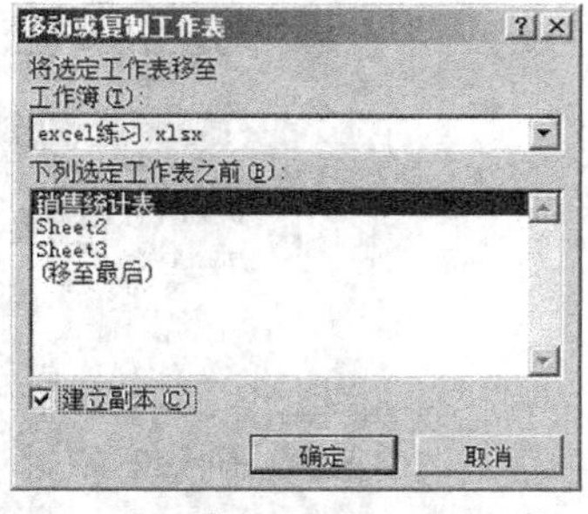

图 4-60 “移动或复制工作表”对话框

STEP 4 排序完成结果如图 4-61 所示。

虚构公司全年软件销售统计表

单位：万元

分公司	一季度	二季度	三季度	四季度	季平均	总计
哈尔滨	¥700.00	¥1,300.00	¥1,600.00	¥2,900.00	¥1,625.00	¥6,500.00
天津	¥1,200.00	¥1,800.00	¥1,800.00	¥4,400.00	¥2,300.00	¥9,200.00
南京	¥1,500.00	¥1,500.00	¥3,000.00	¥4,000.00	¥2,500.00	¥10,000.00
北京	¥1,500.00	¥1,800.00	¥2,550.00	¥4,900.00	¥2,687.50	¥10,750.00

图 4-61 排序完成结果

6．自动筛选

STEP 1 复制“销售统计表”工作表并重命名为“筛选总计”。

STEP 2 在“筛选总计”工作表中，选中“A3:G7”区域，在“数据”选项卡的“排序和筛选”组中，单击“筛选”按钮，如图 4-62 所示。

虚构公司全年软件销售统计表

单位：万元

分公司	一季度	二季度	三季度	四季度	季平均	总计
南京	¥1,500.00	¥1,500.00	¥3,000.00	¥4,000.00	¥2,500.00	¥10,000.00
北京	¥1,500.00	¥1,800.00	¥2,550.00	¥4,900.00	¥2,687.50	¥10,750.00
天津	¥1,200.00	¥1,800.00	¥1,800.00	¥4,400.00	¥2,300.00	¥9,200.00
哈尔滨	¥700.00	¥1,300.00	¥1,600.00	¥2,900.00	¥1,625.00	¥6,500.00

图 4-62 自动筛选数据

STEP 3 从“总计”列下拉列表中，选择“数字筛选”级联菜单中的“高于平均值”命令。筛选结果如图 4-63 所示。要取消对“总计”的筛选，单击该列的自动筛选箭头，在下拉列表框中选择“全部”选项。

分公司	一季度	二季度	三季度	四季度	季平均	总计
南京	¥1,500.00	¥1,500.00	¥3,000.00	¥4,000.00	¥2,500.00	¥10,000.00
北京	¥1,500.00	¥1,800.00	¥2,550.00	¥4,900.00	¥2,687.50	¥10,750.00
天津	¥1,200.00	¥1,800.00	¥1,800.00	¥4,400.00	¥2,300.00	¥9,200.00

图 4-63 筛选结果

7. 建立图表

STEP 1 复制“销售统计表”工作表并重命名为“销售图表”。

STEP 2 在“销售图表”工作表中，选中“A3:G7”区域，单击“插入”选项卡上“图表”组中“柱形图”按钮，在下拉菜单中选择“二维柱形图”级联菜单中的“簇状柱形图”项。显示出建立的图表，在“图表工具”中选择“布局”选项卡，在“布局”选项卡的“标签”组中单击“图表标题”按钮，在下拉列表中选择“图表上方”命令，图表的上方出现“图表标题”框。将“图表标题”定为“全年销售图表”，单击“布局”选项卡的“标签”组中的“坐标轴标题”按钮，设置主要横坐标标题为“分公司”，同样方式设置纵坐标标题为“金额”。图表效果如图 4-64 所示。

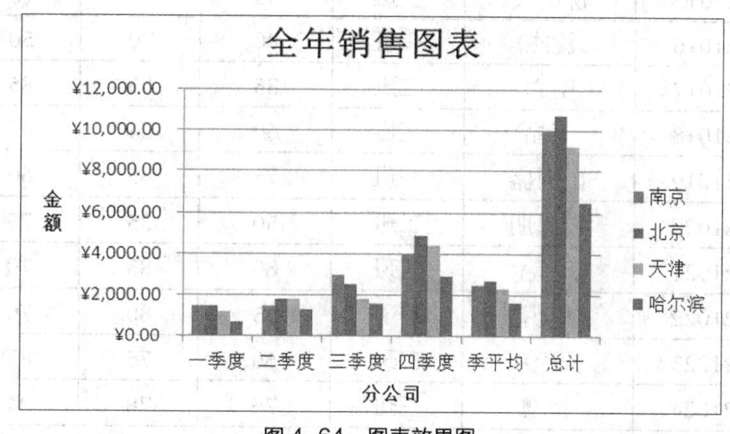

图 4-64 图表效果图

8. 存盘退出

综合实训二 学生成绩登记表的建立与分析

一、实训目的和要求

熟练掌握工作表的建立，数据的输入，工作表的编辑与排版，使用公式与函数对表内数据进行处理，使用排序、筛选、分类汇总和图表对工作表数据进行分析。

二、实训内容

1. 新建一个工作簿“学生成绩登记表.xlsx”，在它的工作表“Sheet1”中，输入下表数据。

学生成绩登记表

序号	学号	姓名	班级	数学	语文	外语	计算机
1	0621001	李竟	一班	80	86	77	85
2	0621002	叶小刚	二班	75	52	86	80
3	0621003	刘倩	三班	78	80	52	85
4	0621004	李思思	一班	92	60	80	60
5	0621005	李哲	二班	82	78	60	75
6	0621006	王明	三班	63	85	78	50
7	0621007	赵明明	一班	90	80	78	85
8	0621008	朱力	二班	54	85	85	65
9	0621009	黄燕	三班	77	60	80	60
10	0621010	陈青	一班	86	75	85	77
11	0621011	王大山	二班	52	50	60	86
12	0621012	何凯	三班	80	85	75	52
13	0621013	王维浩	一班	60	65	50	80
14	0621014	姬涛	二班	78	60	60	60
15	0621015	柳朋飞	三班	85	75	75	78
16	0621016	沈杰	一班	80	70	50	85
17	0621017	田力	二班	85	85	85	80
18	0621018	王晶	三班	60	24	65	85
19	0621019	崔国盛	一班	75	85	60	60
20	0621020	朱勇朋	二班	50	35	75	75
21	0621021	李莲童	三班	85	85	70	50
22	0621022	焦明	一班	65	80	70	80
23	0621023	王宇	二班	60	75	85	85
24	0621024	闫增	三班	75	78	24	60
25	0621025	朱玉强	一班	70	92	85	75
26	0621026	张鸿	二班	85	82	35	50
27	0621027	李森林	三班	24	63	85	60
28	0621028	刘双宜	一班	85	90	85	75
29	0621029	李吉	二班	35	54	65	50
30	0621030	程学清	三班	85	77	60	85

2. 对“学生成绩登记表”进行数据管理操作。

（1）将 Sheet1 工作表名改为“学生成绩原始数据”。

（2）求每名学生的平均成绩。

（3）统计分析：复制工作表“学生成绩原始数据”，并将复制表名改为“统计分析”，在“统计分析”中对学生平均成绩进行统计分析。统计各分数段的人数、占总人数的百分比、最高平均分和最低平均分。

（4）排序：复制工作表“学生成绩原始数据”，并将复制表名改为“排序”，在“排序”中，对“学生成绩登记表”按照平均分递减的顺序排序。

（5）自动筛选：复制工作表“学生成绩原始数据”，并将复制表名改为“筛选”，在“筛选”中，对“学生成绩登记表”筛选出数学、语文均超过80分的学生。

（6）分类汇总：复制工作表“学生成绩原始数据”，并将复制表名改为“班级平均成绩”，在“班级平均成绩”中，对学生成绩按班级分类汇总，求出各科的平均成绩。将学生成绩明细隐藏。

三、实训步骤

1．建立工作簿

STEP 1 单击“开始”按钮，选择“所有程序”选项中“Microsoft Office”级联菜单中的“Microsoft Excel 2010”命令。自动建立一个新文档，文件名默认为“工作簿 1.xlsx”。

STEP 2 保存工作簿 1，将其命名为“学生成绩登记表.xlsx”存于桌面。

① 单击“文件”选项卡，在导航栏中选择“保存”命令，打开“另存为”对话框。

② 选择文件名的位置，在“文件名”编辑框中输入“学生成绩登记表”。

③ 单击“保存”按钮。

STEP 3 在“A1”单元格中输入“学生成绩登记表”，“A2”单元格中输入“序号”按表中数据全部输入完成。

2．编辑工作表

将工作表 Sheet1 更名为“学生成绩原始数据”，操作方法有以下两种：

STEP 1 在 Sheet1 的“工作表标签”上单击鼠标右键，在弹出的快捷菜单中选择“重命名”命令，工作表的标签文字反相显示，输入新的工作表名称“学生成绩原始数据”。

STEP 2 双击 Sheet1 的“工作表标签”，工作表名反相显示，输入新的工作表名称“学生成绩原始数据”。

3．工作表的格式化

STEP 1 选中“A1:H1”区域，在“开始”选项卡上的“对齐方式”组中，单击“合并后居中”按钮，实现表格标题的合并居中。

STEP 2 选中“A1”单元格，在“开始”选项卡的“字体”组中，设置字体为“隶书”、字号为“22”、加粗。

STEP 3 选中“A2:H32”区域，设置字体为“宋体”、字号为“14”，居中对齐。

STEP 4 选中“A2:H2”区域，在“开始”选项卡的“字体”组中，单击“填充颜色”按钮的下拉箭头，在“主题颜色”中选择“白色背景 1，深色 25%”

STEP 5 单击 I2 单元格，输入“平均分”。

STEP 6 单击 H2 单元格，在“开始”选项卡的“剪贴板”组中，单击“格式刷”按钮，再单击 I2 单元格，完成对“平均分”格式设定。

STEP 7 选中“A1:I1”区域，在“数据”选项卡上的“排序和筛选”组中，单击“合并及居中”按钮，实现表格标题的合并居中。

STEP 8 选中“A2:I32”区域，在“开始”选项卡的“字体”组中，设置表格的边框，外框粗线，内框细线。适当调整行高或列宽，美化表格。

4．求平均成绩

STEP 1 选中“I3”单元格。

STEP 2 单击编辑栏中的“fx”按钮，打开的“插入函数”对话框。

STEP 3 选择求平均函数 AVERAGE，单击“确定”按钮，打开“函数参数”输入对话框，“Number1”文体框中的默认区域为“E3:H3”，区域选择正确，不需更改。

STEP 4 单击“确定”按钮，计算出“I3”单元格的值。

STEP 5 拖动填充柄复制公式到其他的单元格中。具体的操作方法是：单击“I3”单元格，将鼠标放在“I3”单元格的右下角，当鼠标指针变成黑色十字形时，拖动鼠标到其他单元格，完成“I3～I32”单元格中的公式复制。

5．统计分析

STEP 1 在“学生成绩原始数据”工作表标签上单击鼠标右键，在弹出的快捷菜单中选择“移动或复制”命令，打开“移动或复制工作表”对话框，单击“建立副本”复选框，进行设置，完成工作表的复制操作。

STEP 2 新生成的工作表默认名字为“学生成绩原始数据（2）”，在此工作表标签上单击鼠标右键，在弹出的快捷菜单中选择“重命名”命令，工作表标签文字反相显示，输入工作表名称“统计分析”。

STEP 3 按图 4-65 所示，准备初始数据。选中“B34”单元格，输入“学生平均成绩统计分析表”。其他步骤与准备“学生成绩原始数据”类似，不再赘述。

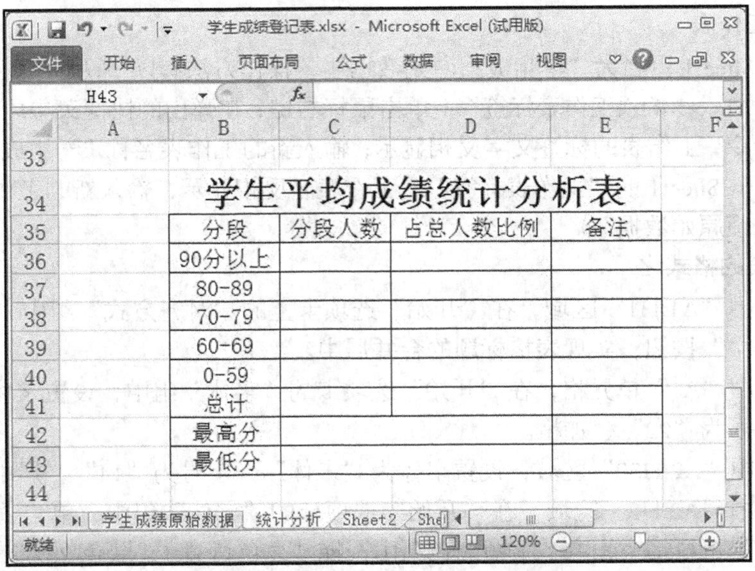
学生成绩登记表.xlsx - Microsoft Excel (试用版)
文件
开始
插入
页面布局
公式
数据
审阅
视图
H43
学生平均成绩统计分析表
分段
分段人数
占总人数比例
备注
90分以上
80-89
70-79
60-69
0-59
总计
最高分
最低分
学生成绩原始数据
统计分析
Sheet2
就绪
120%

图 4-65　学生平均成绩统计分析表

STEP 4 选中“C36”单元格，单击“编辑栏”中的“fx”按钮，选择“统计”函数组中的“COUNTIF”函数，单击“Range”编辑框，使用鼠标拖曳选择单元格区域 I3:I32，单击“Criteria”后编辑框，输入“>=90”，这是进行统计的条件，即只统计“平均分”大于或等于 90 的单元格个数，如图 4-66 所示，单击“确定”按钮。

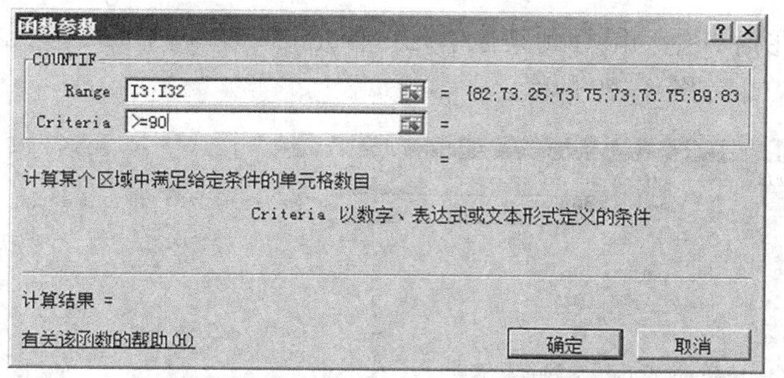

图 4-66 “COUNTIF 函数”对话框

STEP 5 选中“C37”单元格，输入“=COUNTIF(I3:I32, ">=80")-COUNTIF(I3:I32, ">=90")”，需要注意，公式中所有标点符号均为英文状态下的小标点。即只统计“平均分”80～90之间的单元格个数。

STEP 6 选中“C38”单元格，输入“=COUNTIF(I3:I32, ">=70")-COUNTIF(I3:I32, ">=80")”。即只统计“平均分”在70～80之间的单元格个数。

STEP 7 选中“C39”单元格，输入“=COUNTIF(I3:I32, ">=60")-COUNTIF(I3:I32, ">=70")”。即只统计“平均分”在60～70之间的单元格个数。

STEP 8 选中“C40”单元格，输入“=COUNTIF(I3:I32, "<60")”。即只统计“平均分”在60以下的单元格个数。

STEP 9 选中“C41”单元格，输入“=C36+C37+C38+C39+C40”公式。

STEP 10 选中“C42”单元格，单击“编辑栏”中的“fx”按钮，选择“常用函数”组中的“MAX”函数，先删除“Number1”编辑框中的默认区域，使用鼠标拖曳选择单元格区域I3:I32，如图4-67所示，单击“确定”按钮。

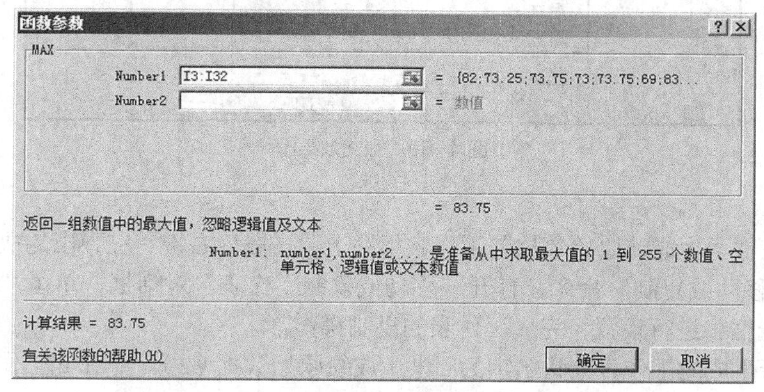

图 4-67 “MAX 函数”对话框

STEP 11 选中“C43”单元格，单击“编辑栏”中的“fx”按钮，选择“常用函数”组中的“MIN”函数，先删除“Number1”编辑框中的默认区域，使用鼠标拖曳选择单元格区域I3:I32，如图4-68所示，单击“确定”按钮。

STEP 12 选中“D36:D41”单元格区域，在“开始”选项卡的“数字”组中，单击“常规”按钮的下拉箭头，在下拉列表中选择“百分比”命令。

STEP 13 选中“D36”单元格，输入“=C36/$C$41”。

STEP 14 选中“D36”单元格，将鼠标放在“D36”单元格的右下角，当鼠标指针变成黑色十字形时，拖动鼠标到其他单元格，完成“D36～D41”单元格中的公式复制。最终效果如图 4-69 所示。

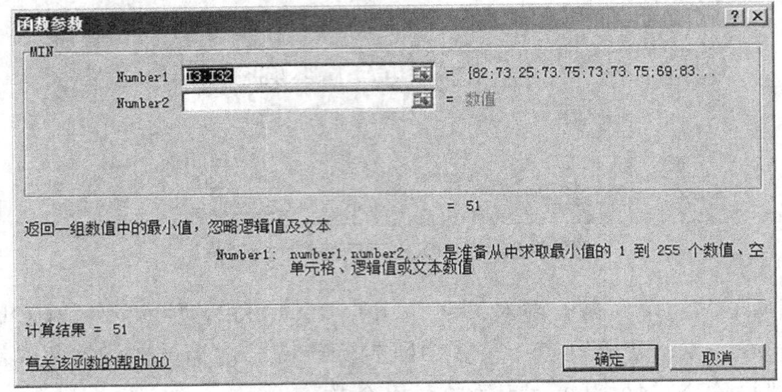

图 4-68 “MIN 函数”对话框

学生成绩登记表.xlsx - Microsoft Excel (试用版)

学生平均成绩统计分析表

分段	分段人数	占总人数比例	备注
90分以上	0	0.00%	
80-89	6	20.00%	
70-79	13	43.33%	
60-69	6	20.00%	
0-59	5	16.67%	
总计	30	100.00%	
最高分	83.75		
最低分	51		

图 4-69 最终效果图

6．排序

STEP 1 在“学生成绩原始数据”工作表标签上单击鼠标右键，在弹出的快捷菜单中选择“移动或复制”命令，打开“移动或复制工作表”对话框，单击“建立副本”复选框，进行设置，完成工作表的复制操作。

STEP 2 新生成的工作表默认名字为“学生成绩原始数据（2）”，在此工作表标签上单击鼠标右键，在弹出的快捷菜单中选择“重命名”命令，工作表标签文字反相显示，输入工作表名称“排序”。

STEP 3 在“排序”工作表中，选中“A2:I32”区域，在“数据”选项卡的“排序和筛选”组中，单击“排序”命令，在主要关键字下拉菜单中选择主关键字“平均分”，排序方式选择“降序”，单击“确定”按钮，完成排序操作。

STEP 4 排序结果如图 4-70 所示。

7．自动筛选

STEP 1 在“学生成绩原始数据”工作表标签上单击鼠标右键，在弹出的快捷菜单中选择

“移动或复制”命令，打开“移动或复制工作表”对话框，单击“建立副本”复选框，进行设置，完成工作表的复制操作。

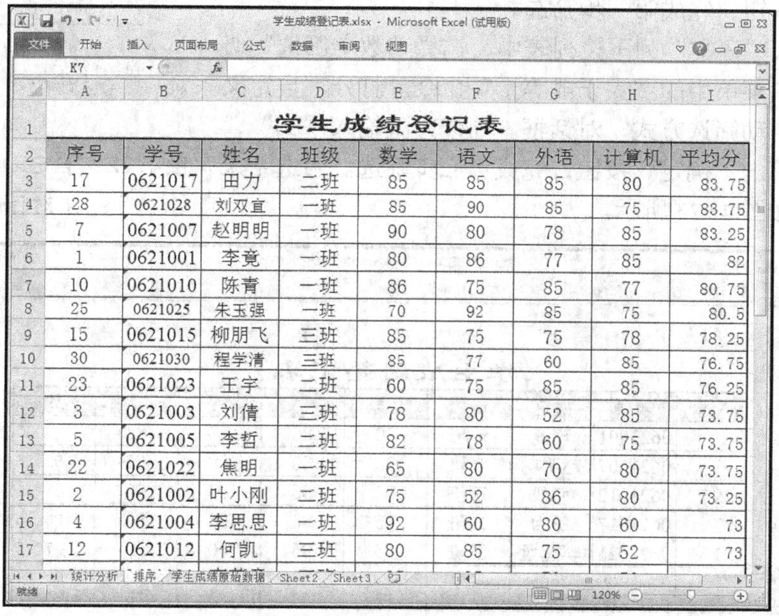

学生成绩登记表

序号	学号	姓名	班级	数学	语文	外语	计算机	平均分
17	0621017	田力	二班	85	85	85	80	83.75
28	0621028	刘双宜	一班	85	90	85	75	83.75
7	0621007	赵明明	一班	90	80	78	85	83.25
1	0621001	李竟	一班	80	86	77	85	82
10	0621010	陈青	一班	86	75	85	77	80.75
25	0621025	朱玉强	一班	70	92	85	75	80.5
15	0621015	柳朋飞	三班	85	75	75	78	78.25
30	0621030	程学清	三班	85	77	60	85	76.75
23	0621023	王宇	二班	60	75	85	85	76.25
3	0621003	刘倩	三班	78	80	52	85	73.75
5	0621005	李哲	二班	82	78	60	75	73.75
22	0621022	焦明	一班	65	80	70	80	73.75
2	0621002	叶小刚	二班	75	52	86	80	73.25
4	0621004	李思思	一班	92	60	80	60	73
12	0621012	何凯	三班	80	85	75	52	73

图 4-70 排序结果

STEP 2 新生成的工作表默认名字为“学生成绩原始数据（2）”，在此工作表标签上单击鼠标右键，在弹出的快捷菜单中选择“重命名”命令，工作表标签文字反相显示，输入工作表名称“筛选”。

STEP 3 在“筛选”工作表中，选中“A2:I32”区域，在“数据”选项卡的“排序和筛选”组中，单击“筛选”按钮，如图 4-71 所示。

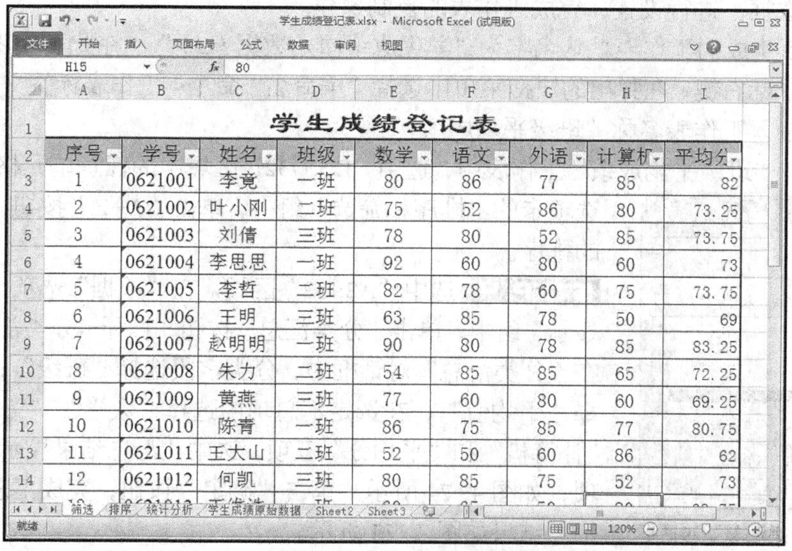

学生成绩登记表

序号	学号	姓名	班级	数学	语文	外语	计算机	平均分
1	0621001	李竟	一班	80	86	77	85	82
2	0621002	叶小刚	二班	75	52	86	80	73.25
3	0621003	刘倩	三班	78	80	52	85	73.75
4	0621004	李思思	一班	92	60	80	60	73
5	0621005	李哲	二班	82	78	60	75	73.75
6	0621006	王明	三班	63	85	78	50	69
7	0621007	赵明明	一班	90	80	78	85	83.25
8	0621008	朱力	二班	54	85	85	65	72.25
9	0621009	黄燕	三班	77	60	80	60	69.25
10	0621010	陈青	一班	86	75	85	77	80.75
11	0621011	王大山	二班	52	50	60	86	62
12	0621012	何凯	三班	80	85	75	52	73

图 4-71 自动筛选数据

STEP 4 从“数学”列下拉列表中，选择“数字筛选”级联菜单中的“大于或等于”命令。

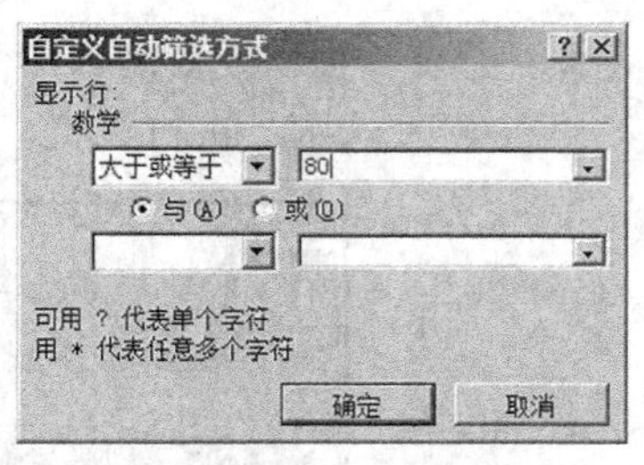

图 4–72 “自定义自动筛选方式”对话框

打开“自定义自动筛选方式”对话框，如图 4–72 所示。在如图所示位置输入“80”，单击“确定”按钮，完成第一步筛选。

STEP 5 从“语文”列下拉列表中，选择“数字筛选”级联菜单中的“大于或等于”命令。打开“自定义自动筛选方式”对话框。同样方式输入“80”，单击“确定”按钮，完成第二步筛选。筛选结果如图 4–73 所示。

学生成绩登记表

序号	学号	姓名	班级	数学	语文	外语	计算机	平均分
1	0621001	李竟	一班	80	86	77	85	82
7	0621007	赵明明	一班	90	80	78	85	83.25
12	0621012	何凯	三班	80	85	75	52	73
17	0621017	田力	二班	85	85	85	80	83.75
21	0621021	李莲童	三班	85	85	70	50	72.5
26	0621026	张鸿	二班	85	82	35	50	63
28	0621028	刘双宜	一班	85	90	85	75	83.75

图 4–73 筛选结果

8．分类汇总

STEP 1 在“学生成绩原始数据”工作表标签上单击鼠标右键，在弹出的快捷菜单中选择“移动或复制”命令，打开“移动或复制工作表”对话框，单击“建立副本”复选框，进行设置，完成工作表的复制操作。

STEP 2 新生成的工作表默认名字为“学生成绩原始数据（2）”，在此工作表标签上单击鼠标右键，在弹出的快捷菜单中选择“重命名”命令，工作表标签文字反相显示，输入工作表名称“班级平均成绩”。

STEP 3 在“班级平均成绩”工作表中，选中“D3:D32”区域中的任意单元格，在“数据”选项卡的“排序和筛选”组中，单击“A–Z”按钮。完成按班级的排序。

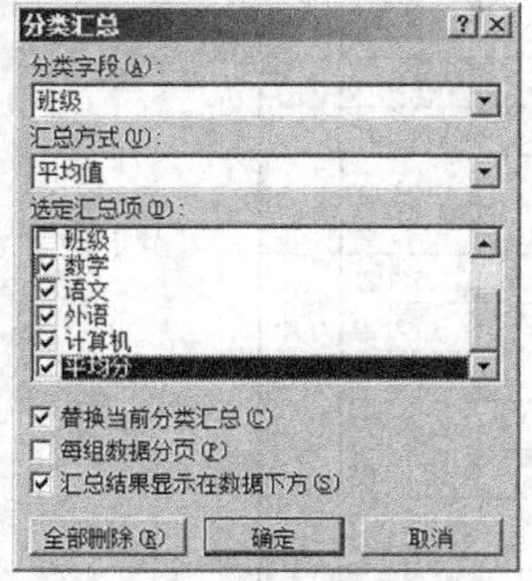

图 4–74 “分类汇总”对话框

STEP 4 选中“A2:I32”区域。在“数据”选项卡上的“分级显示”组中，单击“分类汇总”按钮，打开“分类汇总”对话框。在“分类汇总”对话框中，分类字段选择“班级”；汇总方式选择“平均值”；在选定汇总项中选择“数学”“语文”“外语”“计算机”和“平均分”五项，选中“汇总结果显示在数据下方”项，如图 4–74 所示。单击“确定”按钮，完成汇总操作。分类汇总结果如图 4–75 所示。

STEP 5 单击行编号旁边的分级显示符号“1、2、3”中的“2”，隐藏学生成绩明细，班级平均成绩结果如图 4–76 所示。

	A	B	C	D	E	F	G	H	I
2	序号	学号	姓名	班级	数学	语文	外语	计算机	平均分
3	2	0621002	叶小刚	二班	75	52	86	80	73.25
4	5	0621005	李哲	二班	82	78	60	75	73.75
5	8	0621008	朱力	二班	54	85	85	65	72.25
6	11	0621011	王大山	二班	52	50	60	86	62
7	14	0621014	姬涛	二班	78	60	60	60	64.5
8	17	0621017	田力	二班	85	85	85	80	83.75
9	20	0621020	朱勇朋	二班	50	35	75	75	58.75
10	23	0621023	王宇	二班	60	75	85	85	76.25
11	26	0621026	张鸿	二班	85	82	35	50	63
12	29	0621029	李吉	二班	35	54	65	50	51
13				二班 平均值	65.6	65.6	69.6	70.6	67.85
14	3	0621003	刘倩	三班	78	80	52	85	73.75
15	6	0621006	王明	三班	63	85	78	50	69
16	9	0621009	黄燕	三班	77	60	80	60	69.25
17	12	0621012	何凯	三班	80	85	75	52	73
18	15	0621015	柳朋飞	三班	85	75	75	78	78.25

图 4-75 "分类汇总"结果

学生成绩登记表

	A	B	C	D	E	F	G	H	I
2	序号	学号	姓名	班级	数学	语文	外语	计算机	平均分
13				二班 平均值	65.6	65.6	69.6	70.6	67.85
24				三班 平均值	71.2	71.2	66.4	66.5	68.825
35				一班 平均值	78.3	78.3	72	76.2	76.2
36				总计平均值	71.7	71.7	69.3333	71.1	70.9583

图 4-76 班级平均成绩结果

9. 存盘退出

习题

一、选择题

1. 在运行 Excel 2010 时，默认新建工作簿文件名是（　　）。

A. Excel1　　B. Sheet1

C. Book1　　D. 工作簿 1

2. 在 Excel 2010 中，每张工作表是一个（　　）。

A. 一维表　　B. 二维表

C. 三维表　　D. 树表

3. 在 Excel 2010 主界面窗口中不包括（　　）。

A. “插入”选项卡　　B. “输出”选项卡

C. “开始”选项卡　　D. “数据”选项卡

4. 若在单元格中输入数值 1/2，应（　　）。

A. 直接输入 1/2　　B. 输入’1/2

C. 输入 0 和空格后输入 1/2　　D. 输入空格和 0 后输入 1/2

5. 在 Excel 2010 中，最小操作区域是（　　）。

A. 一列　　B. 一行

C. 一张表　　D. 单元格

6. 在 Excel 2010 中，填充柄位于（　　）。

A. 菜单栏里　　B. 标准工具栏里

C. 当前单元格的右下角　　D. 状态栏里

7. 若在单元格中出现一串的“#####”符号，则（　　）。

A. 需重新输入数据　　B. 需调整单元格的宽度

C. 需删去该单元格　　D. 需删去这些符号

8. 在 Excel 2010 中，在具有常规格式的单元格中输入数值后，其显示方式是（　　）。

A. 居中　　B. 右对齐

C. 左对齐　　D. 随机

9. 在 Excel 2010 工作表的单元格中，如果想输入数字字符串 0001，则应输入（　　）。

A. 0001　　B. 1

C. “0001”　　D. ’0001

10. 在 Excel 2010 工作表中，每个单元格都有唯一的编号，编号方法是（　　）。

A. 行号+列标　　B. 列标+行号

C. 数字+字母　　D. 字母+数字

11. 在 Excel 2010 中，从工作表中删除一行，需要使用“开始”选项卡中（　　）。

A. “删除”按钮　　B. “清除”按钮

C. “剪切”按钮　　D. “复制”按钮

12. 在 Excel 2010 中，能够进行条件格式设置的区域（　　）。

A. 只能是一个单元格　　B. 只能是一行

C. 只能是一列　　D. 可以是任何选定的区域

13. 如果下面几个运算符同时出现在一个公式中，Excel 将先计算（　　）。

A. +　　B. −　　C. ^　　D. *

14. 在 Excel 2010 主界面窗口中，编辑栏上的“fx”按钮用来向单元格插入（　　）。

A. 文字　　B. 数字　　C. 公式　　D. 函数

15. 在 Excel 2010 的工作表中，假定 C3：C8 区域的每一个单元格中都保存着一个数值，则函数=COUNT（C3：C8）的值为（　　）。

A. 4　　B. 5　　C. 6　　D. 8

16. 在 Excel 2010 的工作表中，假定 B2 单元格内容为数值 15，则公式“=IF（B2>20，"好"，IF（B2>10，"中"，"差"））的值为（　　）。

A. 好　　B. 良　　C. 中　　D. 差

17. 在Excel 2010中，若需要将工作表中某列上大于某个值的记录挑选出来，应执行“数据”选项卡中的（　　）。

A. 排序命令　　B. 筛选命令

C. 分类汇总命令　　D. 合并计算命令

18. 向Excel 2010工作表中自动填充数字的时候，按住（　　）键，填充的数字会依次递增，而不是简单的数据复制。

A. Ctrl　　B. Alt　　C. shift　　D. 只拖动填充句柄

19. 在Excel 2010中，以下有关工作表中输入数据的叙述正确的是（　　）。

A. 所有的公式必须以等号开头

B. 所有的文本输入项在单元格中必须为右对齐

C. 所有日期必须以文字形式输入在单元格中

D. 所有数值在单元格中必须为居中对齐

20. 关于工作簿和工作表说法正确的是（　　）。

A. 每个工作簿只能包含3张工作表

B. 只能在同一工作簿内进行工作表的移动和复制

C. 图表必须和其数据源在同一工作表上

D. 在工作簿中正在操作的工作表称为“活动工作表”

二、填空题

1. 单击工作表左上角的________，则整个工作表被选中。
2. Excel 2010的三个主要功能是________、图表和数据库。
3. 分类汇总就是对数据清单按某字段进行分类，将________的连续记录作为一类，进行求和、平均、计数等汇总运算；分类汇总前必须对汇总字段进行________。
4. 在Excel 2010中的求和函数为________。
5. 在Excel 2010中工作簿文件默认扩展名为________。
6. 在Excel 2010工作表中，按下Delete键将清除被选区域中所有单元格的________。
7. 在Excel 2010中创建图表，首先要打开________选项卡，然后在“图表”组中操作。
8. 在Excel 2010中要想设置行高、列宽，应选用________选项卡中的“格式”命令。
9. 在Excel 2010中套用表格格式后，功能区会出现选项卡。
10. 在Excel 2010中，在________选项卡可进行工作簿视图方式的切换。

三、判断题

1. 使用shift键可实现同一工作簿中不同工作表的复制。（　　）
2. 单元格的格式一旦选定后，不可以再改变。（　　）
3. 默认情况下，复制单元格数据的同时将复制单元格格式。（　　）
4. 同一个工作表中的所有单元格中的文本字体大小都必须一致。（　　）
5. 单元格内可以显示多行文本。（　　）
6. 将多个连续的单元格合并为一个单元格后，原来单元格里的数据将自动组合在一起。（　　）
7. Sheet1表示工作表名称。（　　）
8. 删除单元格与清除单元格的操作是一样的。（　　）
9. 如果需要打印出工作表，还需为工作表设置框线，否则不打印表格线。（　　）

10. 在 Excel 2010 中，除在“视图”功能中可以进行显示比例调整外，还可以在工作簿右下角的状态栏拖动缩放滑块进行快速设置。 （ ）

四、简答题

1. 什么是工作簿？
2. 什么是工作表？
3. 什么是单元格和活动单元格？
4. Excel 编辑栏的作用是什么？
5. 举例说明公式中对单元格的引用方式有哪些？

PART 5

第5章 PowerPoint 2010 演示文稿制作软件

实训一 “自我介绍”演示文稿制作

一、实训目的和要求

1. 熟练掌握演示文稿的建立与保存。
2. 熟练掌握设置字体、字形、字号，颜色等格式。
3. 熟悉 PowerPoint 2010 的操作界面。
4. 熟练掌握快速应用内置主题功能。

二、实训内容

1. 利用 PowerPoint 2010 制作一个演示文稿，题目为：自我介绍。

2. 制作包含 8 张幻灯片的演示文稿，包括基本情况、学习经历、对公司的向往、优点技能、未来、喜欢的格言和致谢等方面内容。如图 5-1 所示。

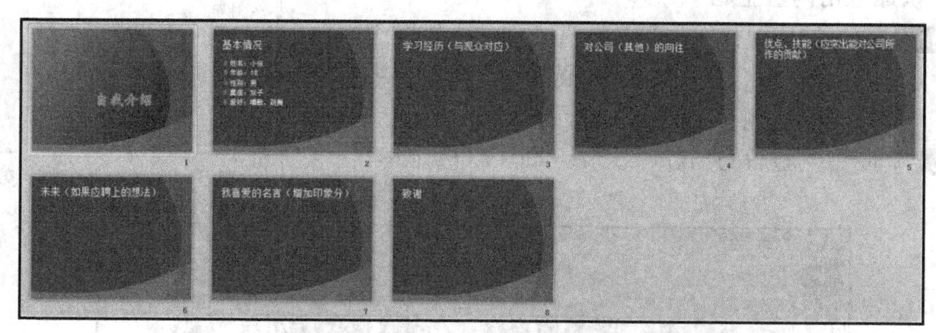

图 5-1 “自我介绍”演示文稿效果图

3. 对幻灯片进行格式化设置。
4. 美化幻灯片。

三、实训步骤

1. 新建空演示文稿

在桌面上单击左下角的“开始”→“所有程序”→“Microsoft Office”→“Microsoft PowerPoint

2010”选项，可启动 Microsoft PowerPoint 2010 主程序，打开 PowerPoint 文档。

2．保存演示文稿

选择“文件”选项卡中“保存”命令，打开“另存为”对话框，文件名为“自我介绍”，文件类型为“演示文稿”。

3．制作第 1 张幻灯片

STEP 1 单击标题栏，输入“自我介绍”，单击副标题栏，输入“主角：小张”。

STEP 2 设置字体。选中标题文字或标题所在的占位符，在“开始”选项卡“字体”组中单击“字体”按钮，打开“字体”对话框，设置字体格式为“楷体”、“66号”、“红色”，如图 5-2 所示。以同样的方法设置副标题的字体格式为“华文行楷”、“32 号”。

4．制作第 2 张～第 8 张幻灯片

STEP 1 在“开始”选项卡“幻灯片”组中单击“新建幻灯片”下拉按钮，如图 5-3 所示。选择“标题和内容”主题。

图 5-2　第 1 张幻灯片效果

图 5-3　Office 主题

STEP 2 按图 5-4 所示的样式输入相应内容。

STEP 3 依照此方法依次建立第 3～8 页幻灯片。

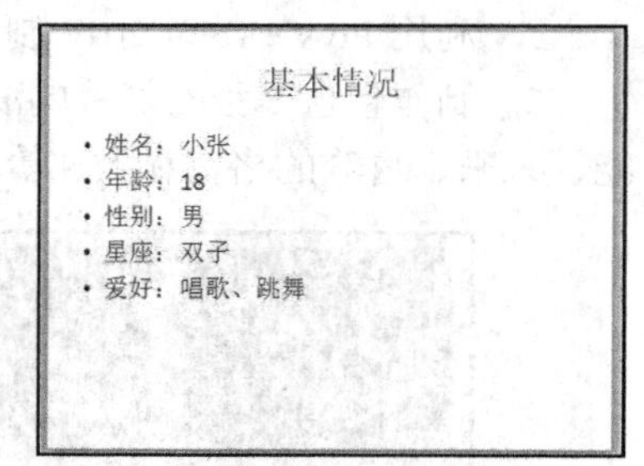

图 5-4　第 2 张幻灯片效果

5．快速应用内置主题

STEP 1 在幻灯片中，在“设计”选项卡“主题”组中单击“其他”下拉按钮，在展开的下拉菜单中选择适合的主题，如图 5-5 所示。

STEP 2 应用主题后的幻灯片效果，如图 5-6 所示。

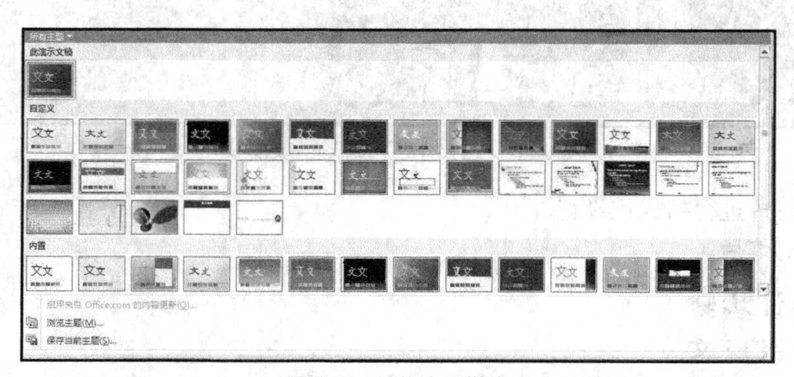

图 5-5　选择主题样式

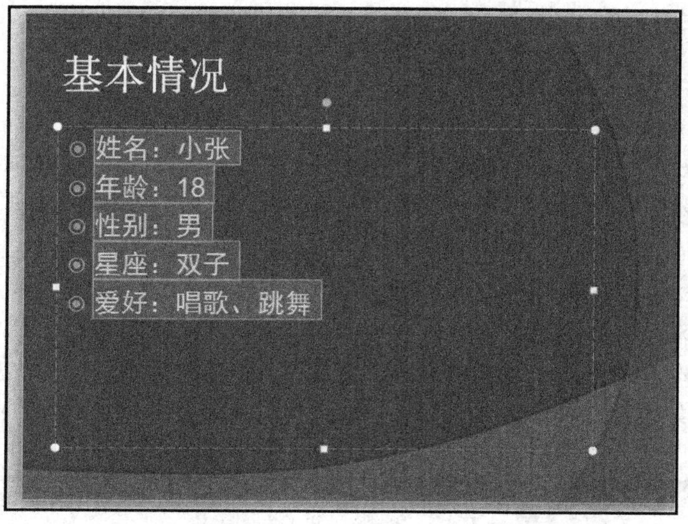

图 5-6 应用主题

6. 单击“保存”按钮

对演示文稿进行覆盖保存。

四、拓展训练

本专业简介

根据从网上查询本专业学习内容、就业方向和专业新动态等方面内容，创建主题演示文稿。

实训二 “美丽的冰城哈尔滨”演示文稿制作

一、实训目的和要求

1. 熟练掌握模板应用的方法。
2. 熟练掌握主题修改的方法。
3. 熟练掌握模板编辑的方法。
4. 熟练掌握插入图片的方法。

二、实训内容

1. 利用 PowerPoint 2010 制作一个演示文稿，题目为：美丽的冰城哈尔滨。

2. 制作包含 12 张幻灯片的演示文稿，包括特色饮料、烧烤、中央大街、东北菜、冰灯、杀猪菜、索菲亚教堂等方面内容，如图 5-7 所示。

图 5-7 “美丽的冰城哈尔滨”演示文稿效果图

3．设置幻灯片母板。

三、实训步骤

1．使用设计模板

打开“美丽的冰城哈尔滨”演示文稿。

STEP 1 在“视图”选项卡“母板视图”组中单击“幻灯片母板”按钮，切换到“幻灯片母板视图”，同时激活“幻灯片母板视图”选项卡。

STEP 2 在“幻灯片母板”选项卡“编辑主题”组中单击“主题”按钮，在下拉列表中选择“沉稳”样式。

STEP 3 在“幻灯片母板”选项卡“编辑主题”组中单击“颜色”按钮，选择“沉稳”样式，如图 5-8 所示。

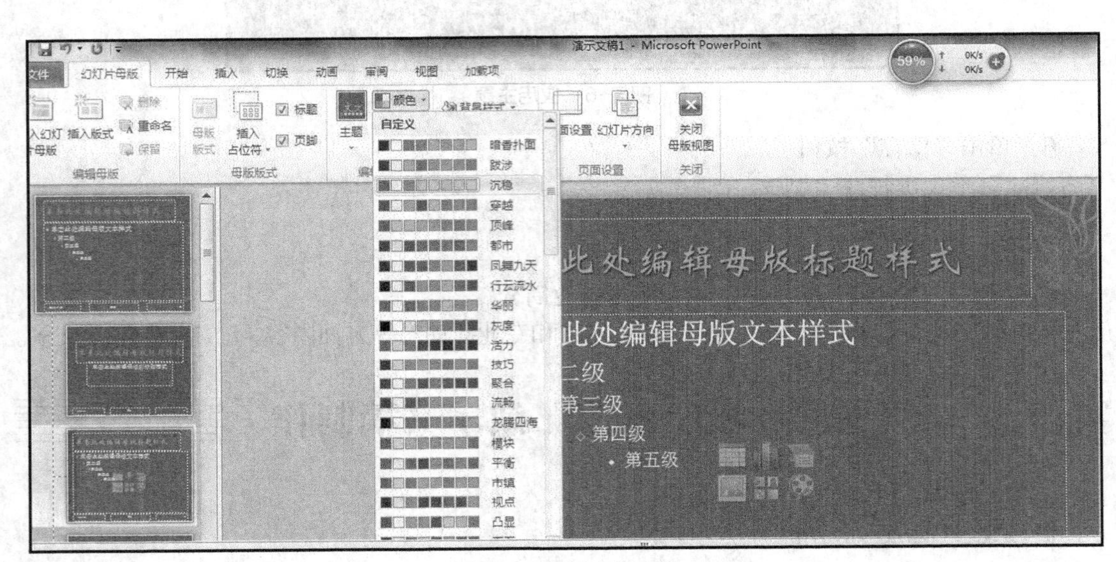

图 5-8　设置应用主题

STEP 4 修改主题和字体。

2．设置幻灯片母板

STEP 1 插入图片。在“插入”选项卡的“图像”组中单击“图片”按钮，选择合适图片，插入即可。

STEP 2 编辑“页脚”“编号”和“日期”。在“视图”选项卡“母板视图”组中单击“幻灯片母板”按钮，就可以编辑最下面一行所对应的“页脚”“编号”和“日期”。

3．设置背景

STEP 1 选择当前幻灯片，在“设计”选项卡“背景”组中单击“背景样式”按钮，选择“样式 3”命令，如图 5-9 所示。

STEP 2 选择第一张幻灯片，在“设计”选项卡“背景”组中单击“背景样式”按钮，选择“设置背景格式”命令，在打开的“设置背景格式”对话框中选中“渐变填充”单选按钮，在“预设颜色”下拉列表中选择“红日西斜”样式，“类型”下拉列表中选择“标题阴影”样式，如图 5-10 所示。

STEP 3 设置后的效果如图 5-11 所示。

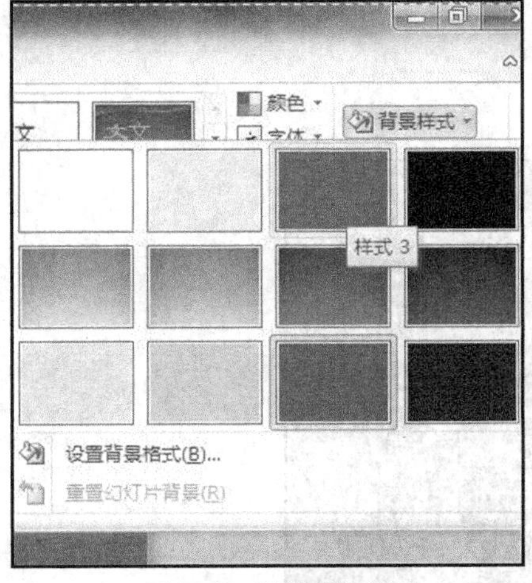
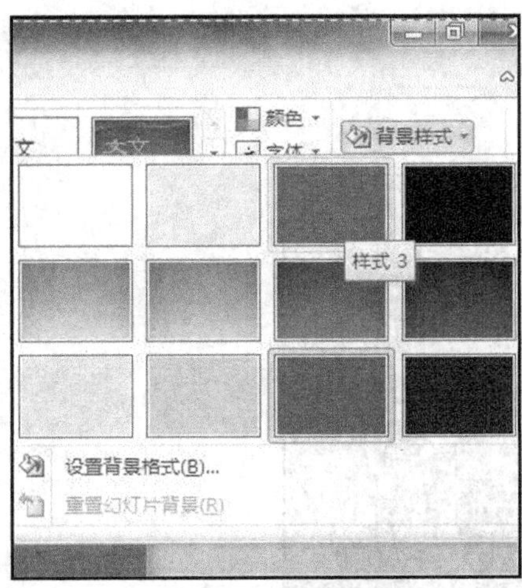

图 5-9 设置背景样式

图 5-10 “设置背景格式”对话框

4．插入幻灯片

添加图片和文字效果，如图 5-12 所示。

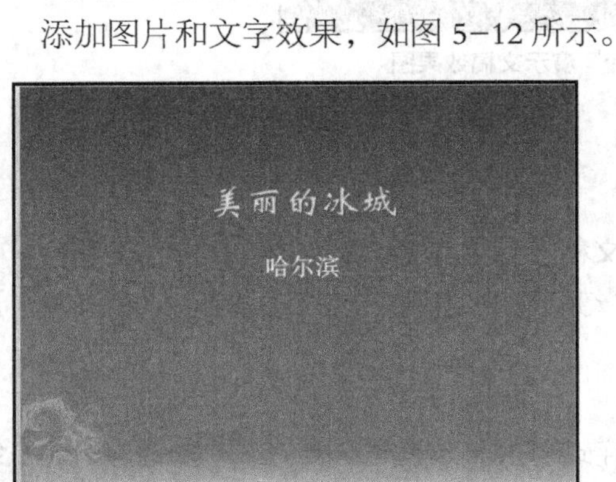

图 5-11 设置后效果

图 5-12 插入幻灯片后效果

5．依次建立其他张幻灯片

6．保存演示文稿

以“美丽的冰城哈尔滨”为名，保存并退出。

四、拓展训练

我的家乡

根据从网上查询家乡的地理位置、历史、风俗民情等信息，着重介绍重点景点、饮食文化，名人等方面内容创建主题演示文稿。

实训三 制作“招生人数统计”图表

一、实训目的和要求

1. 熟练掌握设置背景的方法。
2. 熟练掌握插入图表的方法。
3. 熟练掌握修饰图表的方法。

二、实训内容

1. 利用 PowerPoint 2010 制作一个演示文稿。
2. 制作插入图表的幻灯片，如图 5-13 所示。

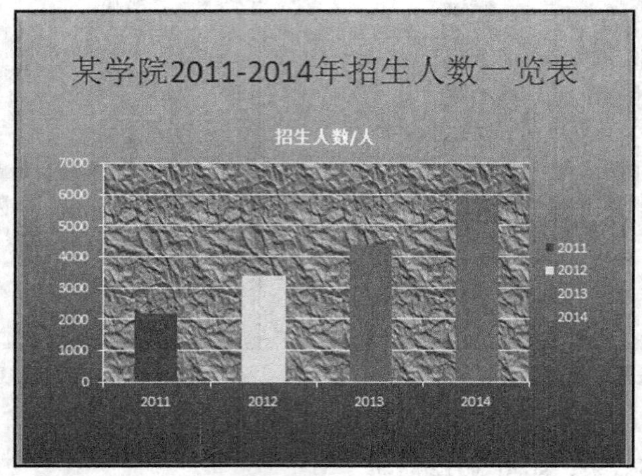

图 5-13 “招生人数统计”演示文稿效果图

3. 修饰图表。

三、实训步骤

1. 利用 PowerPoint 2010 制作一个演示文稿

启动 PowerPoint 2010，在“开始”选项卡“幻灯片”组中单击“新建幻灯片”按钮，选择“仅标题”版式。

2. 设置背景样式

在“设计”选项卡“背景”组中单击“背景样式”按钮，选择“样式 3”命令，单击该组的对话框启动器，打开“设置背景格式”对话框。选择“填充”选项卡，选中“渐变填充”单选按钮，“预设颜色”选择“红木”，“类型”选择“标题的阴影”，单击“关闭”按钮，如图 5-14 所示，设置后效果如图 5-15 所示。

图 5-14 “设置背景格式”对话框

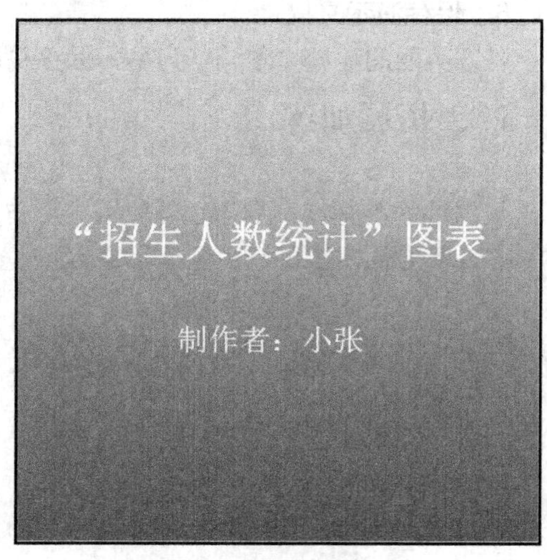

图 5-15 设置后效果

3．添加标题

在“开始”选项卡“幻灯片”组中单击“新建幻灯片”按钮，选择“仅标题”版式。输入标题内容为“某学院 2011−2014 年招生人数一览表”，修饰文字颜色为“茶色”。添加文字效果，如图 5−16 所示。

4．插入图表

单击“插入”选项卡“插图”组中的“图表”按钮，打开“插入图表”对话框，选择“簇状柱形图”样式，单击“确定”按钮。此时生成一张图表，如图 5−17 所示和对应的 Excel 表，如图 5−18 所示。

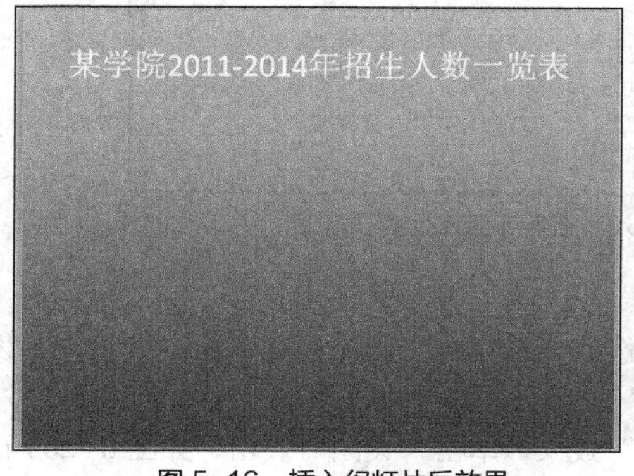

图 5−16　插入幻灯片后效果

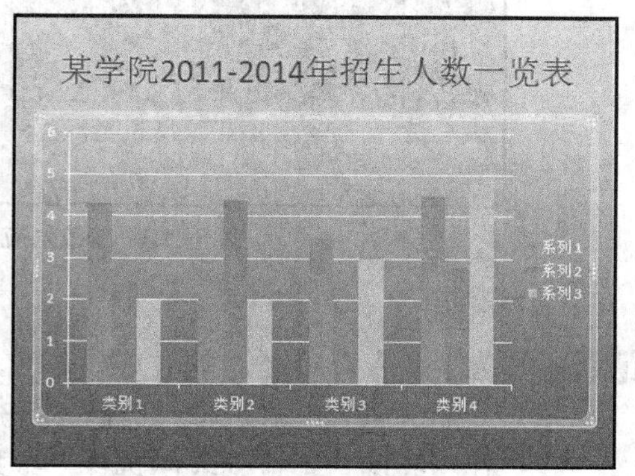

图 5−17　插入图表后效果

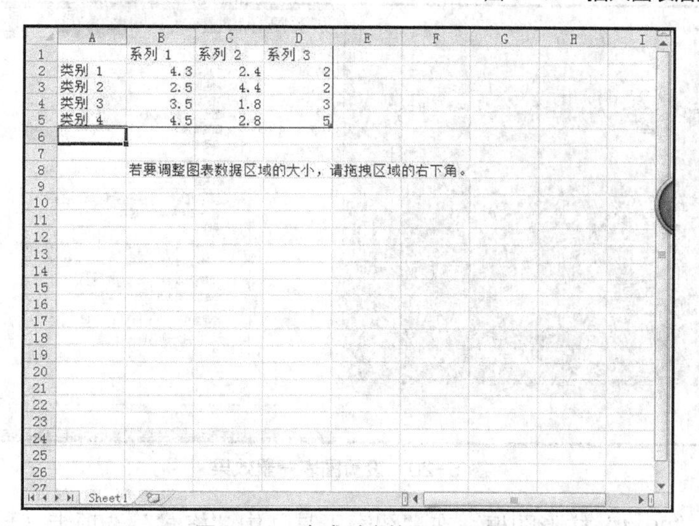

	系列 1	系列 2	系列 3
类别 1	4.3	2.4	2
类别 2	2.5	4.4	2
类别 3	3.5	1.8	3
类别 4	4.5	2.8	5

若要调整图表数据区域的大小，请拖拽区域的右下角。

Sheet1

图 5−18　生成对应的 Excel 表

5．按照表 5-1 修改生成 Excel 表中数据

如图 5−19 所示。

表 5-1　招生人数表

年　　份	招生人数/人
2011	2200
2012	3400
2013	4400
2014	5900

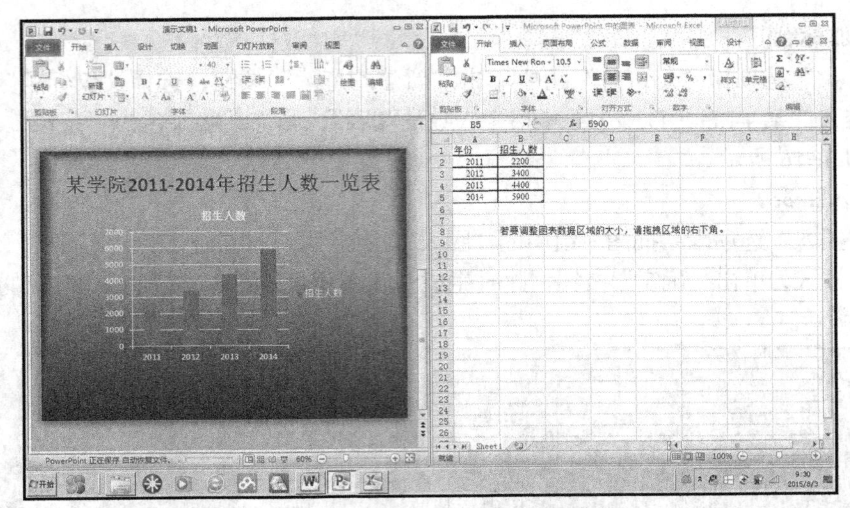

图 5-19　修改对应 Excel 表后的图表效果

6．修饰图表

STEP 1 选中图表背景区，单击鼠标右键，选择“设置图表区域格式”命令，打开“设置绘图区格式”对话框，选择“填充”选项卡。选中“图片或纹理填充”单选按钮，在“纹理”下拉列表中选择“纸袋”效果，单击“关闭”按钮，如图 5-20 所示。

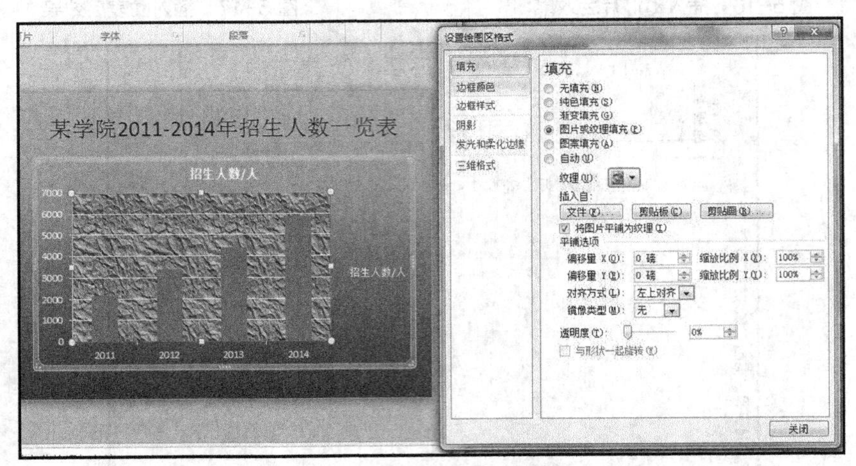

图 5-20　设置图表背景效果

STEP 2 选中“2011”柱形图框，在“图表工具”中“格式”选项卡“形状样式”组中单击“形状填充”下拉按钮，选择红色，用同样的方法将 2012、2013、2014 柱形图框色分别设置为黄色、绿色、蓝色。

7．保存演示文稿

以“招生人数一览表”为名，保存并退出。

四、拓展训练

某公司销售情况的总结

根据销售任务情况、销售产品情况、资金回笼情况、客户情况分析、新客户开发情况和销售存在的问题等方面内容创建演示文稿。

实训四 “京剧角色简介”的制作

一、实训目的和要求

1. 熟练掌握使用设计主题的方法。
2. 熟练掌握插入艺术字的方法。
3. 熟练掌握设置文字、图片和视频链接的方法。
4. 熟练掌握隐藏幻灯片的方法。
5. 熟练掌握幻灯片切换的方法。

二、实训内容

1. 利用 PowerPoint 2010 制作一个演示文稿。
2. 制作如图 5-21 所示的幻灯片。

图 5-21 “京剧角色简介”演示文稿效果图

3. 美化幻灯片。

三、实训步骤

1. 设计主题

STEP 1 启动 PowerPoint 2010，创建“标题”幻灯片，在“设计”选项卡“主题”组单击“其他”下拉按钮，选择“自定义”列表项中的“龙腾四海”主题，如图 5-22 所示，为幻灯片更换应用主题外观，如图 5-23 所示。

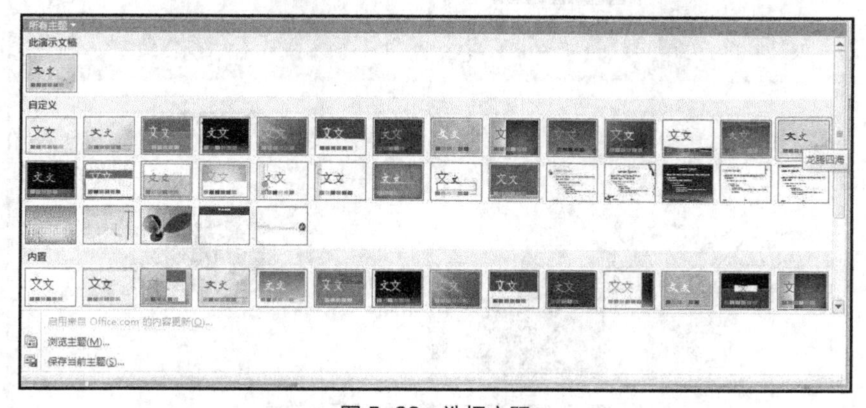

图 5-22 选择主题

STEP 2 输入相关内容，如图 5-24 所示。

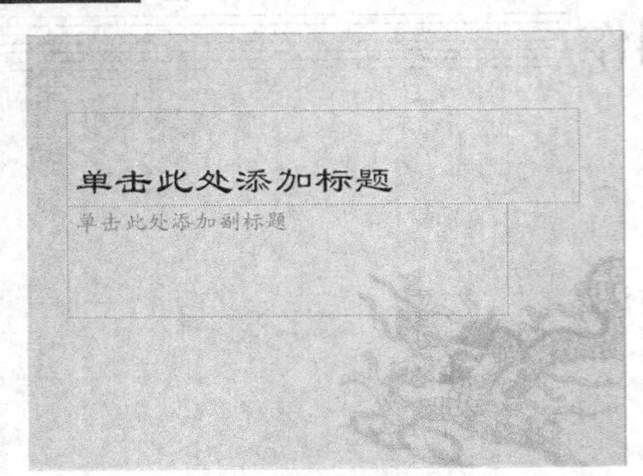

图 5-23 选择主题后的幻灯片

图 5-24 标题幻灯片效果

STEP 3 创建第二张幻灯片，在“开始”选项卡“幻灯片”组中单击“新建幻灯片”按钮，插入一张“仅标题”版式的空幻灯片，调整各文本框和图片（插入图片的方法与实训二相同）的旋转角度，输入相关内容，如图 5-25 所示。

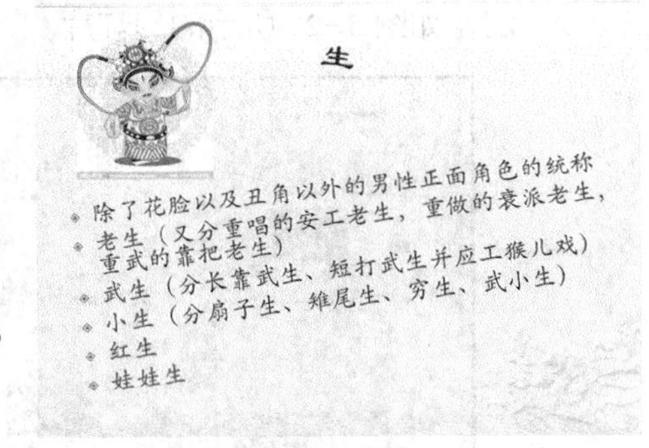

图 5-25 第二张幻灯片效果

STEP 4 依次建立第三至第六张幻灯片，如图 5-26 所示。

2. 插入艺术字

选择第一张幻灯片，在“插入”选项卡“文字”组中单击“艺术字”按钮，选择一种样式，如图 5-27 所示，输入如图 5-28 所示的内容。

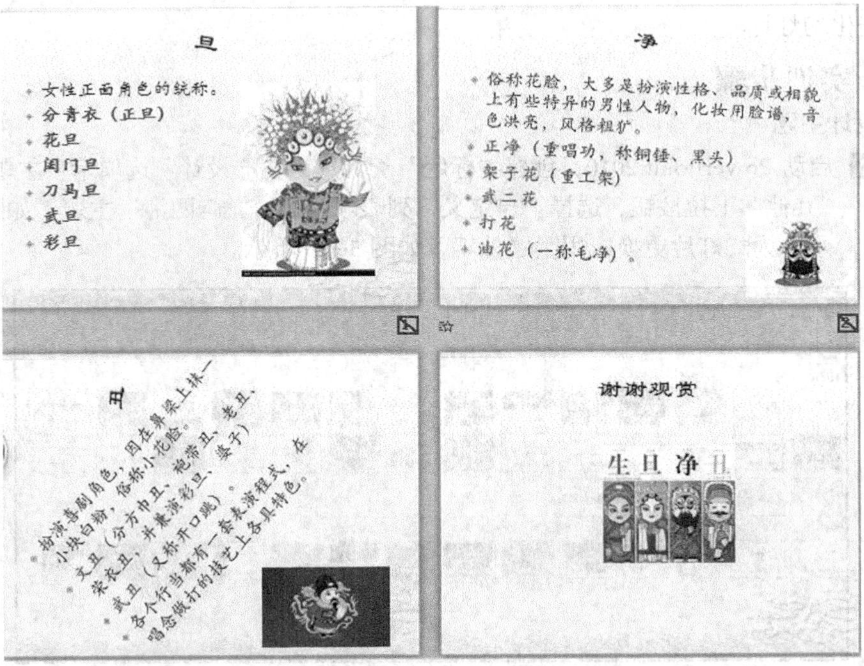

图 5-26 第三至第六张幻灯片效果

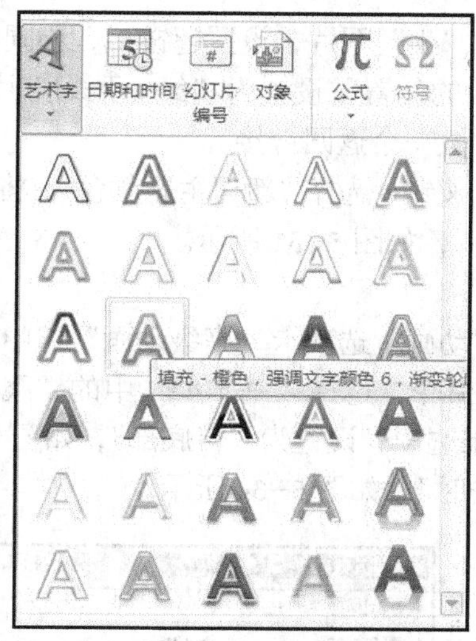

图 5-27 “艺术字库”对话框

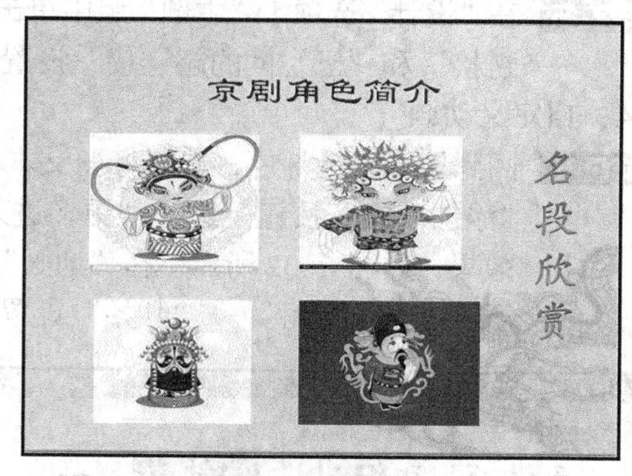

图 5-28 效果图

3．设置超链接

STEP 1 用鼠标右键单击第一张幻灯片中的小生图片，选择“超链接”命令，打开“插入超链接”对话框，将“链接到”设置为“本文档中的位置”，在窗口中选择第二张幻灯片，如图 5-29 所示。

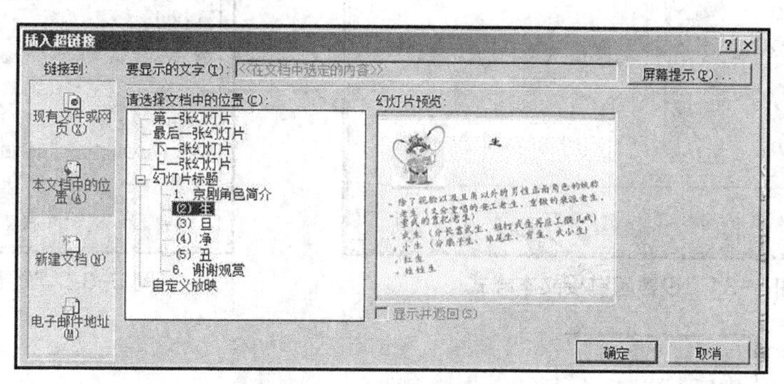

图 5-29 插入超链接

STEP 2 依次给“旦”“末”“净”加入超链接。

STEP 3 选中“名段欣赏”艺术字，建立超链接，在打开的对话框中将“链接到”设置为“现有文件或网页的位置”，在“查找范围”找到视频所在的位置，如图 5-30 所示。

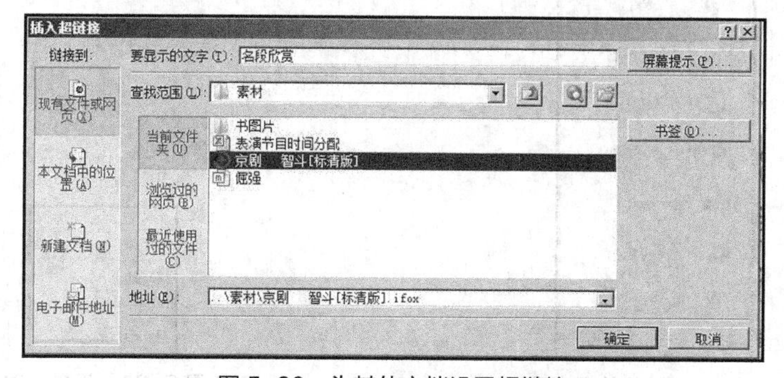

图 5-30 为其他文档设置超链接

STEP 4 做一个返回超链接。选中第二张幻灯片中的“生”图片，设置超链接，不同的是在“插入超链接”对话框中将“在本文档中的位置”设置为“第一张幻灯片”。用同样的方法分别将“旦”“末”“净”图片做一个返回链接。

STEP 5 在“设计”选项卡“主题”组中单击“颜色”按钮，选择“新建主题颜色”，将“超链接”和“已访问的超链接”设置为“白色”，如图 5-31 所示。

4．自定义动画

STEP 1 回到第一张幻灯片，选择标题文本框，在“动画”选项卡“高级动画”组中单击“添加动画”按钮，选择“更多进入效果”命令，选择“基本型”中的“飞入”效果，如图 5-32 所示。在“动画”→“效果选项”设置为“自底部”，如图 5-33 所示。在“计时”→“开始”设置为“单击时”，如图 5-34 所示。

图 5-31　设置超链接文本样式

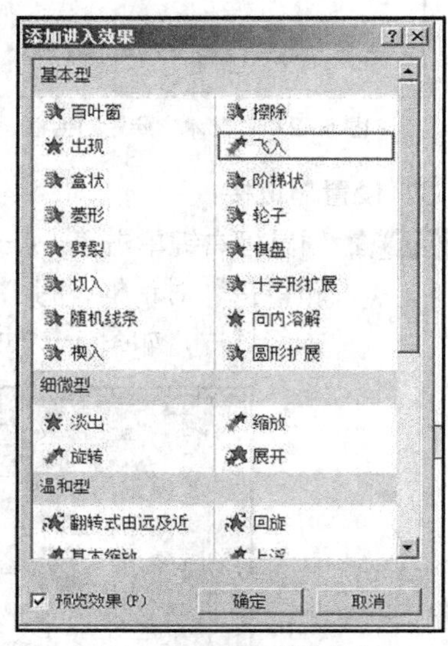

图 5-32　设置进入效果

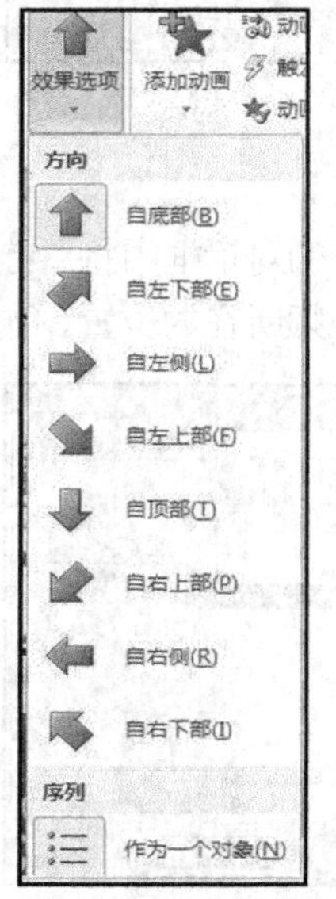

图 5-33　设置效果选项

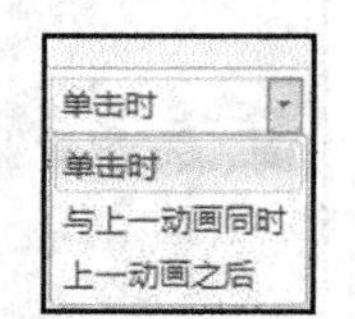

图 5-34　设置计时

依次设置“生”“旦”“净”和“丑”图片的动画效果以及“名家欣赏”超链接的动画效果，其他选项相同，只将“效果选项”分别设置为“自左上部”“自右上部”“自左下部”“自右下部”和“自右侧”，如图5-35所示。

STEP 2 为最后一张幻灯片添加动画。选中要设置动画的对象，在“动画”选项卡“高级动画”组中单击“效果选项”命令，分别设置为“旋转”效果和“翻转式由远及近”效果。

5．隐藏幻灯片

如果没有隐藏幻灯片，播放的时候会按照制作顺序播放，这样的效果比较普通，加入超链接的目的，就是要强调一部分内容，让播放内容显得更紧凑，但是如果不隐藏播放内容，会造成重复播放。

用鼠标右键单击要隐藏的幻灯片，出现如图5-36所示快捷菜单，选择“隐藏幻灯片”命令。

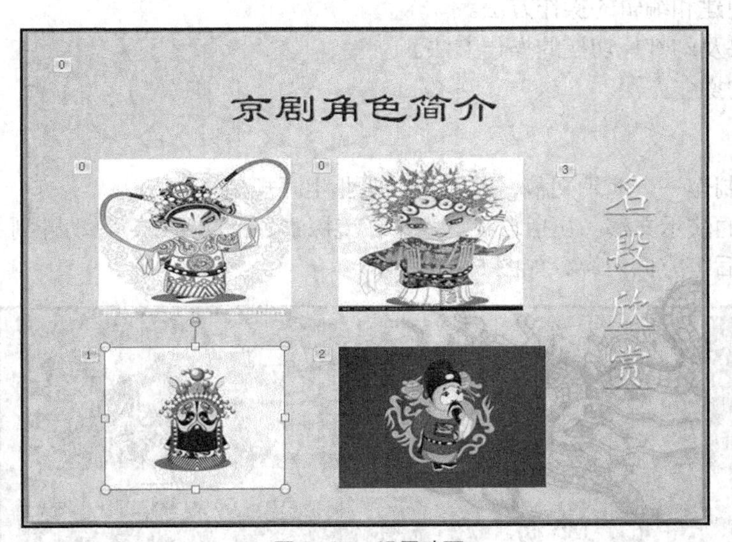

图5-35 设置动画

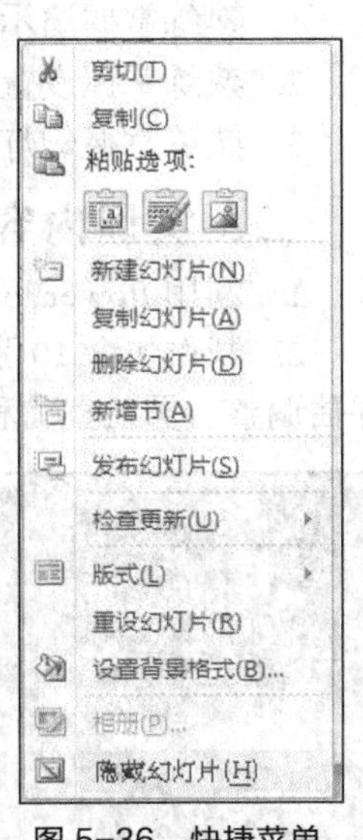

图5-36 快捷菜单

6．设置幻灯片切换

在“切换”选项卡“切换到此幻灯片”组中单击“其他”按钮，如图5-37所示，选择合适的幻灯片切换方式。

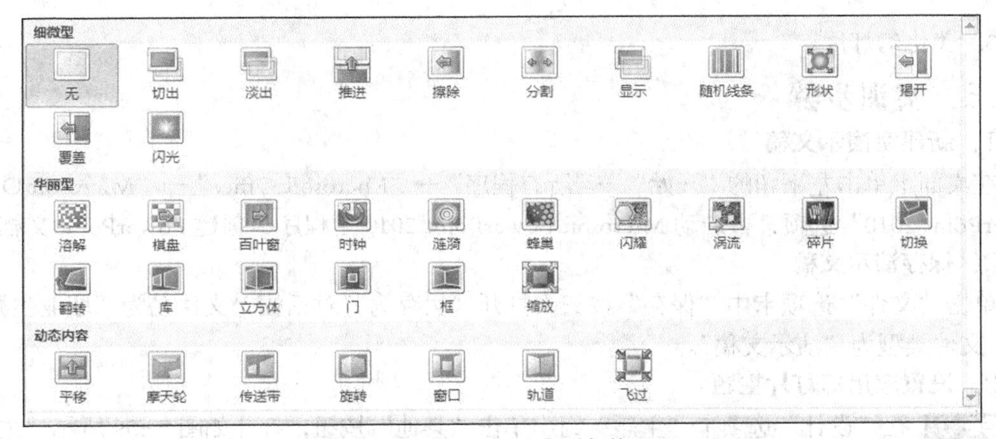

图5-37 设置幻灯片切换

7．保存演示文稿

以“京剧角色简介”为名，保存并退出。

四、拓展训练

某公司简介

根据介绍公司的基本情况、产品研发的团队、产品的技术含量、产品的特性、产品的使用范围和效果、产品的持续发展性和后期维护与展望等方面内容创建演示文稿。

综合实训一 “职业生涯规划”演示文稿制作

一、实训目的和要求

1. 熟练掌握演示文稿的创建和编辑的操作方法。
2. 熟练掌握设置动画效果及幻灯片切换的操作方法。
3. 熟练掌握幻灯片放映的操作方法。

二、实训内容

1. 利用 PowerPoint 2010 制作一个演示文稿，题目为：职业生涯规划。
2. 制作包含 10 张幻灯片的演示文稿，包括自我探索、环境探索、行动路线、行动计划、评估调整、勇往直前和写在最后等方面内容，如图 5–38 所示。

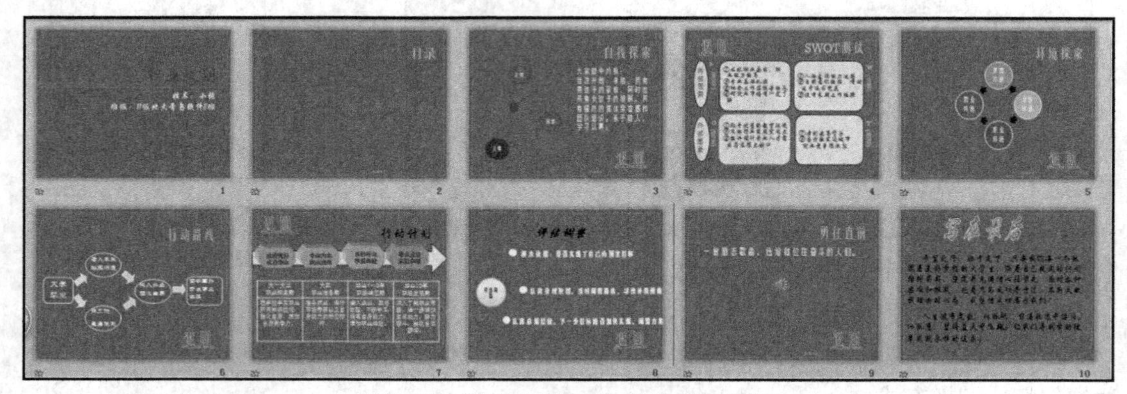

图 5–38 “职业生涯规划”演示文稿效果图

3. 美化幻灯片。

三、实训步骤

1．新建空演示文稿

在桌面上单击左下角的“开始”→“所有程序”→“Microsoft Office”→“Microsoft Office PowerPoint 2010”选项，可启动 Microsoft PowerPoint 2010 主程序，创建 PowerPoint 文档。

2．保存演示文稿

单击“文件”选项卡中“保存”按钮，打开“另存为”对话框，文件名为“职业生涯规划”，文件类型为“演示文稿”。

3．设置应用幻灯片主题

STEP 1 在“设计”选项卡“主题”组中单击“其他”按钮，打开如图 5–39 所示“主题”

下拉列表。

STEP 2 在“内置”列表中选择“沉稳”主题，应用于所有幻灯片，效果如图 5-40 所示。

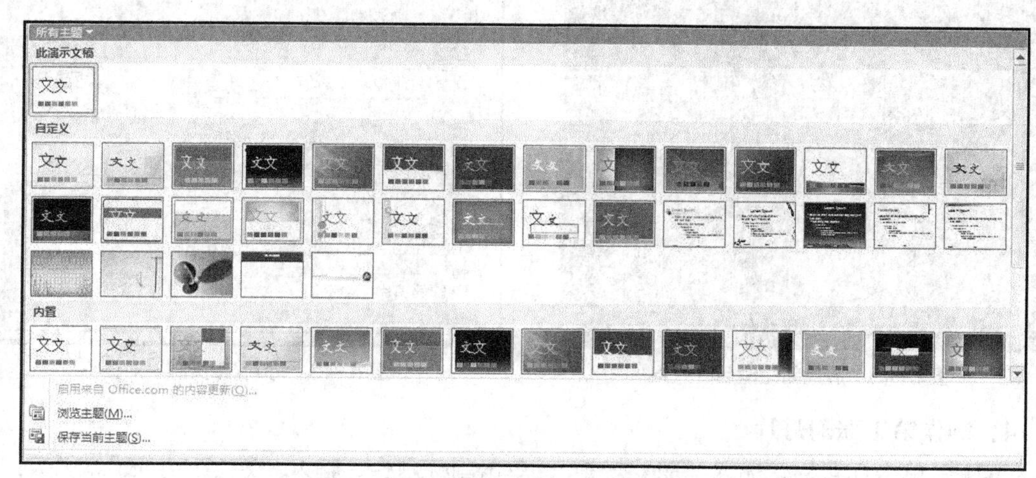

图 5-39 “主题”下拉列表

STEP 3 更改“主题”颜色。在“设计”选项卡“主题”组中单击“颜色”按钮，打开如图 5-41 所示的“主题颜色”列表。选择列表中的“行云流水”命令，将选定的命令应用于所有幻灯片中，效果如图 5-42 所示。

图 5-40 “沉稳”主题

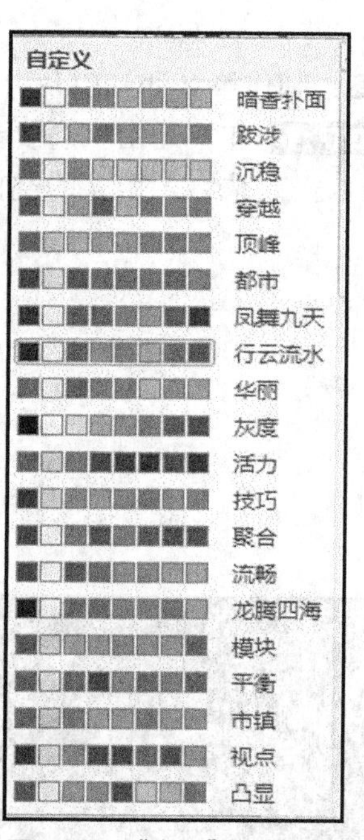

图 5-41 “主题”颜色列表

STEP 4 插入幻灯片编号和日期。在“插入”选项卡“文本”组中单击“幻灯片编号”按钮，打开如图 5-43 所示的“页眉和页脚”对话框。

① 选中“幻灯片编号”复选框。

② 选中“日期和时间”复选框，并选中“自动更新”单选按钮。

③ 单击“全部应用”按钮。

图 5-42　应用新主题后的效果

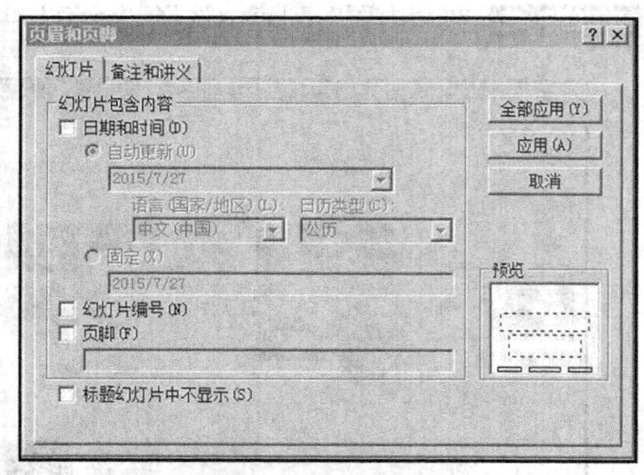

图 5-43　“页眉和页脚”对话框

4．制作第 1 张幻灯片

STEP 1 单击标题栏，输入“职业规划”，单击副标题栏，输入“姓名：小张”。班级：11 级北大青鸟软件 2 班”。

STEP 2 设置字体。选中标题文字或标题所在的占位符，在“开始”选项卡“字体”组中单击“字体”按钮，打开“字体”对话框，设置字体格式为楷体、66 号、红色，如图 5-44 所示。以同样的方法设置副标题的字体格式为华文行楷、32 号。

5．制作第 2 张幻灯片

STEP 1 在“开始”选项卡“幻灯片”组中单击“新建幻灯片”按钮，插入一张“标题和内容”版式的空白幻灯片，如图 5-45 所示。

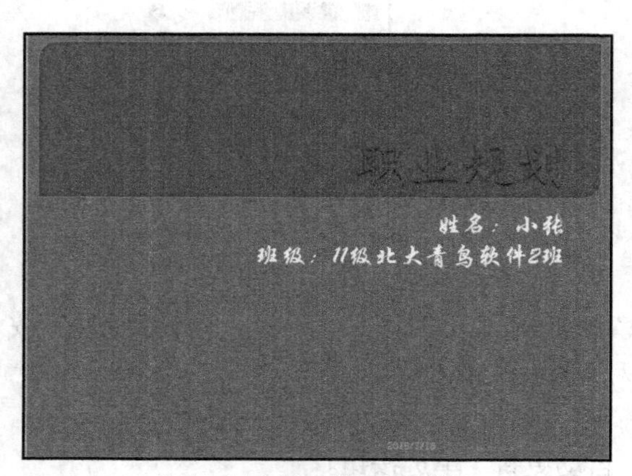

图 5-44　第 1 张幻灯片效果

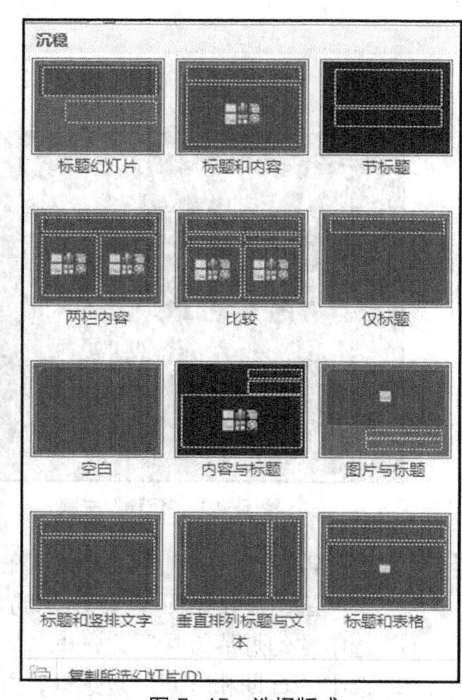

图 5-45　选择版式

STEP 2 分别在标题和文本占位符处输入如图5-46所示内容。

6．制作第3张幻灯片

STEP 1 在“开始”选项卡“幻灯片”组中单击“新建幻灯片”按钮，插入一张“两栏内容”版式的空白幻灯片。

STEP 2 分别在标题和右侧文本框内输入如图5-47所示内容。

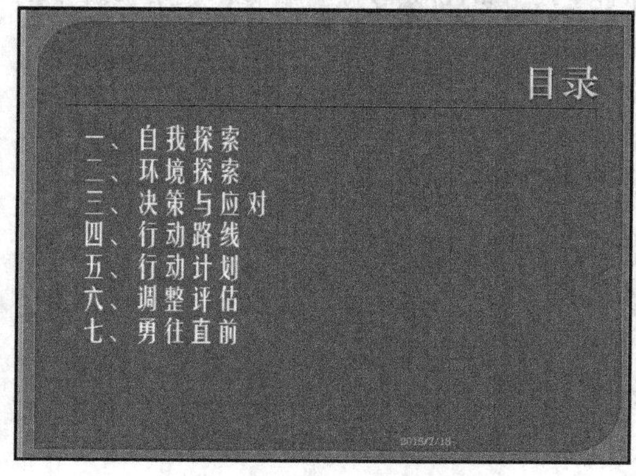

图5-46 第2张幻灯片内容

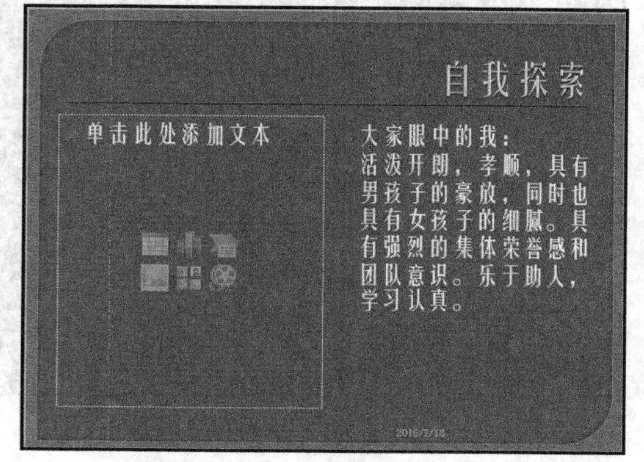

图5-47 第3张幻灯片文字内容和“两栏内容”版式

STEP 3 制作左边文本框内容。绘制椭圆形，如图5-48所示。将椭圆形放在合适位置，单击鼠标右键，添加文字“父母”，用同样的方法制作其余两个文本框，最后用直线和箭头连接。右键单击直线，弹出快捷菜单，如图5-49所示。通过相应命令可修改线条粗细和颜色，调整最后效果如图5-50所示。

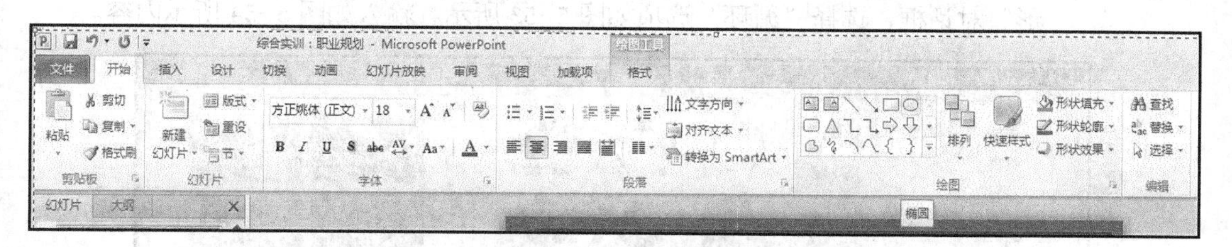

图5-48 绘制椭圆

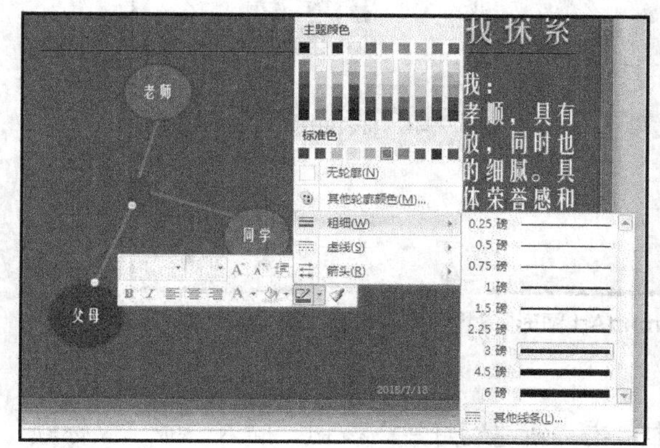

图5-49 选择颜色和粗细

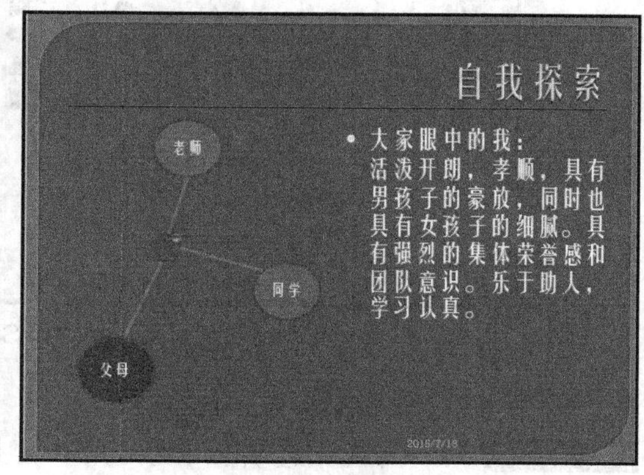

图5-50 第3张幻灯片效果

7．制作第四张幻灯片

STEP 1 在“开始”选项卡“幻灯片”组中单击“新建幻灯片”按钮，插入一张“仅标题”

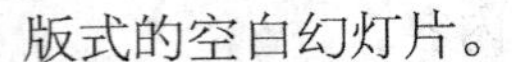

版式的空白幻灯片。

STEP 2 在标题栏输入如图 5-51 所示内容。

STEP 3 输入如图 5-52 所示内容。

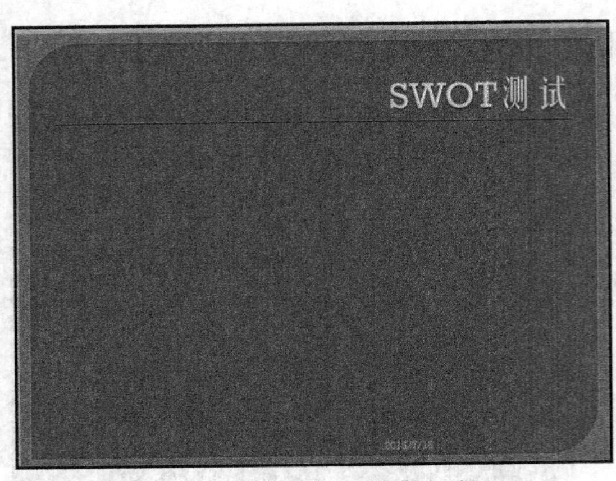

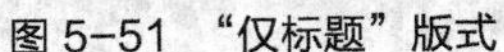

图 5-51 “仅标题”版式

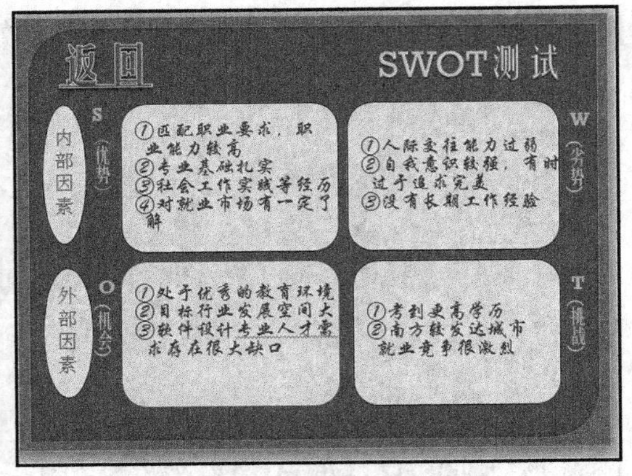

图 5-52 第 4 张幻灯片效果

8．制作第 5 张幻灯片

STEP 1 在“开始”选项卡“幻灯片”组中单击“新建幻灯片”按钮，插入一张“仅标题”版式的空白幻灯片。

STEP 2 单击标题栏，输入内容：“环境探索。”

STEP 3 在“插入”选项卡“插图”组中单击“SmartArt”按钮，打开“选择 SmartArt 图形”对话框，选择“循环”选项如图 5-53 所示，输入如图 5-54 所示内容。

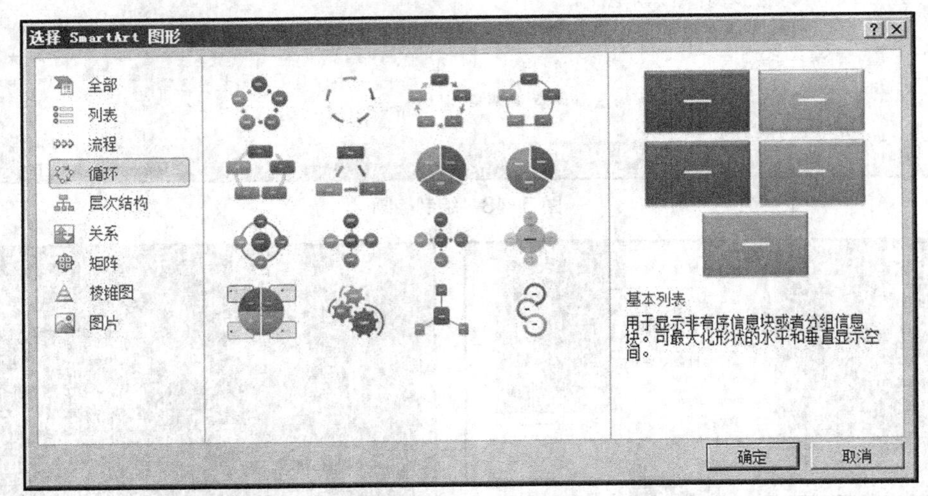

图 5-53 “选择 SmartArt 图形”对话框

9．制作第 6 张幻灯片

STEP 1 在“开始”选项卡“幻灯片”组中单击“新建幻灯片”按钮，插入一张“仅标题”版式的空白幻灯片。

STEP 2 单击标题栏，输入“行动路线”。

STEP 3 在“插入”选项卡“插图”组中单击“SmartArt”按钮，打开“选择 SmartArt 图形”对话框，选择“循环”选项如图 5-53 所示，输入如图 5-55 所示内容。

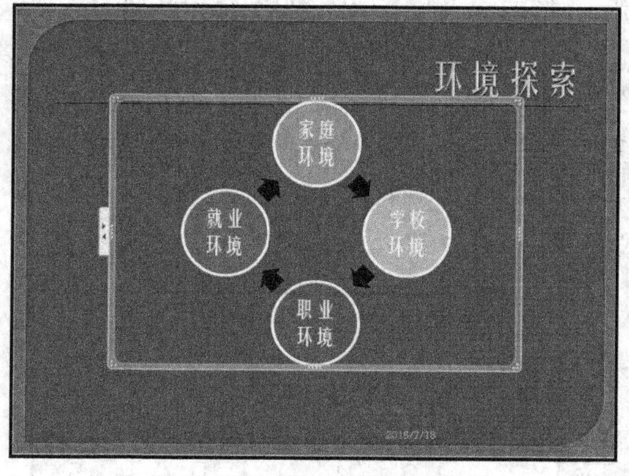

图 5-54　第 5 张幻灯片效果

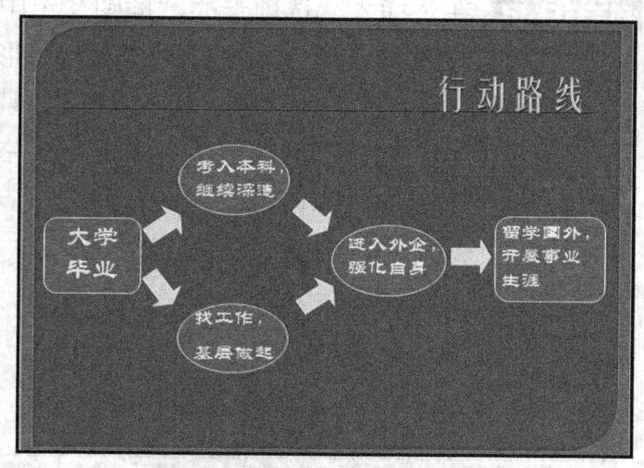

图 5-55　第 6 张幻灯片效果

10．制作第 7 张幻灯片

STEP 1 在“开始”选项卡“幻灯片”组中单击“新建幻灯片”按钮，插入一张“标题和内容”版式的空白幻灯片。

STEP 2 单击标题栏，输入“行动计划”。

STEP 3 单击“表格”按钮，出现如图 5-56 所示的“插入表格”对话框，在“设计”选项卡的“表格样式”组中单击“样式”按钮，如图 5-57 所示，修饰表格，按照 5-58 所示，选择行和列，并输入内容。

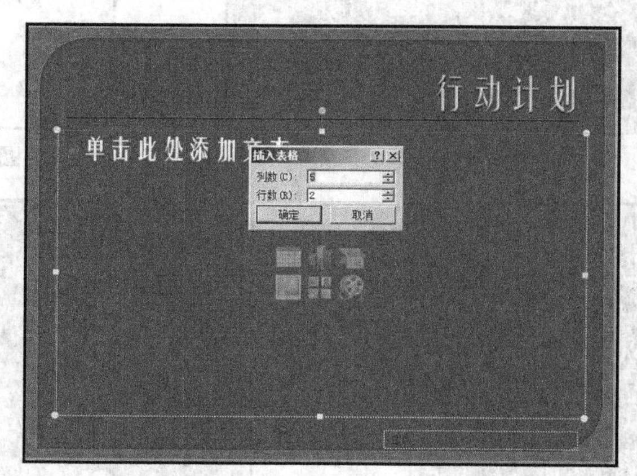

图 5-56　“插入表格”对话框

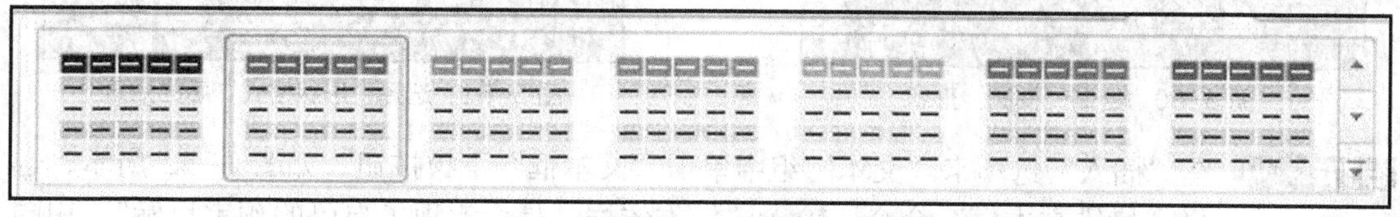

图 5-57　修饰表格

STEP 4 移动表格位置，在表格上方做出如图 5-58 所示图形。

11．制作第 8 张幻灯片

STEP 1 在“开始”选项卡的“幻灯片”组中单击“新建幻灯片”按钮，插入一张“仅标题”版式的空白幻灯片。

STEP 2 单击标题栏，输入“评估调整”。

STEP 3 在“插入”选项卡的“插图”组中单击“形状”下拉按钮，如图 5-59 所示，选择“基本形状”里面的“椭圆”形状，放在如图 5-60 所示位置。在“格式”选项卡的“形象格式”组中单击“其他”下拉按钮，选择“橄榄色”形象格式，选择“椭圆”形状，单击右键，再生成三个选择“椭圆”形状，调整四个选择“椭圆”形状的位置及大小，并在第一个选择“椭圆”形状上，单击右键，选择“添加文字”命令，输入如图 5-61 所示文字。

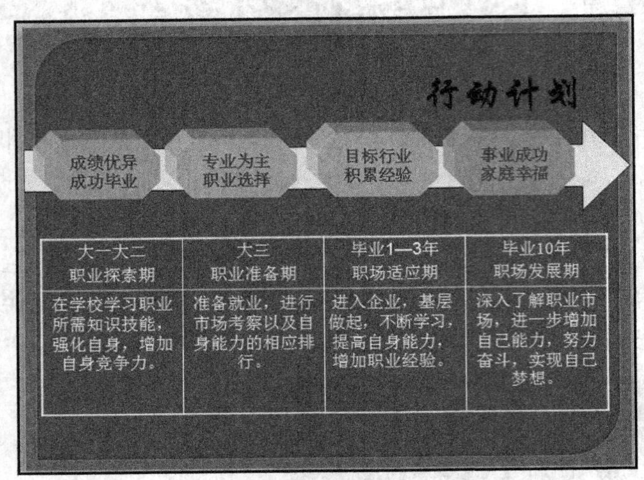

图 5-58　第 7 张幻灯片效果

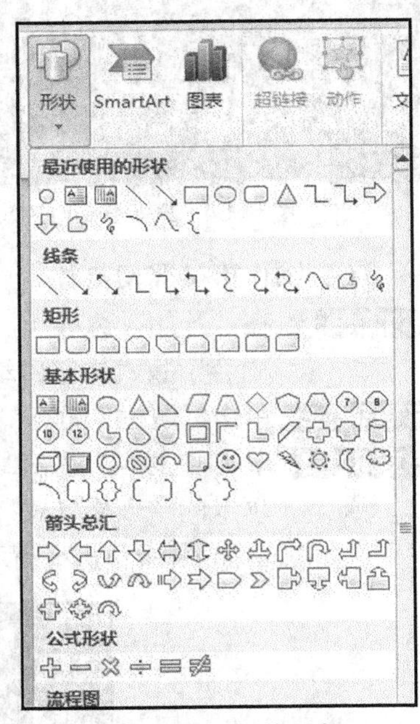

图 5-59　形状列表

图 5-60　绘制“椭圆”形状

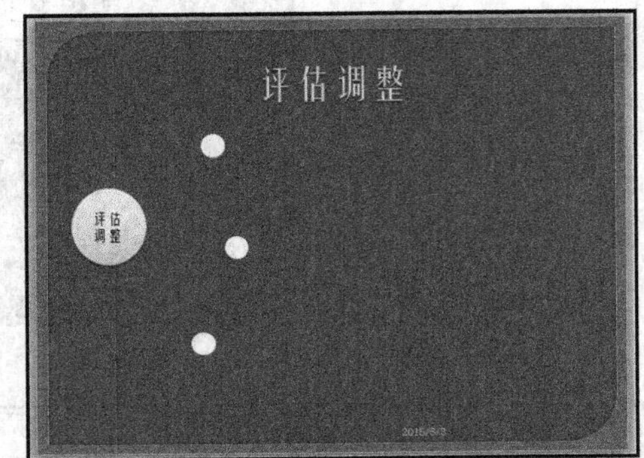

图 5-61　选择“形状格式”后的效果

STEP 4 在“插入”选项卡“文本”组中单击“文本框”下拉按钮，如图 5-62 所示，选择“横排文本框”命令，输入“根本依据：是否实现了自己的预定目标”。用同样方法创建其余两个文本框并按照图 5-63 所示输入相关内容。

12．制作第 9 张幻灯片

STEP 1 在“开始”选项卡“幻灯片”组中单击“新建幻灯片”按钮，插入一张“标题和内容”版式的空白幻灯片。

STEP 2 在标题输入“行动计划”。在文本占位符中输入“一首励志歌曲，送给每位在奋斗的人们。”

图 5-62　插入文本框

STEP 3 在“插入”选项卡“媒体”组中单击“音频”下拉按钮，如图 5-64 所示，选择“文件中的音频”命令，打开“插入音频”对话框，选择音频文件所在位置，单击“确定”按钮，效果如图 5-65 所示。

图 5-63　第 8 张幻灯片效果

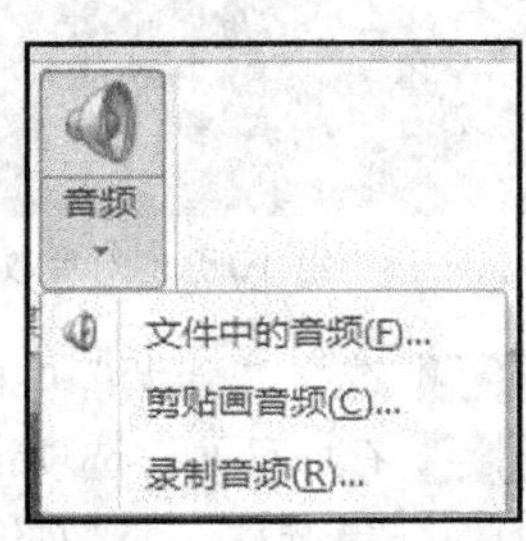

图 5-64　插入音频

13．制作第 10 张幻灯片

STEP 1 在“开始”选项卡“幻灯片”组中单击“新建幻灯片”按钮，插入一张“标题和内容”版式的空白幻灯片。

STEP 2 在“插入”选项卡“文本”组中单击“艺术字”下拉按钮，选择一种艺术字格式，如图 5-66 所示。按照图 5-67 所示对艺术字进行修饰。

STEP 3 完成如图 5-68 所示的内容。

图 5-65　第 9 张幻灯片效果

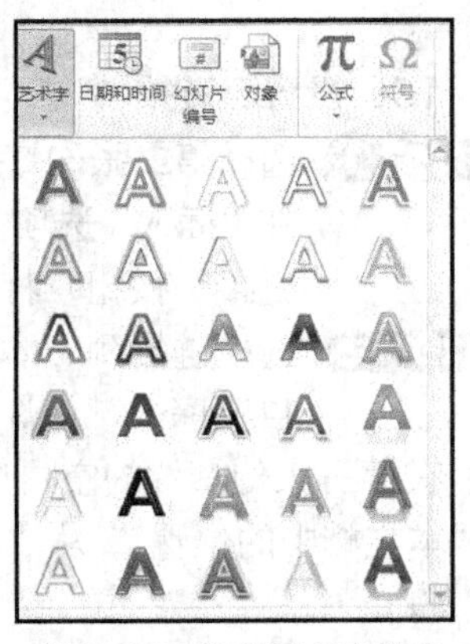

图 5-66　选择艺术字格式

图 5-67　修饰艺术字

14．设置动画效果

STEP 1 单击第一张幻灯片，选中标题文本，在“动画”选项卡“动画”组中单击“其他”下拉按钮，打开如图 5-69 所示的“动画样式”列表。

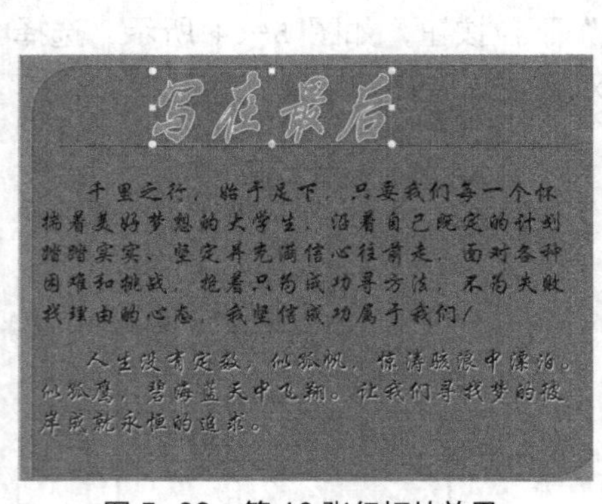

图 5-68　第 10 张幻灯片效果

图 5-69　“动画样式”列表

STEP 2 选择“强调”中的“陀螺转”效果。

STEP 3 在“动画”选项卡“动画”组中单击“效果选项”下拉按钮，在下拉列表中选择“完全旋转”命令，如图 5-70 所示。

STEP 4 在“动画”选项卡“计时”组中设置“持续时间”为“3”秒。

STEP 5 设置副标题动画效果。选择“进入”中“弹跳”效果。其他设置与“标题文本”设置相同。

设置其他幻灯片的操作请参考上述步骤，这里不再赘述。

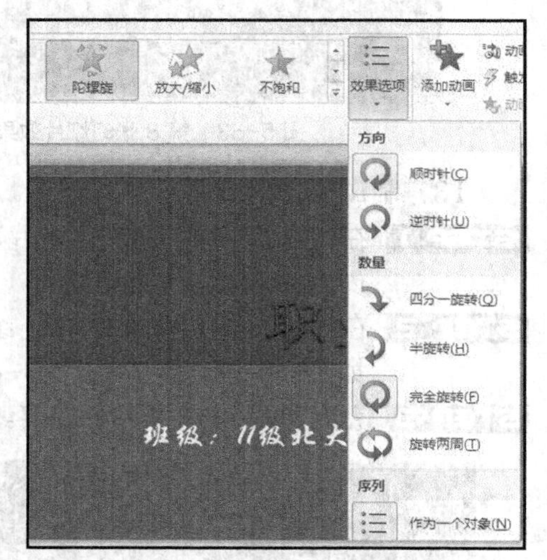

图 5-70　“效果选项”列表

15．设置超链接

STEP 1 选择第二张幻灯片中的“一、自我探索”，在“插入”选项卡“链接”组中单击“超链接”按钮，打开如图 5-71 所示的“插入超链接”对话框。

STEP 2 选择链接到“本文档中的位置”，从“请选择文档中的位置”列表中，选择“3.自我探索”幻灯片，单击“确定”按钮。如图 5-72 所示。

在第三张幻灯片的空白位置，插入艺术字，输入“返回”。设置超链接，选择“链接到”为“本文档中的位置”，从“请选择文档中的位置”列表中，选择“2.目录”幻灯片，单击“确定”按钮。

依此类推，将其他幻灯片同样设置链接。

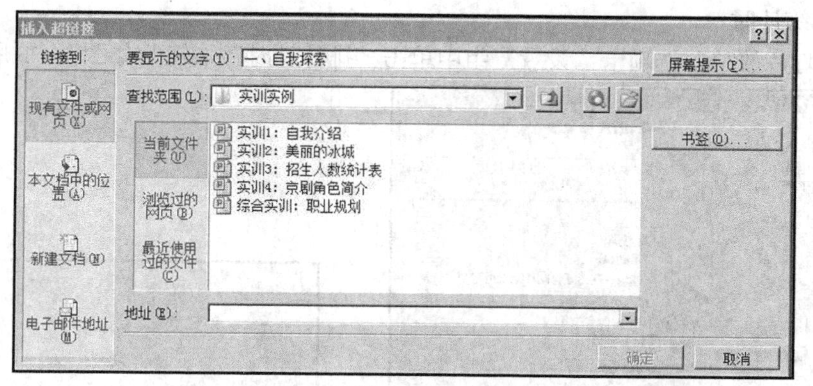

图 5-71 “插入超链接”对话框

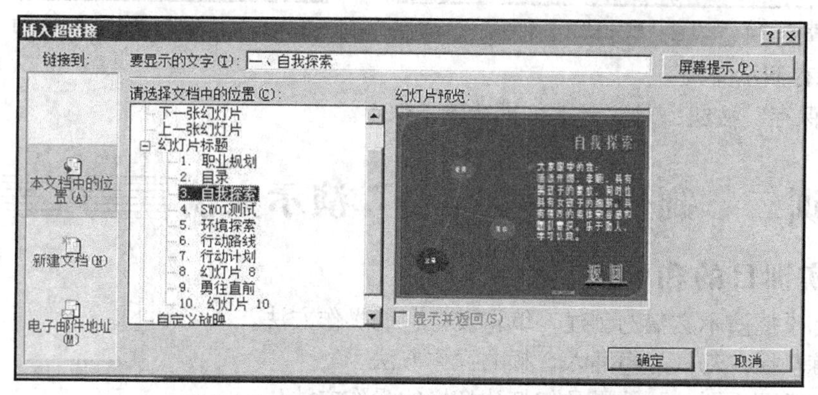

图 5-72 选择完成后的“插入超链接”对话框

16．设置幻灯片切换方式

单击第一张幻灯片，在“切换”选项卡“切换到其他幻灯片”组中单击“其他”下拉按钮，选择“闪耀”样式，如图 5-73 所示。

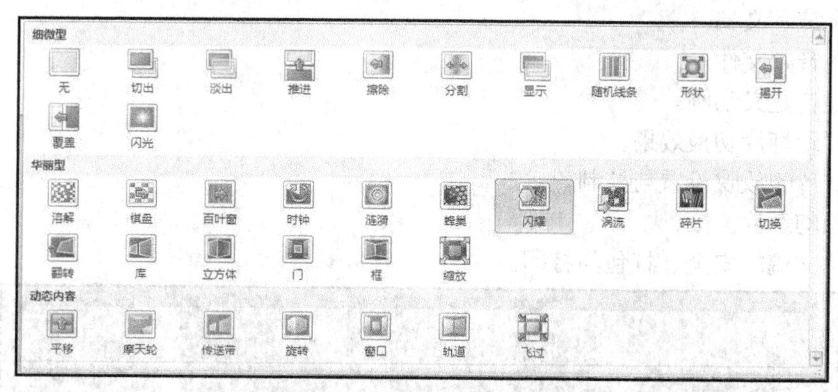

图 5-73 “幻灯片切换”列表

用同样的方法为其他幻灯片设置切换方式。

17．设置放映方式

在“幻灯片放映”选项卡“设置”组中单击“设置幻灯片放映”按钮，修改如图 5-74 所示对应项。

18．排练计时

在“幻灯片放映”选项卡“设置”组中单击“排练计时”按钮，如图 5-75 所示。

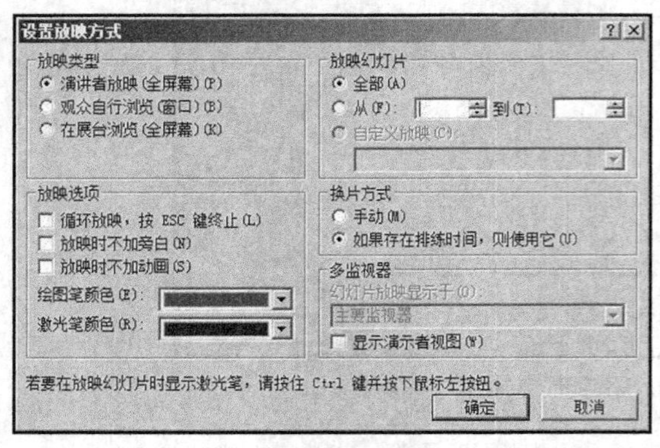

图 5-74 “设置放映方式”对话框

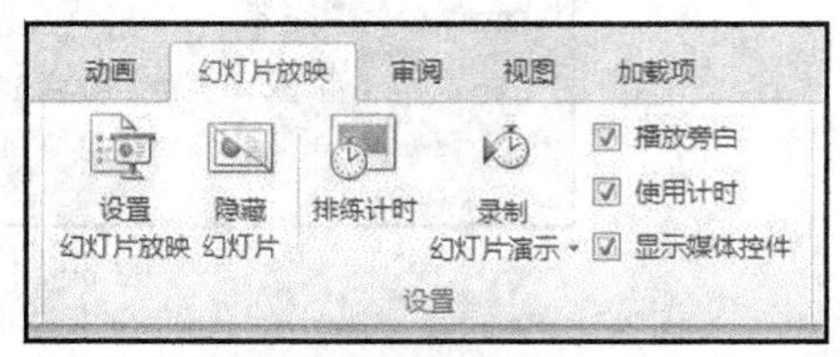

图 5-75 排练计时

19．保存演示文稿

单击“保存”按钮，对演示文稿进行覆盖保存。

综合实训二 制作“毕业答辩”演示文稿

一、实训目的和要求

1. 熟练掌握演示文稿的创建、编辑及打包的操作方法。
2. 熟练掌握在幻灯片中插入音频的操作方法。
3. 熟练掌握设置动画效果及幻灯片切换的操作方法。
4. 熟练掌握幻灯片放映及录制的操作方法。

二、实训内容

1. 利用 PowerPoint 2010 制作一个演示文稿，题目为：毕业论文。样例如图 5-76 所示。
2. 美化演示文稿。
3. 插入音频文件。
4. 创建自定义动画。
5. 设置幻灯片切换效果。
6. 幻灯片的放映设置与控制。
7. 录制幻灯片。
8. 演示文稿的安全、打包与打印。

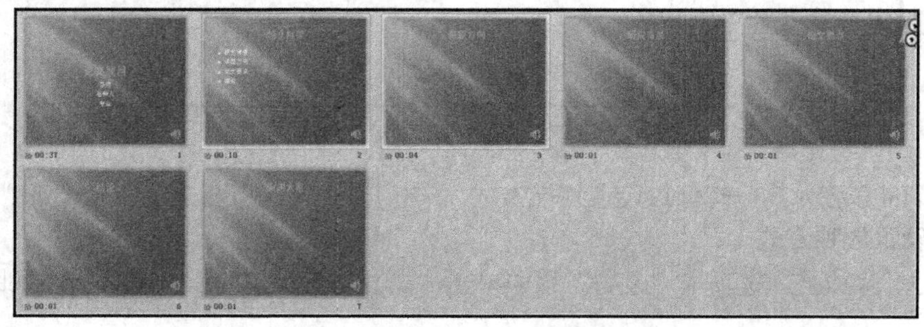

图 5-76 “毕业答辩”演示文稿效果图

三、实训步骤

1．应用主题美化演示文稿

STEP 1 打开已经制作好的“毕业答辩演示文稿.pptx”。

STEP 2 在“设计”选项卡“主题”组中单击“其他”按钮，打开“主题”下拉列表。

STEP 3 在“内置”列表中选择“顶峰”主题，应用于所有幻灯片，效果如图 5-77 所示。

图 5-77 “顶峰”主题

2．插入音频文件

STEP 1 在“插入”选项卡“媒体”组中单击“音频”下拉按钮，选择“文件中的音频”命令，打开“插入音频”对话框。

STEP 2 选择音频文件所在位置，单击“确定”按钮。

3．创建自定义动画

STEP 1 在第一张幻灯片中，选定“论文题目”，在“动画”选项卡“动画”组中单击“其他”下拉按钮，选择“浮入”效果。选定“导师”，在“动画”选项卡“动画”组中单击“其他”下拉按钮，选择“劈裂”效果。选定“答辩人”，在“动画”选项卡“动画”组中单击“其他”下拉按钮，选择“轮子”效果。选定“专业”，在“动画”选项卡“动画”组中单击“其他”下拉按钮，选择“随机线条”效果。

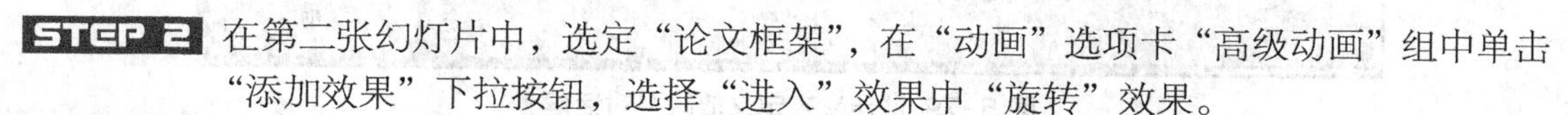

STEP 2 在第二张幻灯片中，选定“论文框架”，在“动画”选项卡“高级动画”组中单击“添加效果”下拉按钮，选择“进入”效果中“旋转”效果。

STEP 3 运用相同方法为第二张其他部分及其余幻灯片添加自定义动画效果。

4．设置幻灯片的切换效果

STEP 1 单击第一张幻灯片，在“切换”选项卡“切换到其他幻灯片”组中单击“其他”下拉按钮，选择“翻转”效果。

STEP 2 运用相同方法为其余幻灯片添加切换效果。

5．幻灯片的放映设置与控制

STEP 1 设置放映方式。在“幻灯片放映”选项卡“设置”组中单击“设置幻灯片放映”按钮，修改相应设置。

STEP 2 排练计时。在“幻灯片放映”选项卡“设置”组中单击“排练计时”按钮，进入幻灯片放映状态，同时打开“录制”控制面板，显示该幻灯片的播放时间和演示文稿放映的总时间。控制面板各按钮功能如下。

- 单击“下一步”按钮，切换到下一页幻灯片，计算该幻灯片的播放时间；
- 单击“暂停”按钮，可以暂时停止幻灯片计时；
- 单击“重复”按钮，可以重复对该幻灯片进行计时，在演示文稿放映的总时间里也重新计入该幻灯片的播放时间；
- 单击“关闭”按钮，会弹出“Microsoft PowerPoint”提示框，单击“是”按钮，则接受排练时间，并切换到幻灯片浏览视图，在每张幻灯片下面列出了幻灯片的播放时间；单击“否”按钮，则取消本次操作。

STEP 3 自定义放映幻灯片。单击“自定义幻灯片放映”下拉按钮，打开“自定义放映”对话框，如图 5-78 所示。单击“新建”按钮，打开“定义自定义放映”对话框，从中设置幻灯片放映的名称，在“在演示文稿中的幻灯片”选项框中选择要放映的幻灯片，单击“添加”按钮，添加到“在自定义放映中的幻灯片”中，如图 5-79 所示。单击“确定”按钮，返回“自定义放映”对话框，单击“关闭”按钮。

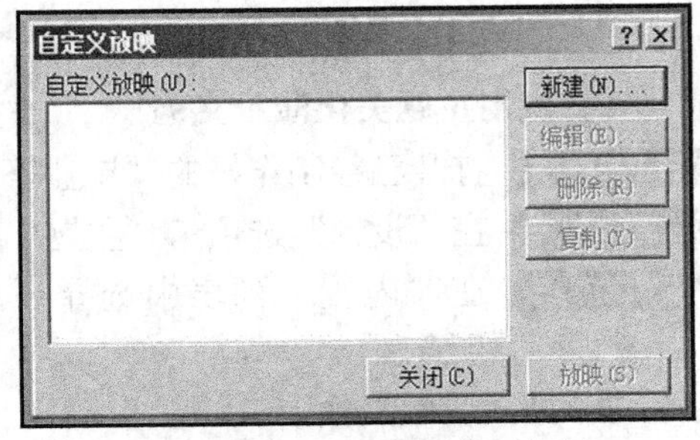

图 5-78 “自定义放映”对话框

单击“自定义幻灯片放映”下拉按钮，在打开的下拉菜单中选择“自定义放映”命令，就可以放映自定义设置的那些幻灯片。

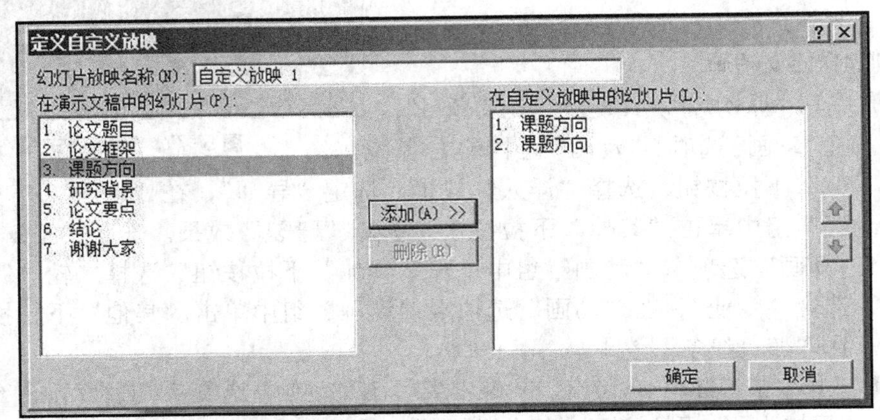

图 5-79 “定义自定义放映”对话框

6. 设置超链接

STEP 1 选择第二张幻灯片中的“研究背景”，在“插入”选项卡“链接”组中单击“超链接”按钮，打开如图 5-80 所示的“插入超链接”对话框。

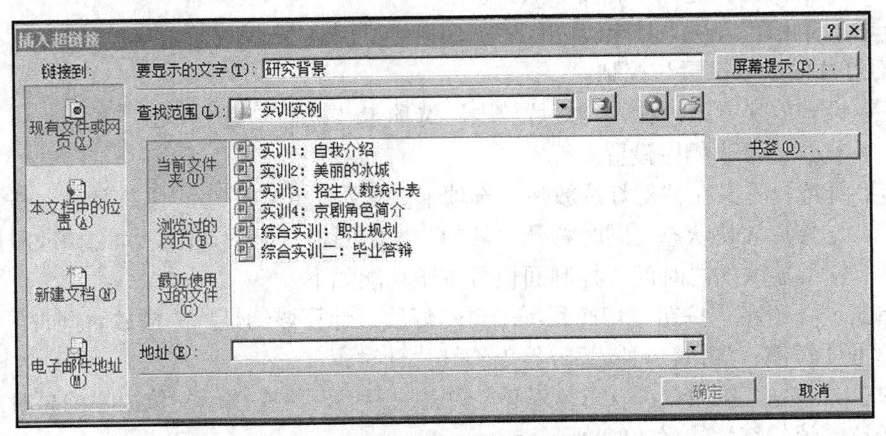

图 5-80 “插入超链接”对话框

STEP 2 选择链接到“本文档中的位置”，从“请选择文档中的位置”列表中，选择“4. 研究背景”幻灯片，单击“确定”按钮，如图 5-81 所示。

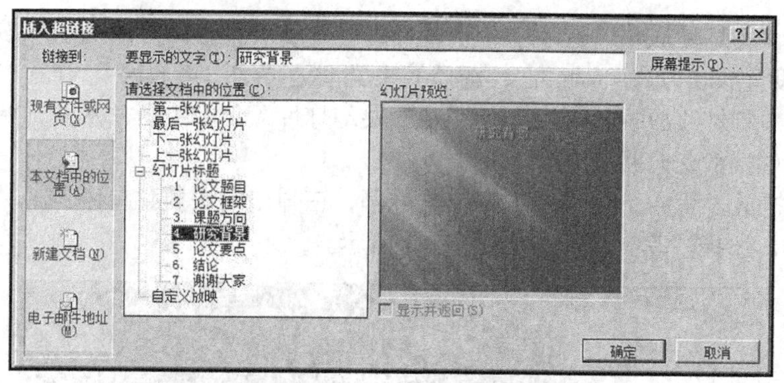

图 5-81 选择完成后的“插入超链接”对话框

在第三张幻灯片的空白位置，插入艺术字，输入“返回”。设置超链接，选择“链接到”为“本文档中的位置”，从“请选择文档中的位置”列表中，选择“2.论文框架”幻灯片，单击“确定”按钮。

依次类推，将其他幻灯片同样设置链接。

7．录制幻灯片

STEP 1 打开“毕业论文演示文稿.pptx”，在“幻灯片放映”选项卡“设置”组中单击“录制幻灯片演示”按钮，在弹出的菜单中选择“从头开始录制”命令。弹出如图 5-82 所示的“录制幻灯片演示”对话框，单击“开始录制”按钮。

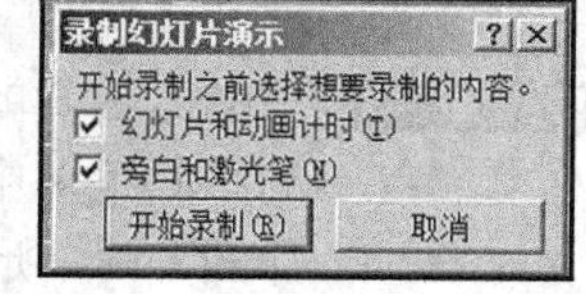

图 5-82 “录制幻灯片演示”对话框

STEP 2 系统切换到全屏幕放映方式，用户可以对着话筒输入声音，录制完一页后，单击进入下一页，如图 5-83 所示。

图 5-83 开始录制声音的幻灯片

STEP 3 录制结束后，自动切换到幻灯片浏览视图，并且在每张幻灯片中添加声音图标，在其下面显示幻灯片的播放时间，如图 5-84 所示。

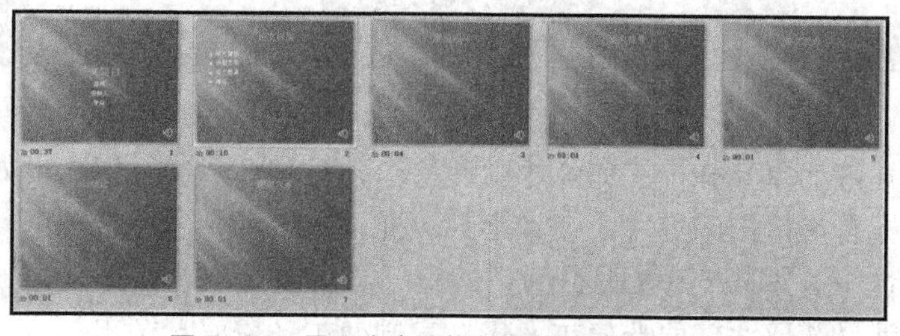

图 5-84 显示声音图标和播放时间的幻灯片

STEP 4 在“幻灯片放映”选项卡“设置”组中单击“设置幻灯片放映”按钮，在打开的“设置放映方式”对话框，选择放映类型为“演讲者放映”，单击“确定”按钮。

STEP 5 在“幻灯片放映”选项卡“开始放映幻灯片”组中单击“从头开始”按钮，即可开始播放幻灯片。

STEP 6 在播放过程中，用鼠标右键单击屏幕，在弹出的快捷菜单中选择“指针选项”命令，选择“笔”命令，如图 5-85 所示。

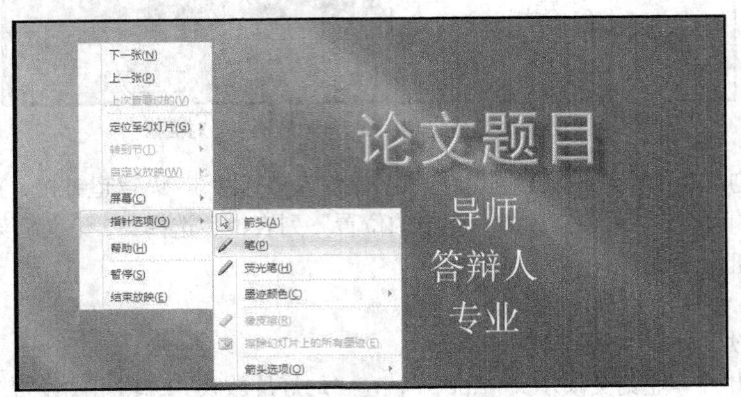

图 5-85 “选择笔命令”的方法

STEP 7 用鼠标右键单击幻灯片，在弹出的快捷菜单中选择“指针选项”命令，在弹出的级联菜单中选择“墨迹颜色”命令，在“颜色”面板中选择“绿色”命令，如图 5-86 所示。

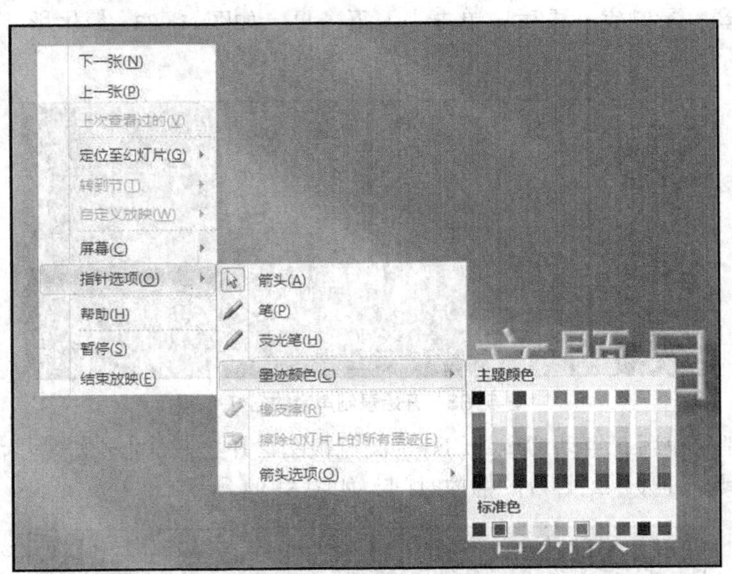

图 5-86 “选择颜色”的方法

STEP 8 单击并拖动鼠标指针在幻灯片中使用笔，对幻灯片进行标注，如图 5-87 所示。

STEP 9 用鼠标右键单击幻灯片，在弹出的快捷菜单中选择“指针选项”命令，选择“箭头”命令，如图 5-88 所示。

STEP 10 单击屏幕播放连续放映演示文稿，直到演示文稿放映结束。

图 5-87　加入“标注”的幻灯片

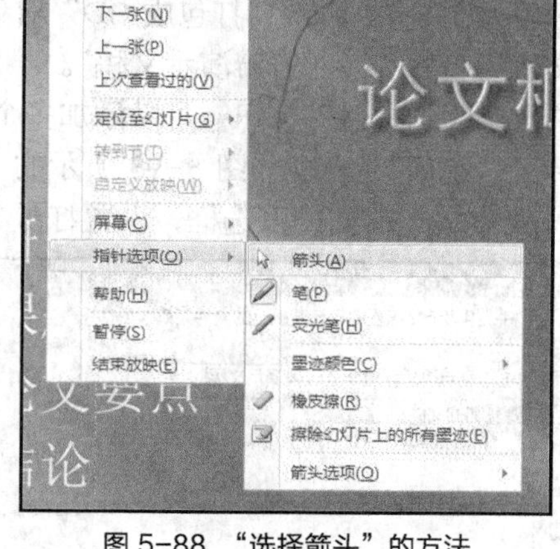

图 5-88　“选择箭头”的方法

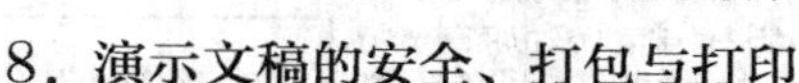

8．演示文稿的安全、打包与打印

STEP 1 保护演示文稿的安全性

单击“文件”选项卡，在弹出的菜单中选择“信息”命令。单击“保护演示文稿”按钮，选择“用密码进行加密”命令，打开如图 5-89 所示的“加密文档”对话框，在“密码”文本框中输入“密码”。

单击“确定”按钮，打开“确认密码”对话框，如图 5-90 所示，输入相同密码，单击“确定”按钮，完成加密操作。

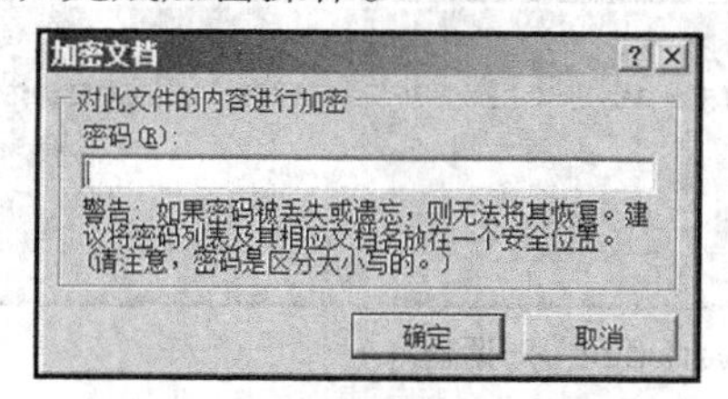

图 5-89　“加密文档”对话框

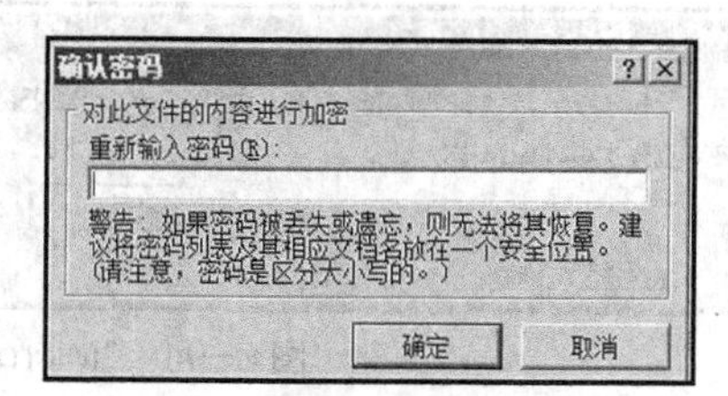

图 5-90　“确认密码”对话框

STEP 2 打包演示文稿

打开制作好的“毕业论文演示文稿.pptx”。

单击“文件”选项卡，在弹出的菜单中选择“保存并发送”命令。选择“将演示文稿打包成 CD”，单击“打包成 CD”按钮，如图 5-91 所示。

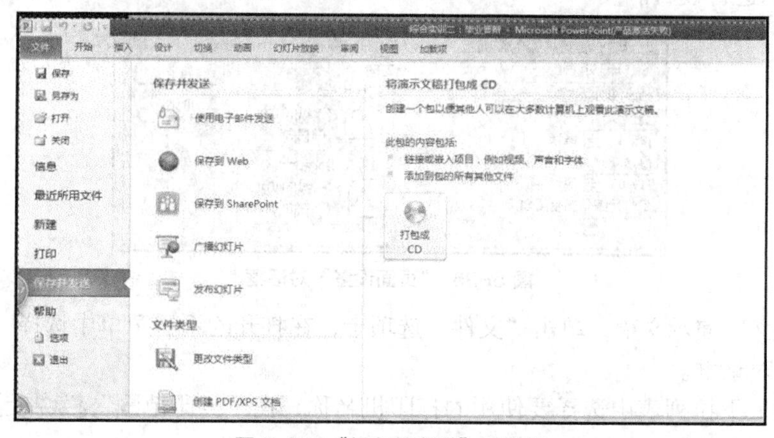

图 5-91　“保存并发送”对话框

出现如图 5-92 所示“打包成 CD”对话框，在“将 CD 命名为”文本框中输入打包后的演示文稿的名称“毕业答辩演示文稿”。

单击“添加文件”按钮，可以添加多个演示文稿。

单击“选项”，出现如图 5-93 所示的“选项”对话框，选中“链接的文件”及“嵌入的 TrueType 字体”前面的复选框，设置打开文件密码为“123”。

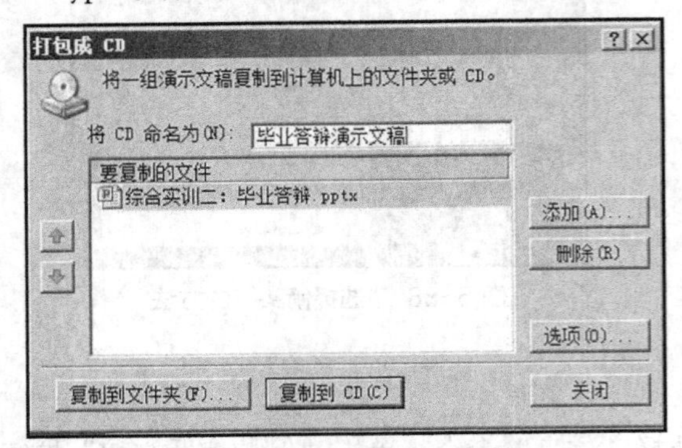

图 5-92 “打包成 CD”对话框

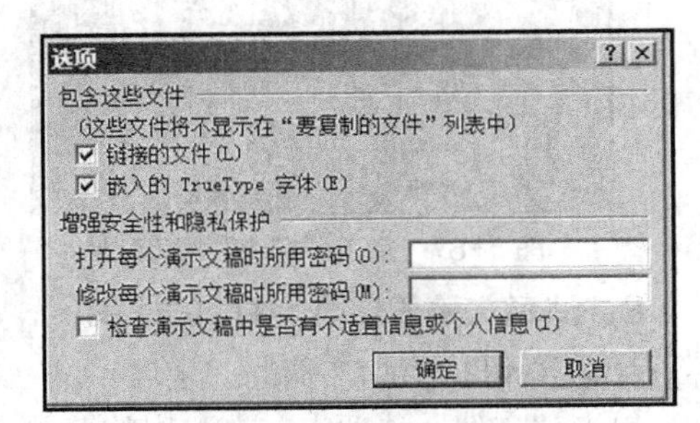

图 5-93 “选项”对话框

单击“确定”按钮，保存设置并关闭“选项”对话框，返回“打包成 CD”对话框。

单击“复制到文件夹”按钮，弹出如图 5-94 所示的“Microsoft PowerPoint”对话框，提示程序会将连接的媒体文件复制到计算机，单击“是”按钮。

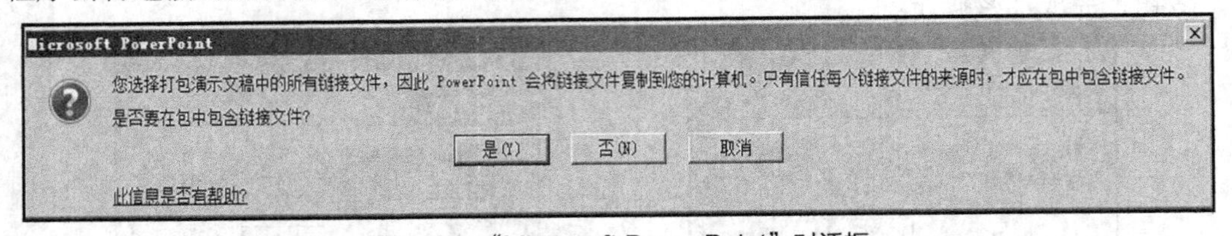

图 5-94 “Microsoft PowerPoint”对话框

弹出“正在将文件复制到文件夹”对话框并复制文件，复制完成后，关闭“打包成 CD”对话框，完成打包操作。

STEP 3 打印“讲义”演示文稿

在“设计”选项卡“页面设置”组中单击“页面设置”按钮，打开“页面设置”对话框，按图 5-95 所示进行设置。

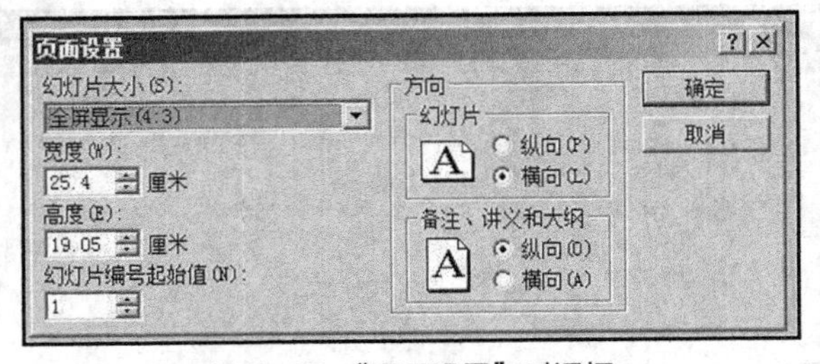

图 5-95 “页面设置”对话框

打印“讲义”演示文稿，单击“文件”选项卡，在打开的下拉菜单中选择“打印”命令，打开“打印”对话框。

在“名称”下拉列表中选择要使用的打印机名称，在“打印范围”栏中设置要打印的幻灯片的范围为“全部”。

在“打印内容”下拉列表中选择幻灯片打印的形式为“讲义”，在“每页幻灯片数”右侧的数字框中设置一张纸上打印的幻灯片数为“4”。

单击“确定”按钮，即可打印。

9．单击“保存”按钮

对演示文稿进行覆盖保存。

综合实训三　制作××公司简介演示文稿

一、实训目的和要求

1. 熟练掌握演示文稿的创建和编辑的操作方法。
2. 熟练掌握制作幻灯片母版的操作方法。
3. 熟练掌握设置幻灯片动画效果及切换的操作方法。
4. 熟练掌握在幻灯片中插入音频和图表的操作方法。

二、实训内容

1. 利用PowerPoint 2010制作一个演示文稿，题目为：××公司简介，如图5-96所示。
2. 设计幻灯片母版。
3. 插入图片艺术字。
4. 创建自定义动画。
5. 设置幻灯片切换效果。
6. 插入音频文件。
7. 制作图表。

图5-96　XX公司简介演示文稿效果图

三、实训步骤

1．启动PowerPoint 2010演示文稿

2．插入8张新幻灯片

单击“开始”选项卡“幻灯片”组中的“新建幻灯片”按钮或按“Ctrl+M”组合键，插入新幻灯片。

3．设计幻灯片主题模板

单击“设计”选项卡“主题”组中“其他选项”按钮，在列表中选择“来自office.com”区域中的“冬季”模板。

4．设计幻灯片母版

单击“视图”选项卡“母版视图”组中“幻灯片母版”按钮，进入母版编辑操作界面。

STEP 1 插入图片：将素材图片 1（任意图片）插入幻灯片母版中，调整图片大小与位置。插入圆角矩形：在幻灯片母版编辑界面中，选择“标题和内容”版式，在该版式下单击“插入”选项卡“插图”组中的“形状”按钮，选择圆角矩形，在该母版中插入 5 个圆角矩形，并设置该圆角矩形的填充色。

STEP 2 编辑文本：选择第 1 个圆角矩形，单击鼠标右键，在快捷菜单中选择“编辑文字”，然后输入“公司简介”。依此方法分别在下面 4 个圆角矩形中输入“主要人物”“企业文化”“苹果产品”“国内外苹果产品差价对比”。

STEP 3 设计标题格式：华文行楷、36 号、黄色。

STEP 4 设计边框：单击“插入”选项卡“插图”组中的“形状”按钮，选择圆角矩形，在母版的内容区域画一个圆角矩形。设置填充色为无，设置边框颜色为黄色。

STEP 5 退出母版：单击“幻灯片母版”选项卡中的“关闭母版视图”按钮。

5．编辑第 1 张幻灯片

STEP 1 插入图片：将素材图片 1（任意图片）插入幻灯片中，调整图片大小与位置。将其置于底层。

STEP 2 插入艺术字：华文行楷，88 号，橙色；艺术字样式设计为“半映像”效果。

STEP 3 幻灯片切换效果设置为“随机线条”。

6．编辑第 2 张幻灯片

STEP 1 编辑文本内容。

STEP 2 插入一个圆角矩形，调整该矩形的大小与母版中的圆角矩形相同。编辑该图形的填充色为黄色，透明度为 50%，并将其放置在第 1 个圆角矩形上面。

STEP 3 插入两个动作按钮。单击“插入”选项卡“插图”组中的“形状”按钮，在列表中单击“动作按钮”区域中的“后退或前一项”和“前进或后一项”两个按钮。

STEP 4 幻灯片切换效果设置为“溶解”。

7．编辑第 3 张幻灯片

STEP 1 输入标题内容。

STEP 2 插入图片和文本框。将素材图片 2、素材图片 3、素材图片 4 分别插入到该幻灯片中。插入文本框，分别输入“Steve Jobs 史蒂夫· 乔布斯（CEO）”“Timothy D. Cook 蒂姆 · 库克（COO）”“Peter•Oppenheimer 彼得· 奥本海默（CFO）”。

STEP 3 设计图片和文本框的动画效果。动画效果设置为单击时开始。

STEP 4 插入一个圆角矩形，调整该矩形的大小与母版中的圆角矩形相同。编辑该图形的填充色为黄色，透明度为 50%，并将其放置在第 2 个圆角矩形上面。

STEP 5 插入两个动作按钮。操作方法同上。

STEP 6 幻灯片切换效果设置为“平移”。

8．编辑第 4 张幻灯片

设置方法同第 2 张幻灯片。

9．编辑第 5 张幻灯片

STEP 1 输入标题内容。

STEP 2 插入视频。将素材“apple.wmv”视频文件插入到该幻灯片中。单击“插入”选项卡“媒体”组中的“视频”按钮。

STEP 3 插入图片。将素材图片5、素材图片6、素材图片7、素材图片8分别插入该幻灯片中。

STEP 4 设置动画效果。将素材图片5、素材图片6、素材图片7、素材图片8的“进入动画效果”设置为“淡出”，开始设置为“上一动画之后”；退出动画效果设置为“淡出”，开始设置为“上一动画之后”；视频的动画效果设置为“播放”，开始设置为“上一动画之后”。

STEP 5 插入一个圆角矩形，调整该矩形的大小与母版中的圆角矩形相同。编辑该图形的填充色为黄色，透明度为50%，并将其放置在第4个圆角矩形上面。

STEP 6 插入两个动作按钮。操作方法同上。

STEP 7 幻灯片切换效果设置为“碎片”。

10．编辑第6张幻灯片

STEP 1 输入标题内容。

STEP 2 插入Excel中的数据。

STEP 3 插入一个圆角矩形，调整该矩形的大小与母版中的圆角矩形相同。编辑该图形的填充色为黄色，透明度为50%，并将其放置在第5个圆角矩形上面。

STEP 4 插入两个动作按钮。操作方法同上。

STEP 5 幻灯片切换效果设置为“棋盘”。

11．编辑第7张幻灯片

STEP 1 输入标题内容。

STEP 2 插入图表。单击“插入”选项卡“插图”组中的“图表”按钮，并选择“簇状圆柱形”图表。编辑数据，生成图表，编辑图表。

STEP 3 插入一个圆角矩形，调整该矩形的大小与母版中的圆角矩形相同。编辑该图形的填充色为黄色，透明度为50%，并将其放置在第5个圆角矩形上面。

STEP 4 插入两个动作按钮。操作方法同上。

STEP 5 幻灯片切换效果设置为“门”。

12．编辑第8张幻灯片

设置方法同第1张幻灯片。

13．保存演示文稿

附：职业生涯设计与撰写要求

（包含但不限于以下内容）

简而言之，职业生涯规划就是：知己、知彼，合理选择职业目标和路径，并以最优的策略、高效的行动去实现职业目标的过程。

（一）自我认知（知己）

根据“职业生涯规划测评”，客观分析自己的职业兴趣、能力倾向、职业价值观、行为风格、个性特征等，了解自己喜欢干什么？能够干什么？适合干什么？最看重什么？人、岗是否匹配？

（二）职业认知（知彼）

通过多种途径（书籍、互联网、社会实践、专家咨询等）和方法（外部环境分析、目标职业分析、职业素质测评、分析等)，全面了解目标行业、目标职业、目标企业(用人单位)的相关资讯，结合自己的专业情况、就业机会、职业选择、家庭环境、社会需求等因素，理性评估职业机会。

(三)职业生涯规划设计

1. 选择职业目标和路径：在自我认知、职业认知的基础上，进行职业定位，选择最适合自己的职业目标，并确定相应的职业发展路径。

2. 制定行动计划和策略：围绕职业目标的实现，制定具有针对性、明确性与可行性的行动计划，在校大学生要重视大学期间和毕业后五年内的实施计划。在制定计划时要注意区分轻重缓急，在行动计划和策略制定完成后，要加强学习、要高效行动，学会时间管理和应对干扰，确保行动计划的顺利完成。

3. 与时俱进，灵活调整：由于社会环境、家庭环境、组织环境、个人成长曲线等变化以及各种不可预测因素的影响，一个人的职业生涯发展往往不是一帆风顺的。为了更好地主动把握人生，主动适应、利用各种变化，我们需要定期评估、反馈、调整、优化自己的职业生涯规划，包括拟定备选的职业生涯规划方案都是非常必要的。

习题

一、选择题

1. 将编辑好的幻灯片保存到 Web，操作步骤为(　　)。

A. “文件”选项卡中，在“保存并发送”选项中选择“保存到 Web”命令

B. 直接保存幻灯片文件

C. 超链接幻灯片文件

D. 需要在制作网页的软件中重新制作

2. PowerPoint 2010 演示文稿的扩展名是(　　)。

A. psdx　　B. ppsx　　C. pptx　　D. ppsx

3. 在 PowerPoint 2010 普通视图左侧的大纲窗格中，可以修改的是(　　)。

A. 占位符中的文字　　B. 图表

C. 自选图形　　D. 文本框中的文字

4. 制作成功的幻灯片，如果为了以后打开时自动播放，应该在制作完成后将格式保存为(　　)。

A. PPTX　　B. PPSX

C. DOCX　　D. XLSX

5. 在 PowerPoint 2010 的普通视图中，隐藏任意一张幻灯片后，在放映时该隐藏的幻灯片会(　　)。

A. 从文件中删除

B. 在幻灯片放映时不放映，但仍然保存在文件中

C. 在幻灯片放映时仍可放映，但是在幻灯片上的部分内容被隐藏

D. 在普通视图的编辑状态中仍然被隐藏

6. 在 PowerPoint 2010 中对当前幻灯片插入图像的方法是(　　)。

A. 单击“插入”选项卡“图像”组中的“图片”或“剪贴画”按钮

B. 单击“插入”选项卡中“文本框”按钮

C. 单击“插入”选项卡中“表格”按钮

D. 单击“插入”选项卡中“图表”按钮

7. 在 PowerPoint 2010 中，格式刷位于（　　）选项卡中。

A. 设计　　B. 切换

C. 审阅　　D. 开始

8. 在 PowerPoint 2010 中，能够将文本中字符简体转换成繁体的操作命令在（　　）。

A. 在“格式”选项卡中　　B. 在“开始”选项卡中

C. 在“审阅”选项卡中　　D. 在“插入”选项卡中

9. 要使演示文稿中每张幻灯片的标题具有相同的字体格式、相同的图标，应通过（　　）快速地实现。

A. 单击“视图”选项卡中“母版视图”组中“幻灯片母版”按钮

B. 选择“设计”选项卡中“主题”组中的主题选项

C. 选择“设计”选项卡中“背景”组中的“背景样式”选项

D. 选择“开始”选项卡中的“字体”

10. 在 PowerPoint 2010 中，要选定多个图形或图片时，需先按住（　　），然后用鼠标单击要选定的图形对象。

A. Alt　　B. Home 键

C. Shift 键　　D. Del 键

11. PowerPoint 2010 中，不可以插入扩展名为（　　）的文件。

A. avi　　B. wav

C. exe　　D. bmp（或 png）

12. 在 PowerPoint 2010 的“页面设置”组中，能够设置（　　）。

A. 在幻灯片页面的对齐方式　　B. 幻灯片的页脚

C. 幻灯片的页眉　　D. 幻灯片编号的起始值

13. PowerPoint 2010 中，插入组织结构图的方法是（　　）。

A. 插入自选图形

B. 插入来自文件的图形

C. 在“插入”选项卡中的 SmartArt 图形选项中选择“层次结构”图形

D. 以上说法都不对

14. PowerPoint 2010 中，设置幻灯片背景格式的填充选项中包含（　　）。

A. 字体、字号、颜色、风格　　B. 纯色、渐变、图片或纹理、图案

C. 设计模板、幻灯片版式　　D. 以上都不正确

15. PowerPoint 2010 中，若幻灯片播放时，从“盒状展开”效果变换到下一张幻灯片，需要设置（　　）。

A. 自定义动画　　B. 放映方式

C. 幻灯片切换　　D. 自定义放映

16. PowerPoint 2010 各种视图中，可以同时浏览多张幻灯片，便于进行重新排序、添加、删除等操作的视图是（　　）。

A. 幻灯片浏览视图　　B. 备注页视图

C. 普通视图　　D. 幻灯片放映视图

17. 在 PowerPoint 2010 “文件” 选项卡的 “新建” 命令功能是建立（　　）。

A. 一个演示文稿　　B. 插入一张新幻灯片

C. 一个新超链接　　D. 一个新备注

18. PowerPoint 2010 各种视图中，选定了文字、图片后，可以插入超链接，超链接中所链接的目标可以是（　　）。

A. 计算机硬盘中的可执行文件　　B. 其他演示文稿

C. 同一演示文稿的某一张幻灯片　　D. 以上都可以

19. PowerPoint 2010 中，幻灯片放映时使用 “激光笔” 效果的操作是（　　）

A. 按 “Ctrl+F5” 组合键

B. 按 “Shieft+F5” 组合键

C. 单击 “幻灯片放映” 选项卡中的 “自定义幻灯片放映” 按钮

D. 按住 “Ctrl” 键同时按住鼠标左键

20. 播放演示文稿时，以下说法正确的是（　　）

A. 只能按顺序播放　　B. 只能按幻灯片编号的顺序播放

C. 可以按任意顺序播放　　D. 不能倒回去播放

二、填空题

1. PowerPoint 2010 演示文稿有________、________、________、________、________等视图。

2. 幻灯片的放映有________种方法。

3. 将演示文稿打包的目的是________。

4. 艺术字是一种对象，它具有________属性，不具备文本的属性。

5. 在放映时，若要中途退出播放状态，应按________功能键。

6. 按行列显示并可以直接在幻灯片上修改其格式和内容的对象是________。

7. 在 PowerPoint 2010 中，________能够观看演示文稿的整体实际播放效果的视图模式。

8. 退出 PowerPoint 2010 的快捷键是________。

9. PowerPoint 2010 可利用模板来创建，它提供了两类模板，即________和________。模板的扩展名为________。

10. 在 “设置放映方式” 对话框中，有三种放映类型，分别为________、________、________。

三、判断题

1. 备注页视图的功能是可以在幻灯片中录入备注信息。（　　）

2. 创建演示文稿可以通过三种方式实现。（　　）

3. PowerPoint 2010 提供了插入 “艺术字” 的功能，并且对插入的艺术字作为图形对象来处理。（　　）

4. 超链接使用户可以从演示文稿中的某个位置直接跳转到演示文稿的另一个位置，或其他演示文稿或公司 Internet 地址。（　　）

5. 只能使用鼠标控制演示文稿播放，不能使用键盘控制播放。（　　）

6. 播放演示文稿时，按 “Esc” 键可以停止播放。（　　）

7. PowerPoint 2010 提供了四种母版。（　　）

8. PowerPoint 2010 提供了三种播放演示文稿的方式。（　　）

9. 在 PowerPoint2010 中，项目符号除了各种符号外，还可以是图像。（ ）

10. 在 PowerPoint2010 中，图标是不可以设置动画效果的。（ ）

四、简答题

1. PowerPoint 2010 的三种基本视图各是什么？各有什么特点？
2. 在制作演示文稿时，应用模板与应用版式有什么不同？
3. 如何建立幻灯片上对象的超链接？
4. 如何打印演示文稿？
5. 要想在一个没有安装 PowerPoint 2010 的计算机上放映幻灯片，应如何保存幻灯片？

PART 6 第 6 章 计算机网络技术基础知识

实训一　网页信息的浏览和保存

一、实训目的和要求

熟练掌握 IE 浏览器的操作，以及使用 IE 浏览网页信息。

二、实训内容

1. 浏览搜狐网新闻。
2. 浏览搜狐网新闻中心的头条要闻。
3. 在搜狐网浏览体育新闻。
4. 保存 Web 页信息。

三、实训步骤

1. 浏览搜狐网新闻

STEP 1 打开 IE 浏览器，在地址栏中输入网页地址，如输入“http://www.sohu.com”，按回车键即可进入搜狐网，如图 6-1 所示。

图 6-1　打开网页

STEP 2 打开搜狐网主页，在窗口右侧，使用鼠标向下拖动滚动条，浏览网页信息，选择新闻信息，如单击“NBA–火箭新赛季 15 人名单确定”，如图 6–2 所示。

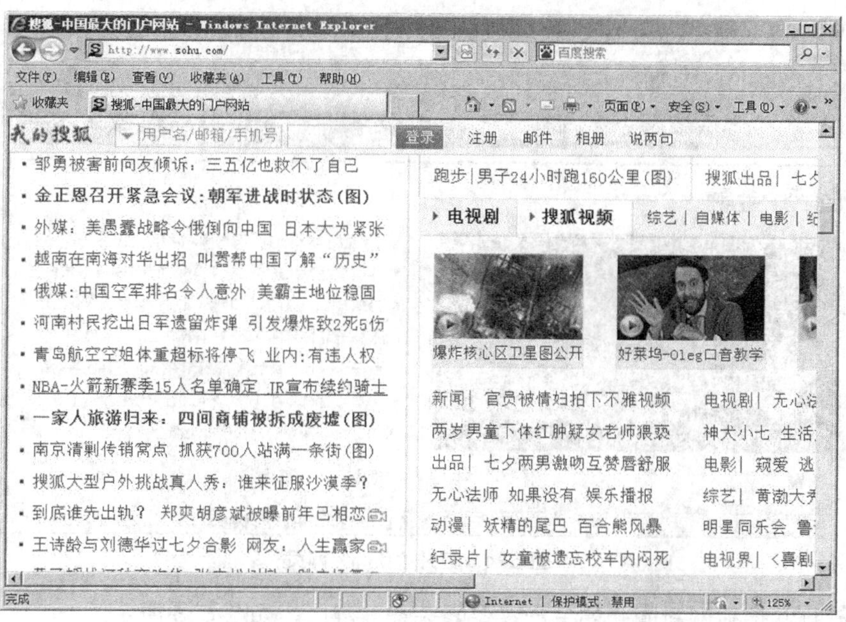

图 6–2 选择链接

STEP 3 此时即可打开该链接，浏览新闻信息，如图 6–3 所示。

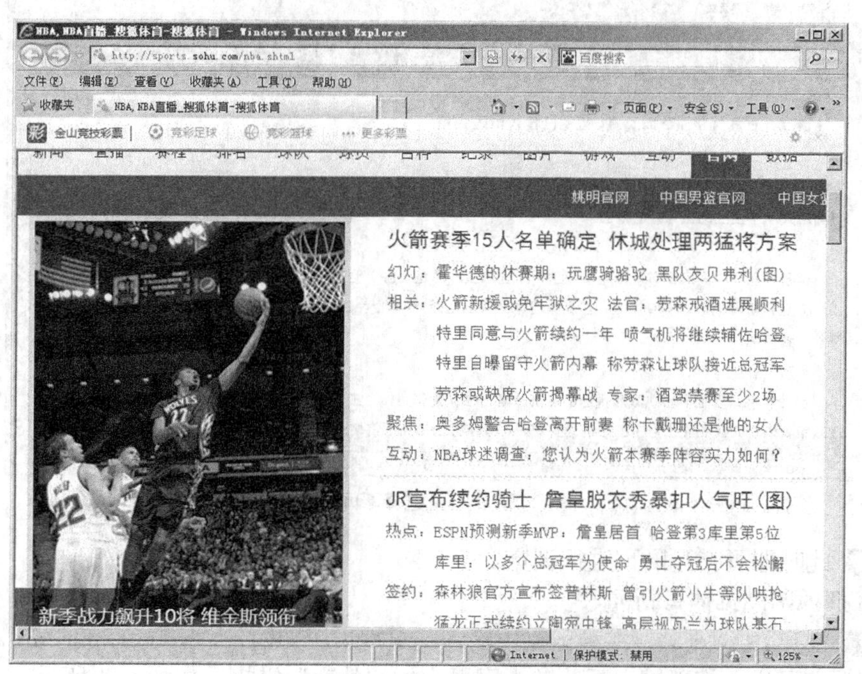

图 6–3 浏览新闻

2．浏览搜狐网新闻中心的头条新闻

用户可以打开搜狐网新闻中心，选择新闻进行浏览。具体操作步骤如下。

STEP 1 打开 IE 浏览器，在地址栏中输入网页地址，如输入“www.sohu.com”，按回车键即可进入搜狐网，单击网页中的“新闻”链接，如图 6-4 所示。

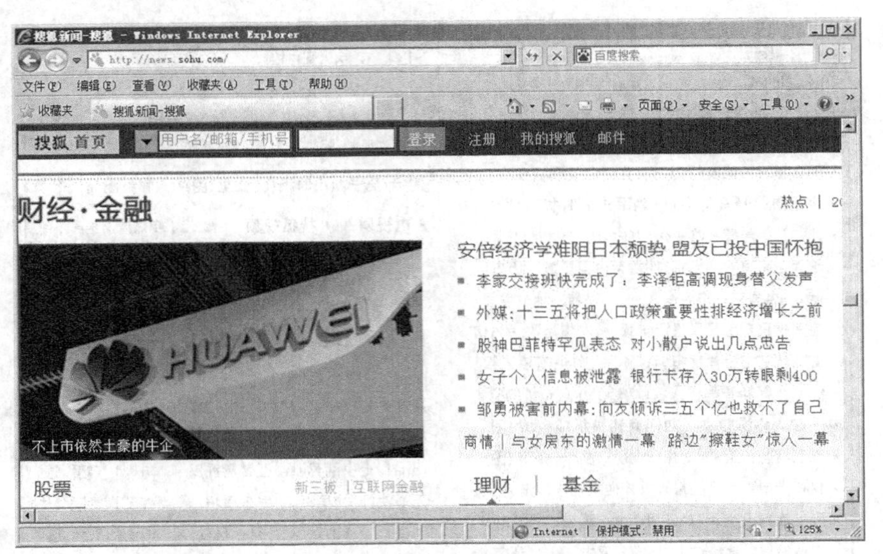

图 6-4 打开“新闻”网页

STEP 2 打开搜狐网新闻，如单击“要闻头条”链接，如图 6-5 所示。

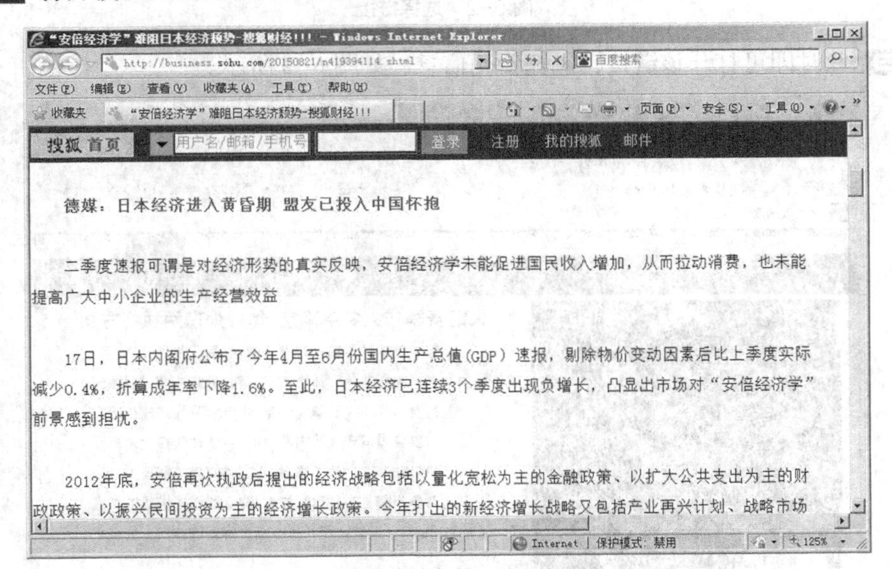

图 6-5 选择新闻

STEP 3 此时即可打开网页进行浏览。

3．在搜狐网浏览体育新闻

STEP 1 打开 IE 浏览器，在地址栏中输入网页地址，如输入“www.sohu.com”，按回车键即可进入搜狐网主页，单击网页中的“体育”链接，如图 6-6 所示。

STEP 2 进入搜狐体育主页，向下拖动窗口右侧的滑块选择新闻信息，如单击“火箭 800 万签新帕森斯”链接，如图 6-7 所示。

STEP 3 此时即可打开该链接，浏览具体信息，如图 6-8 所示。

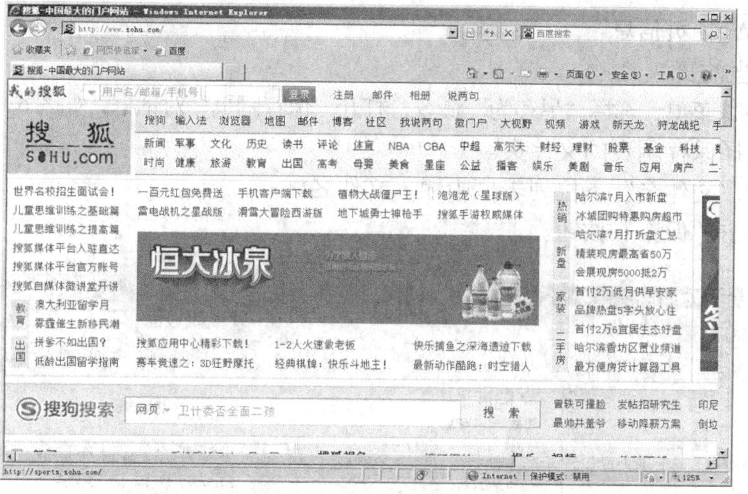

图 6-6 选择“体育”链接

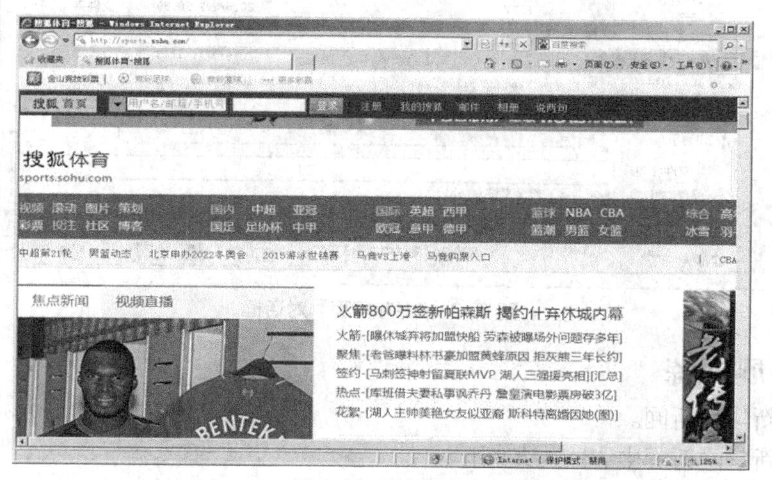

图 6-7 选择链接

图 6-8 浏览新闻

4．保存 Web 页信息

（1）保存当前页

单击“文件”菜单，选择“另存为”命令，打开“保存网页”对话框，如图 6–9 所示。

STEP 1 选择保存网页的文件夹。

STEP 2 在“文件名”下拉列表框中输入文件名称。

STEP 3 单击“保存”按钮。

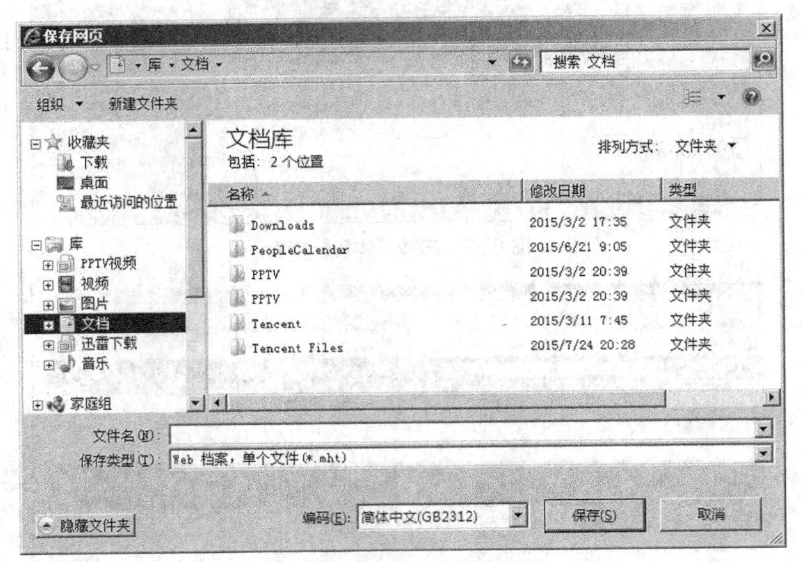

图 6–9 “保存网页”对话框

四、拓展训练

1. 浏览新华网新闻。
2. 浏览新华网新闻中心的头条新闻。
3. 在新华网浏览体育新闻。

实训二 信息资料的搜索

一、实训目的和要求

熟练掌握通过互联网搜索资料信息的方法。

二、实训内容

1. 使用百度搜索人物信息。
2. 搜索音乐并进行下载。
3. 搜索图片。

三、实训步骤

1．使用百度搜索人物信息

STEP 1 打开 IE 浏览器，在地址栏中输入“www.baidu.com”，按回车键打开百度首页，在搜索文本框中输入搜索内容，如输入“焦刘洋”，单击“百度一下”按钮，如

图 6-10 所示。

图 6-10　输入关键词

STEP 2 网页中即出现搜索结果，根据需要进行选择，如选择“焦刘洋百度百科”，如图 6-11 所示。

图 6-11　选择搜索结果

STEP 3 打开相应信息，如图 6-12 所示。

2．搜索音乐并进行下载

可以通过 IE 浏览器搜索音乐，还可以下载喜欢的音乐。具体操作步骤如下。

STEP 1 打开 IE 浏览器，在地址栏中输入“www.1ting.com”，按回车键打开“一听音乐”主页，在搜索文本框中输入相关内容，如输入“邓丽君”，如图 6-13 所示，单击“搜索”按钮。

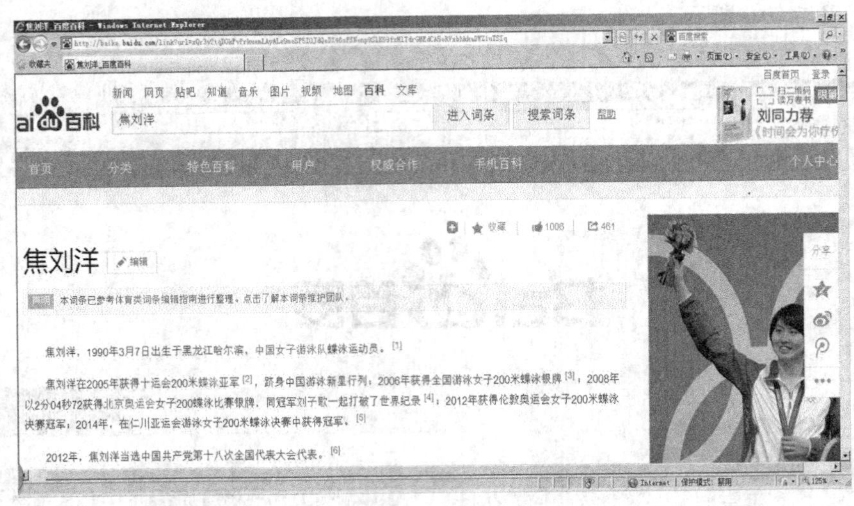

图 6-12　打开链接

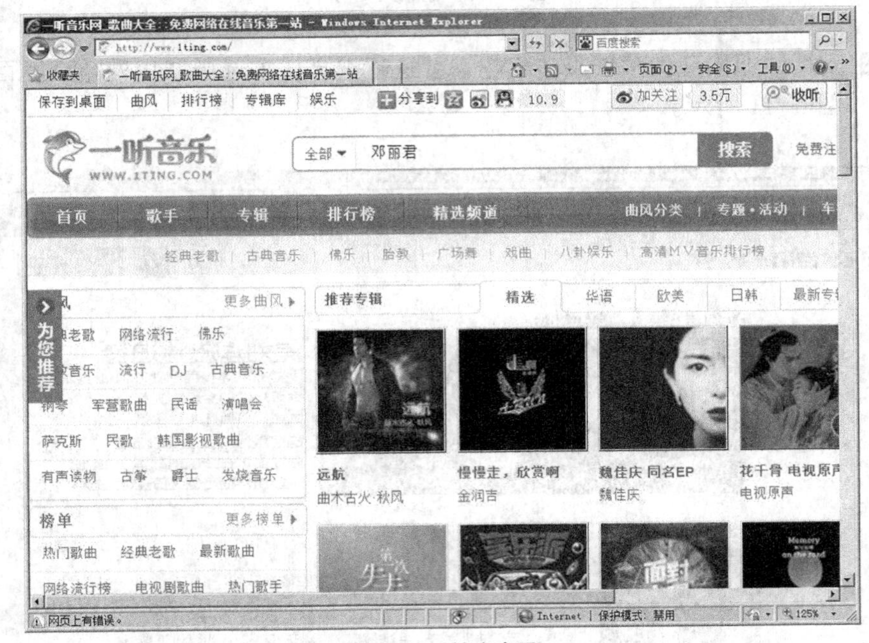

图 6-13　搜索音乐

STEP 2 此时网页中弹出搜索结果，选择需要下载的音乐，如选择“何日君再来”，单击该链接，如图 6-14 所示。

STEP 3 在打开的页面中单击“下载”即可。

3．搜索图片

可以使用搜索引擎搜索图片，具体操作步骤如下。

STEP 1 打开 IE 浏览器，在地址栏中输入“www.sogou.com”，单击“图片”选项，如图 6-15 所示。

STEP 2 打开“搜狗图片”页面窗口，在文本框中输入搜索内容，如输入“东北虎”，如图 6-16 所示。

找到与“邓丽君”相关的歌曲约1059条

	歌曲名	歌手	专辑
1.	再见邓丽君	邓雅之	再见邓丽君(单曲)
2.	美酒加咖啡	邓丽君	邓丽君传奇之你可知道我爱谁
3.	在水一方	邓丽君	璀璨的邓丽君 纪念版
4.	何日君再来	邓丽君	璀璨的邓丽君 纪念版
5.	北国之春	邓丽君	严选红歌星 邓丽君
6.	小城故事	邓丽君	永远的邓丽君
7.	甜蜜蜜	邓丽君	永远的邓丽君
8.	路边的野花你不要采	邓丽君	邓丽君 怀念5年
9.	我只在乎你	邓丽君	星愿-上华群星纪念邓丽君
10.	千言万语	邓丽君	璀璨的邓丽君 纪念版
11.	恰似你的温柔	邓丽君	璀璨的邓丽君 纪念版
12.	山茶花	邓丽君	璀璨的邓丽君 纪念版

图 6-14 选择音乐

图 6-15 单击“图片”选项

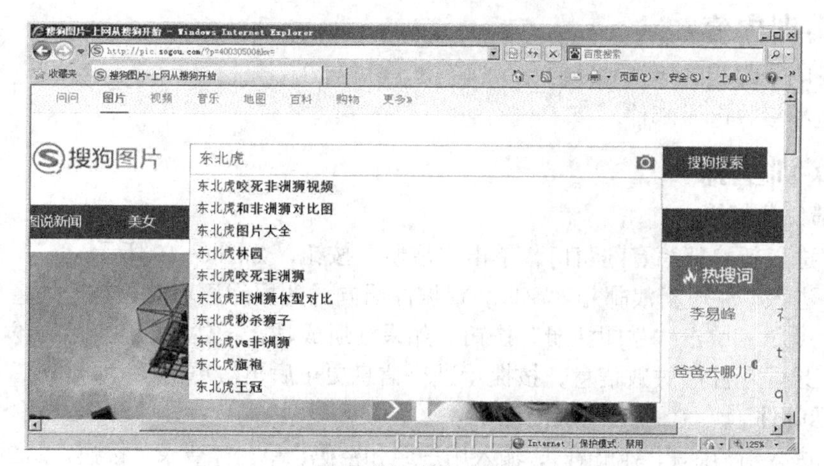

图 6-16 输入内容

STEP 3 按回车键即可看到搜索结果，如图 6-17 所示。

图 6-17 搜索结果

四、拓展训练

1. 使用百度搜索“刘翔”的信息。
2. 搜索视频并下载。
3. 搜索“白鳍豚”和“紫貂”的图片。

实训三 电子邮箱的使用

一、实训目的和要求

熟练掌握电子邮箱申请、使用的基本方法。

二、实训内容

1. 完成电子邮箱的申请。
2. 发送和接收电子邮件。

三、实训步骤

1. 申请免费邮箱

STEP 1 进入新浪邮箱登陆窗口，单击“注册”按钮，如图 6-18 所示。

STEP 2 进入“注册新浪邮箱”窗口，根据注册向导的提示逐项填写注册信息。如图 6-19 所示，单击“立即注册”按钮。如果注册成功，记住相应信息便于以后使用。如果显示注册失败信息，按提示进行信息更正后再次单击“立即注册”按钮。

2. 发送邮件

STEP 1 进入新浪邮箱登陆窗口，输入用户名和密码，单击“登录”按钮，如图 6-20 所示。

图 6-18　登录窗口

图 6-19　注册邮箱窗口

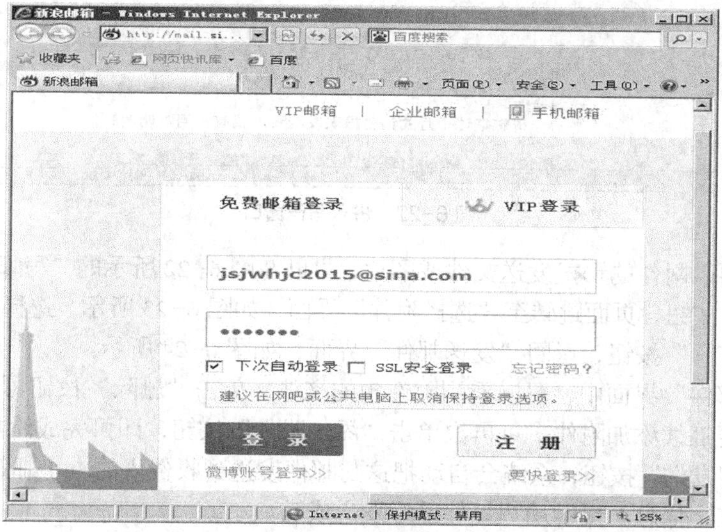

图 6-20　登录窗口

STEP 2 进入邮箱主窗口，在左侧单击“写信”按钮，如图 6-21 所示。

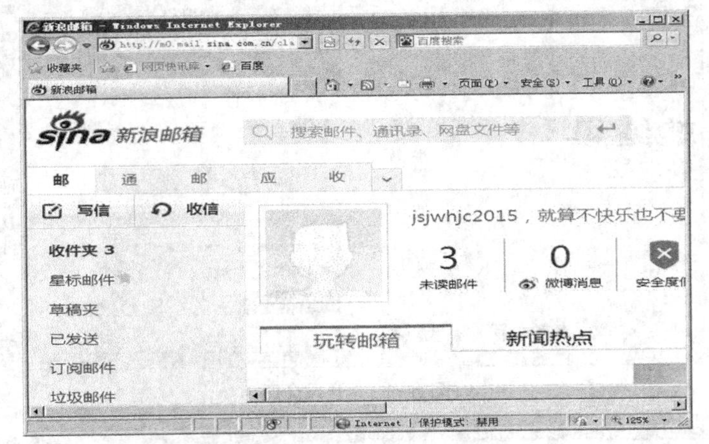

图 6-21　进入邮箱

STEP 3 进入写信窗口，如图 6-22 所示。在“收件人”文本框中输入收件人的电子邮箱地址，在“主题”文本框中输入填写邮件的主题，在最下面的文本编辑区域输入邮件的内容。

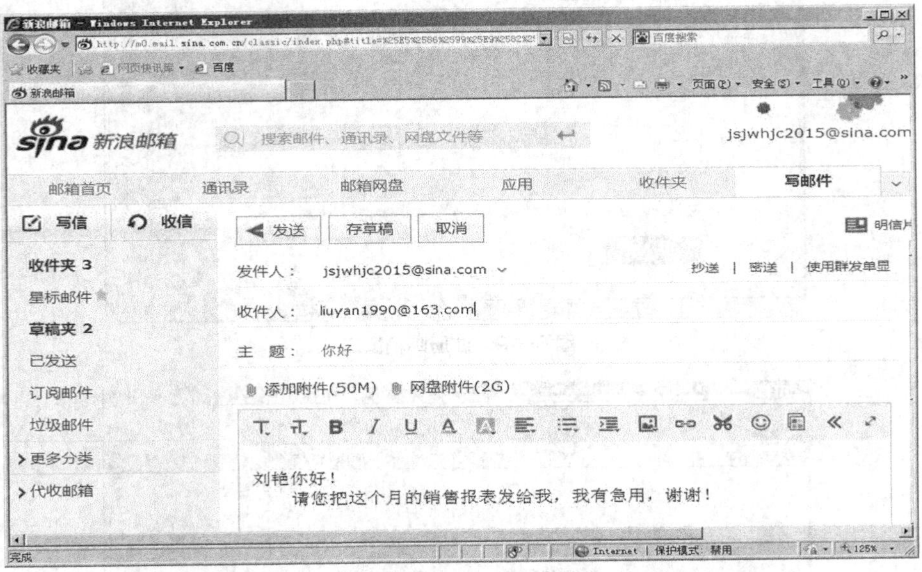

图 6-22　进入写信窗口

如果用户要以附件的形式发送文件或图片，可以在图 6-22 所示的“写邮件”界面中，单击“添加附件”按钮，页面跳转至“选择附件”界面，如图 6-23 所示。选择要发送的文件或图片，单击“打开”按钮，返回“发送邮件”界面，如图 6-24 所示。

在“发送邮件”界面中，可以看到附件中的文件，单击“删除”按钮可以对上传的文件进行删除。如要继续添加附件，可再次单击“添加附件”按钮，即可完成添加“附件”。

最后单击“发送”按钮，系统会自动把这封邮件发送到收件人的电子邮箱中。发送成功，网页上会出现文字信息，提示用户邮件已经发送成功。

STEP 4 发送后窗口会出现如图 6-25 所示的提示。

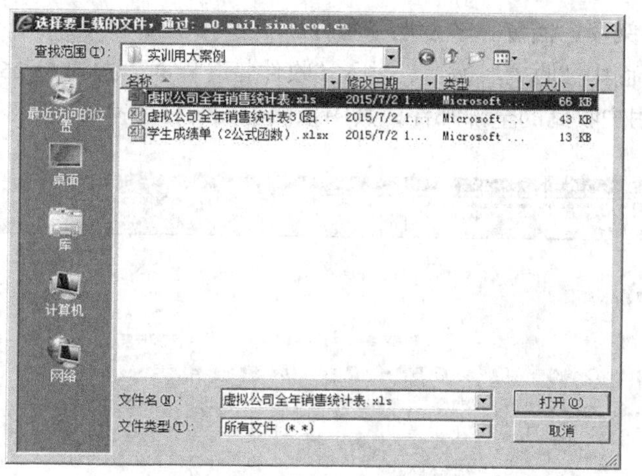

图 6-23 “选择附件”界面

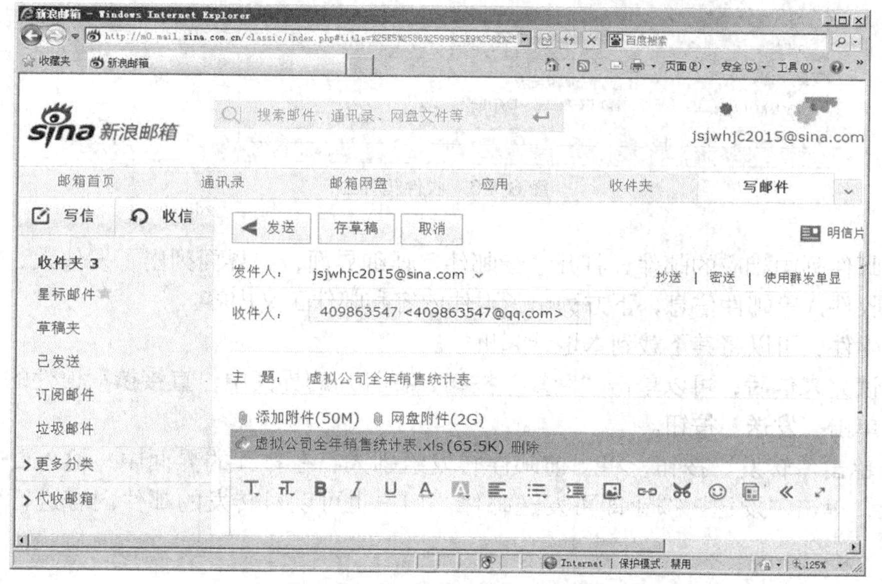

图 6-24 添加“附件”后窗口

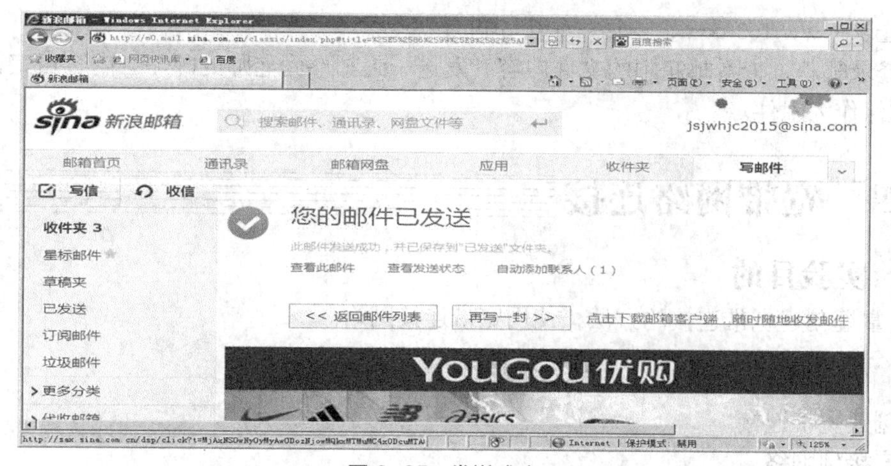

图 6-25 发送成功

3．使用浏览器阅读、回复、转发电子邮件

单击图 6-24 页面中“收信”按钮，进入“收件箱”界面，如图 6-26 所示，“收件箱”中以列表的形式显示用户收到的全部邮件，其中未阅读的邮件带有标记。

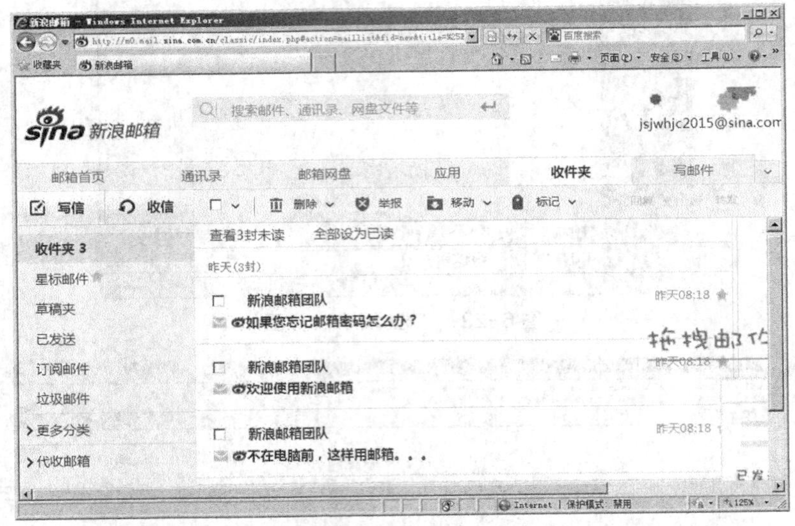

图 6-26　收件箱界面

单击邮件列中相应的邮件，打开“读邮件”详细界面，该界面列出了发件人、主题、发送时间和收件人等邮件信息，下方列出了附件内容和邮件正文内容。

单击附件，可以将其下载到本地计算机中。

在阅读完来信后，可以单击“回复”按钮，在打开的界面中，直接撰写信件的内容，撰写完成，单击“发送”按钮。

可以单击“转发”按钮，将当前邮件转发给别人，在打开的界面中，输入要转发的收件人地址，单击“发送”按钮即可发送邮件。用户也可以对转发的邮件内容进行修改后再发送。

四、拓展训练

1. 登录 www.163.com，申请一个电子邮箱。
2. 登录邮箱，查看邮箱中的文件内容。发送一封邮件到老师的邮箱，内容自定，发送一个图片文件作为附件。

实验四　宽带网络连接

一、实验目的

熟练掌握创建宽带连接的方法，使用宽带连接网络。

二、实验内容

1. 创建宽带连接
2. 连接到网络

三、实训步骤

1．创建宽带连接

用户在进行连接网络之前，通常需要创建宽带连接，操作步骤如下。

STEP 1 单击“开始”→“控制面板”，打开“控制面板”窗口，如图 6-27 所示，在“网络和 Internet”栏下单击“查看网络状态和任务”。

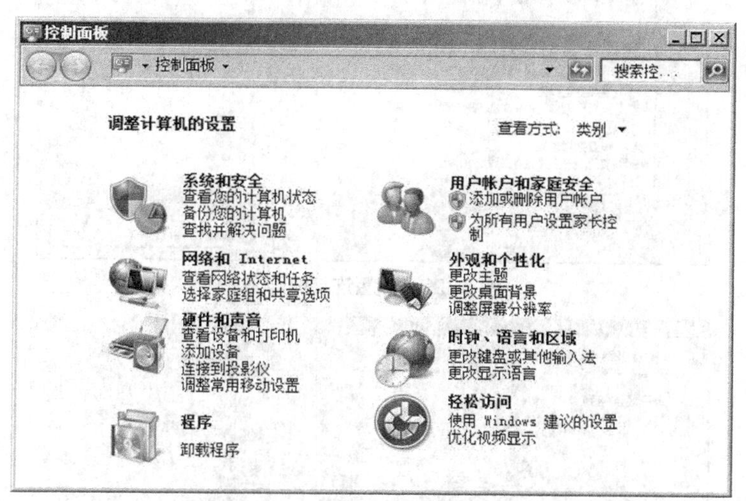

图 6-27 “控制面板”窗口

STEP 2 打开“网络和共享中心”对话框，如图 6-28 所示，在“更改网络设置”栏下单击“设置新的连接或网络”选项。

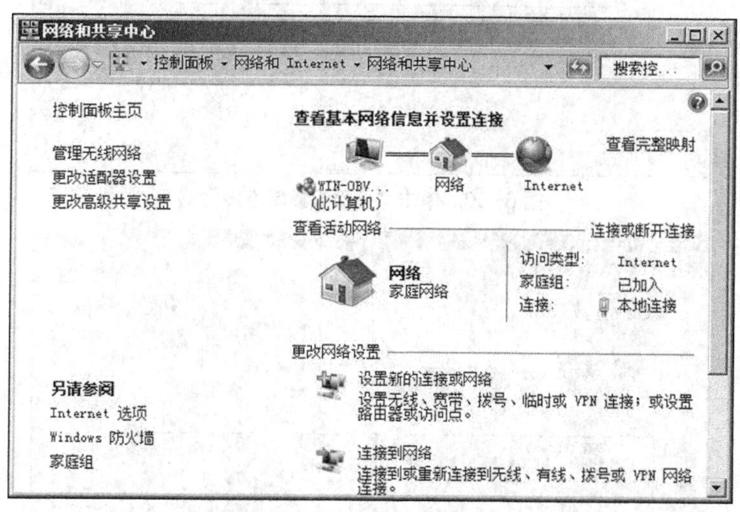

图 6-28 设置新的连接

STEP 3 打开“设置连接或网络”对话框，如图 6-29 所示，在“选择一个连接选项”下选择“连接到 Internet”，单击“下一步”按钮。

STEP 4 如果已经连接到 Internet 网络，则会出现如图 6-30 所示窗口，如果想创建新的连接，单击“仍要设置新连接”。

STEP 5 打开“连接到 Internet”对话框，如图 6-31 所示，单击“宽带（PPPoE）（R）”。

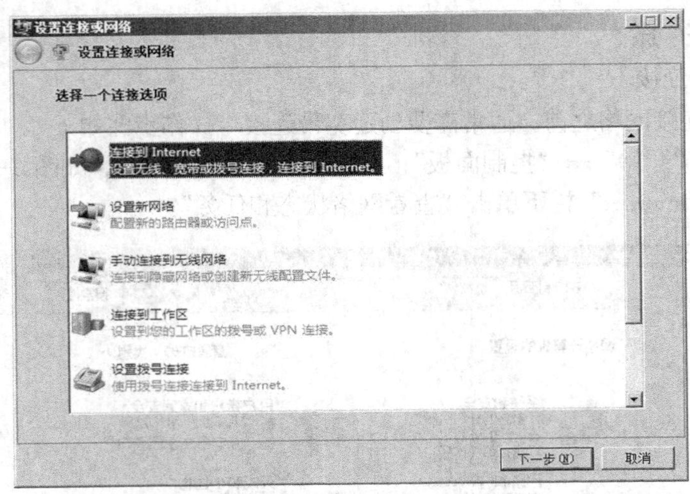

图 6-29　设置连接或网络

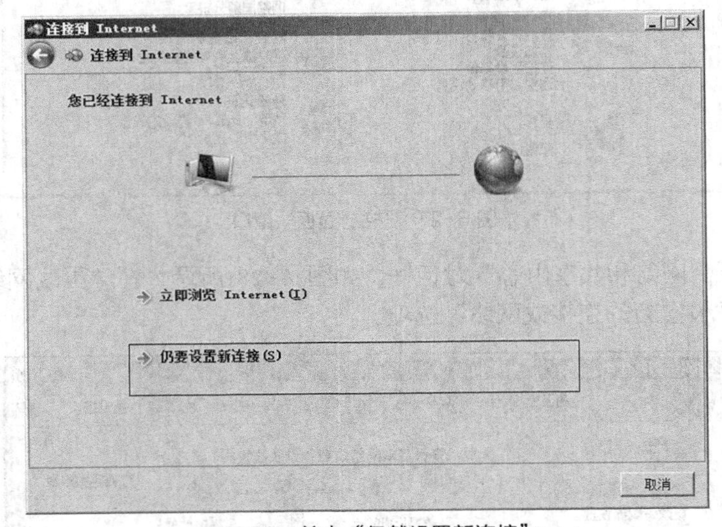

图 6-30　单击“仍然设置新连接”

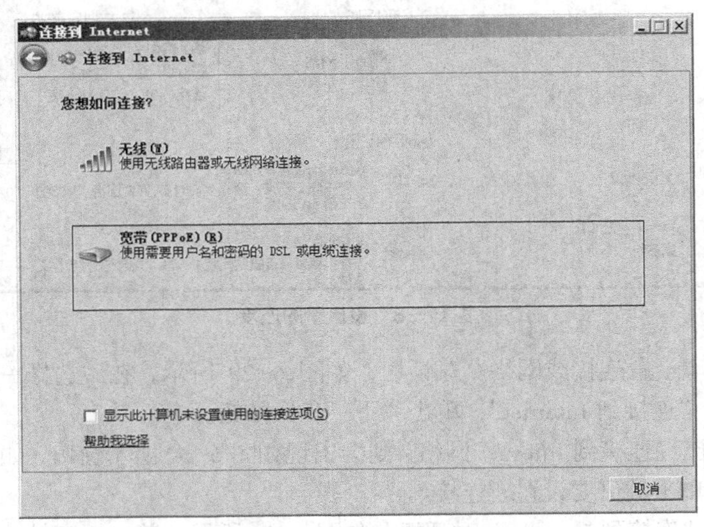

图 6-31　单击宽带

STEP 6 打开“键入您的 Internet 服务商（ISP）提供的信息”对话框，如图 6-32 所示，在“用户名”和“密码”后的文本框中输入对应信息。用户还可以勾选“允许其他人使用此连接”复选框。

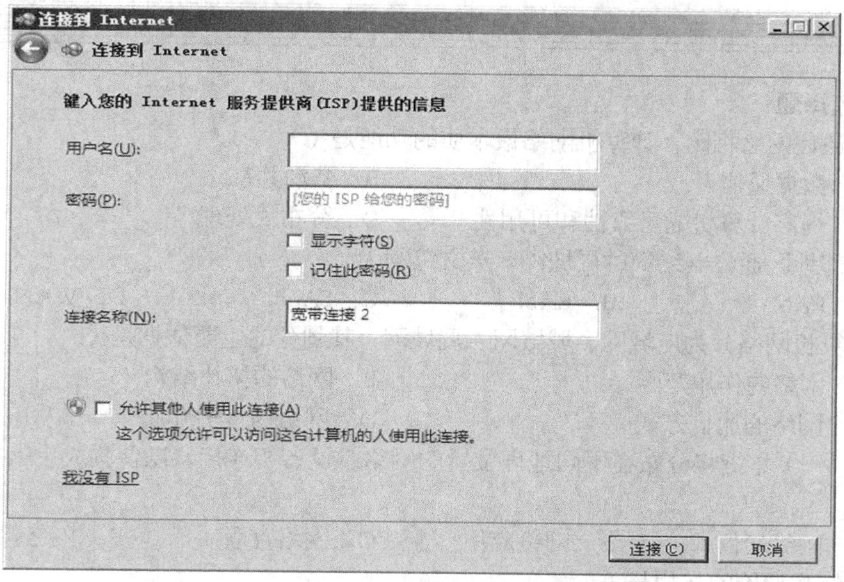

图 6-32　输入信息

STEP 7 单击“连接”按钮，打开“正在连接到宽带连接”对话框，等待连接或单击“跳过”按钮。

STEP 8 打开“连接已经可用”对话框，单击“立即连接”或“关闭”按钮。

2．连接到网络

STEP 1 单击任务栏中的网络图标，然后单击刚创建的连接，如图 6-33 所示。

STEP 2 打开“连接 宽带连接”对话框，如图 3-34 所示，输入用户名和密码，单击“连接”按钮。

图 6-33　选择连接

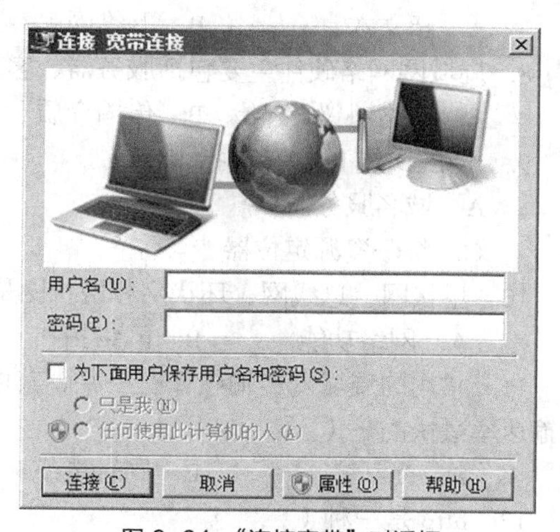

图 6-34　“连接宽带”对话框

STEP 3 此时会弹出“正在连接到宽带连接…”提示框，通过后即可联网。

四、拓展训练

课后将自己家的网络重新建立连接。

习题

一、选择题

1. 和通信网络相比，计算机网络最本质的功能是（　　）。
   A. 数据通信　　B. 资源共享
   C. 提高计算机的可靠性和可用性　　D. 分布式处理
2. 局部地区通信网络简称局域网，英文缩写为（　　）。
   A. LAN　　B. EAN　　C. SAN　　D. WAN
3. 计算机网络分为广域网、城域网、局域网，其划分的主要依据是（　　）。
   A. 网络的作用范围　　B. 网络的拓扑结构
   C. 网络的通信方式　　D. 网络的传输介质
4. （　　）是指将分布在不同地理位置的网络、设备相连接，以便构成更大规模的网络系统。
   A. 网络通信　　B. 网络应用　　C. 网络互联　　D. 网络接入
5. 调制解调器的作用是（　　）。
   A. 实现数据在数字信号和模拟信号之间的转换
   B. 实现计算机信号和视频信号相互转换
   C. 把计算机信号转换为二进制信号
   D. 防止外部病毒进入计算机
6. ADSL 技术主要解决的问题是（　　）。
   A. 多媒体传输　　B. 宽带接入
   C. 多媒体交换　　D. 多媒体综合网络
7. 在 Internet 中，术语 WWW 是指（　　）。
   A. 超文本　　B. 万维网　　C. 超媒体　　D. 浏览器
8. 局域网网络硬件主要包括服务器、客户机、交换机、网卡和（　　）。
   A. 网络协议　　B. 传输介质　　C. 计算机　　D. 拓扑结构
9. 术语 URL 的含义是指（　　）。
   A. 域名服务器　　B. 资源管理器
   C. 统一资源定位器　　D. 浏览器
10. 星状网、总线网、环状网和网状网是按照（　　）分类的。
    A. 网络功能　　B. 网络拓扑　　C. 管理性质　　D. 网络跨度
11. 常用的局域网传输媒体有三种，其中内层为纤芯、中间为包层、外层是护套的，其传输速率最快的是（　　）。
    A. 光纤　　B. 同轴电缆　　C. 双绞线　　D. 卫星
12. http 是一种（　　）。
    A. 网址　　B. 高级语言
    C. 域名　　D. 超文本传输协议

13. 将计算机通过专线连入互联网，在计算机硬件配置方面，需要有（　　）。

A. 网卡　B. 调制解调器　C. HUB　D. 路由器

14. 电子邮件的英文名称是（　　）。

A. WWW　B. Web　C. E-mail　D. FTP

15. FTP 是（　　）。

A. 邮件服务协议　B. 文件传输协议

C. 网络互连协议　D. 文件共享协议

16. 如果电子邮件到达时，收件人的计算机没有开机，那么电子邮件将（　　）。

A. 退回给发信人　B. 保存在服务商的主机上

C. 过一会对方再重新发送　D. 永远不再发送

17. 对于邮箱中的附件说法，正确的是（　　）。

A. 附件只能直接打开，不能下载到本地计算机上

B. 可以将附件下载到本地计算机上

C. 带有附件的邮件不可以删除

D. 附件不可以是一个压缩文件

18. IE 收藏夹中存放的是（　　）。

A. 最近访问过的 WWW 的地址　B. 最近下载的 WWW 文档的地址

C. 用户新增加的 E-mail 地址　D. 用户收藏的 WWW 的地址

19. 电子邮件的发件人利用某些特殊的电子邮件软件，在短时间内不断重复地将电子邮件发送给同一个接收者，这种破坏方式叫做（　　）。

A. 邮件病毒　B. 邮件炸弹　C. 特洛伊木马　D. 蠕虫

20. 域名代表着一种身份，一般来说，从两个网站名字 www.**edu.com.cn、www.**.edu.cn 可以看出它分别代表中国的某（　　）。

A. 教育机构、商业机构　B. 商业机构、政府机构

C. 政府机构、商业机构　D. 商业机构、教育机构

二、填空题

1. 资源子网的主要组成单元是________和________，负责完成全网的数据处理任务与提供各种网络资源和服务。

2. 根据网络的覆盖范围进行分类，计算机网络可以分为________、________和________三种类型。

3. 计算机系统的拓扑构型主要有________、________、________和________。

4. 在完成局域网的硬件安装后，还需要选择________与________安装合适的软件。

5. 打印服务既可以通过设置专门的________来完成，也可以通过________或________来完成。

6. Internet 是全球性的、最具影响力的计算机________，它使用的标准通信协议是________。

7. Internet 主要是由________、________、主机与________等部分组成。

8. Internet 中的主机既可以是信息资源及服务的________也是信息资源及服务的________。

9. 根据所提供的服务功能不同，Internet 中的服务器可以分为以下几种类型：文件服务器、________服务器、________服务器、________服务器、________服务器与________服务器等。

10. 远程教育是以________技术、________技术为基础，以________技术为主要手段的一种新型教育模式。

三、判断题

1. 用户只要在 IE 浏览器地址栏中直接输入某单位详细邮政地址就可以访问该单位的网站。 (　　)

2. 按传输介质分类，计算机网络可分为局域网和广域网。 (　　)

3. 通常说 OSI 模型分六层。 (　　)

4. cn 表示中国的一级域名。 (　　)

5. 在计算机网络中，WAN 中文名是广域网。 (　　)

6. WWW 是 Internet 上的一个协议。 (　　)

7. 用户电子邮件到达时，如果用户没开机，则邮件存放在服务商的 E-mail 服务器。 (　　)

8. 数据加密技术可以防止信息收发双方抵赖。 (　　)

9. 每次打开浏览器都会有一个主页被自动载入，被称为起始页。 (　　)

10. 把本地文件发送到 FTP 服务器上，供所有的网上用户共享，称为上传文件。 (　　)

四、简答题

1. 计算机网络的发展可以划分为几个阶段？每个阶段都有什么特点？

2. 计算机网络的主要功能是什么？

3. 计算机网络有哪几种拓扑结构？

4. 简述 Internet 的概念。

5. 计算机网络的基本组成是什么？说出 3 种计算机网络的分类方法。

PART 7

第 7 章 常用工具软件

实训一 驱动程序管理

一、实训目的和要求

掌握驱动精灵软件的操作。

二、实训内容

使用驱动精灵软件进行驱动安装、备份、还原和修复。

三、实训步骤

1．一键安装或升级所需驱动

用户可以使用驱动精灵软件一键安装所需驱动，操作步骤如下：

STEP 1 双击桌面上的驱动精灵图标，打开驱动精灵软件主界面。单击选择“驱动管理”选项卡，在窗口中显示缺失或需要升级驱动程序，如图 7-1 所示。

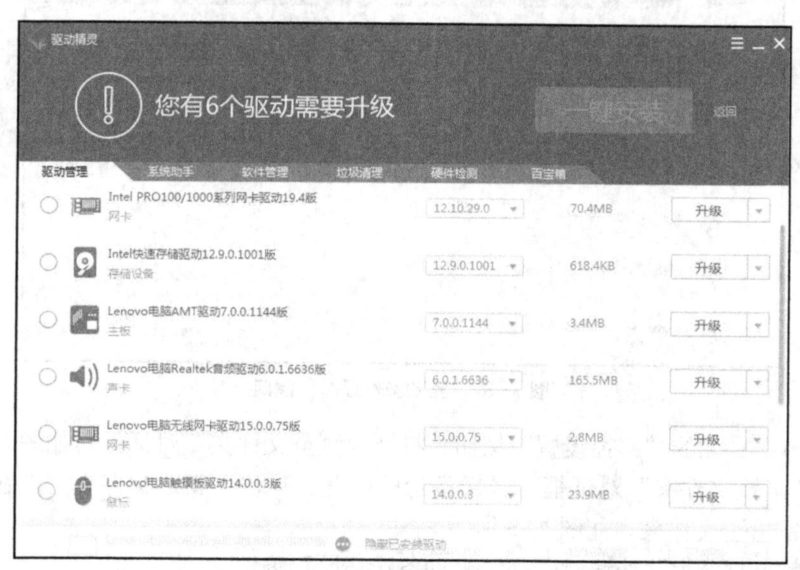

图 7-1 驱动管理窗口

STEP 2 选择需要安装或升级的驱动程序，单击“一键安装”按钮，系统会自动对所选驱动程序进行更新安装，如图 7-2 所示。

2．驱动备份

（1）设置备份路径

STEP 1 打开驱动精灵软件主界面。单击“百宝箱”→“驱动备份”选项，打开“驱动备份还原”窗口，如图 7-3 所示。

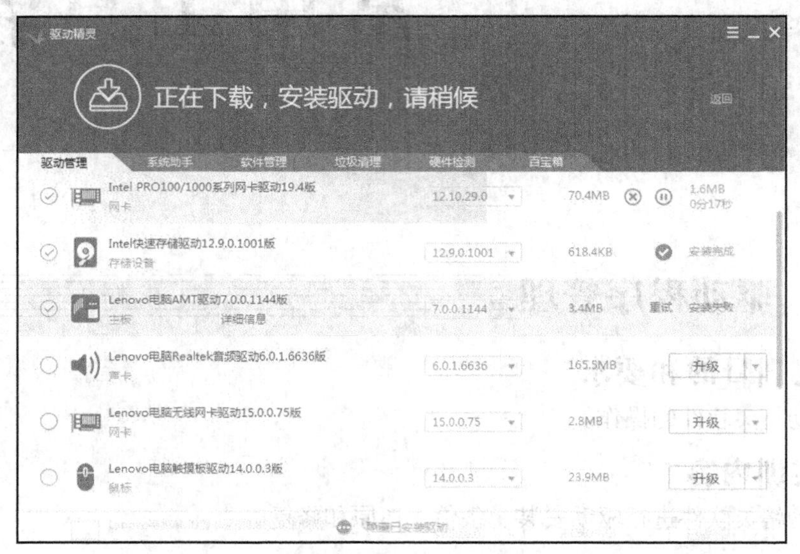

图 7-2　更新界面

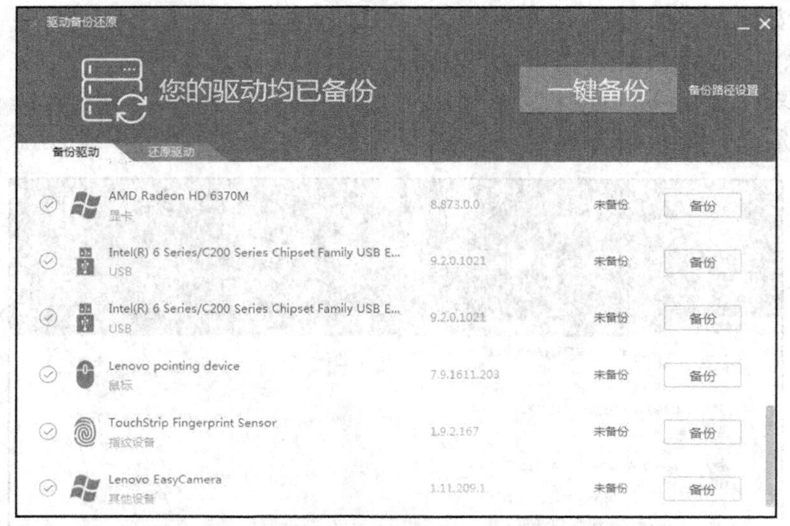

图 7-3　“驱动备份还原”窗口

STEP 2 单击右侧的“路径设置”按钮，打开“浏览文件夹”对话框，如图 7-4 所示。在“浏览文件夹”对话框，选择备份的位置，单击“新建文件夹”按钮创建“驱动备份”文件夹，如图 7-5 所示。

STEP 3 单击“确定”按钮，回到“驱动备份还原”窗口。

（2）备份驱动程序

STEP 1 在“驱动备份还原”窗口中，单击左上角的“可备份驱动”复选框，如图 7-6 所示。

STEP 2 单击“一键备份”按钮，完成驱动备份。

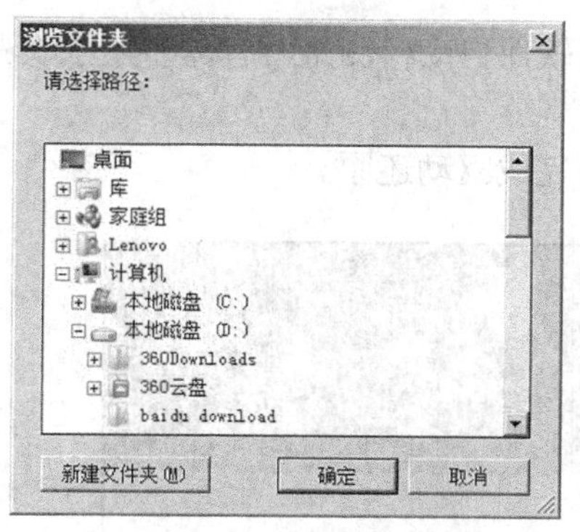

图 7-4　设置备份路径对话框

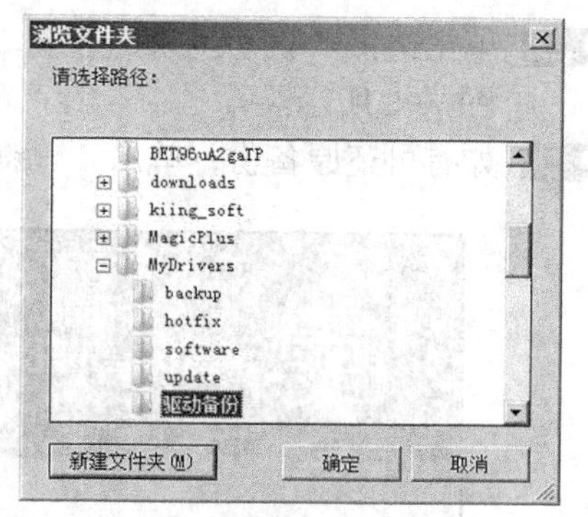

图 7-5　创建备份文件夹界面

图 7-6　备份完成项窗口

4．驱动还原

备份还原可以将备份的驱动程序还原，操作步骤如下：

STEP 1 打开驱动精灵软件主界面。单击选择“百宝箱”选项，如图 7-7 所示。

图 7-7　百宝箱窗口

STEP 2 单击选择“驱动还原”选项，驱动精灵软件自动检测是否有需要还原的驱动，如图 7-8 所示。

STEP 3 如有可还原备份，单击“一键还原”可完成驱动还原。

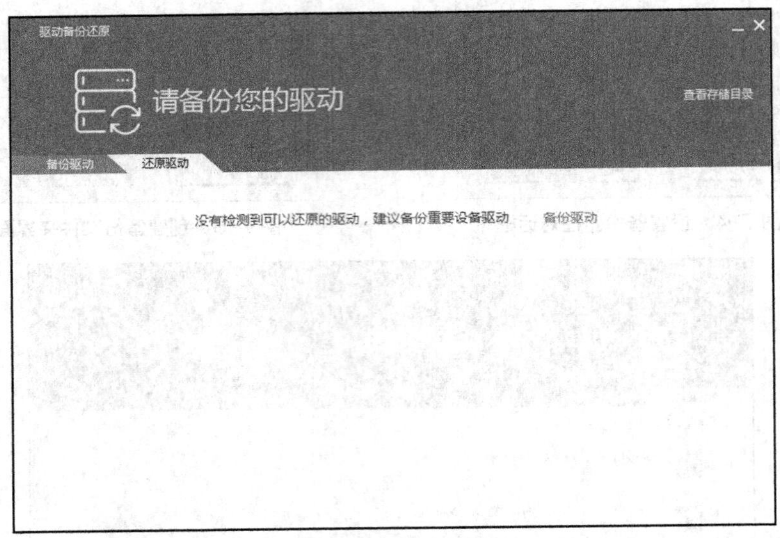

图 7-8　备份还原窗口

5．检测与修复系统补丁

STEP 1 单击桌面上的驱动精灵图标，打开驱动精灵软件主界面。单击选择“系统助手”选项，如图 7-9 所示。

图 7-9　系统助手窗口

STEP 2 单击“立即修复”按钮，显示系统检测选项窗口，如图 7-10 所示。

STEP 3 单击选择“系统补丁”选项，自动检测系统漏洞，如图 7-11 所示。单击“立即修复”按钮，驱动精灵自动下载并安装系统补丁。

图 7-10　系统检测选项窗口

图 7-11　系统补丁检测修复窗口

四、拓展训练

使用“驱动人生”完成以上操作。

实训二　文件压缩与加密

一、实训目的和要求

熟练掌握 WinRAR 软件的操作。

二、实训内容

使用 WinRAR 软件对文件或文件夹进行压缩、解压及加密。

三、实训步骤

1．压缩文件

使用 WinRAR 软件可以快速压缩文件，操作步骤如下：

STEP 1 双击桌面上的 WinRAR 图标，打开 WinRAR 软件界面，选择需要压缩的文件，如选择“压缩文件–5”文件夹，单击“添加”按钮，如图 7–12 所示。

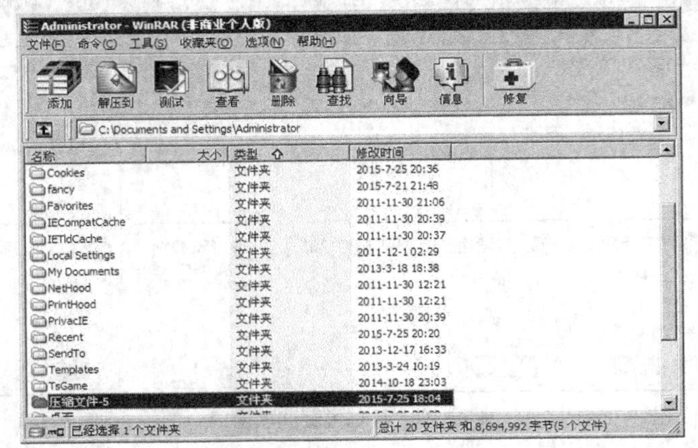

图 7–12　选择压缩文件

STEP 2 此时会打开“压缩文件名和参数”对话框，在“常规”选项下，单击“确定”按钮，如图 7–13 所示。

STEP 3 实现文件压缩，如图 7–14 所示。

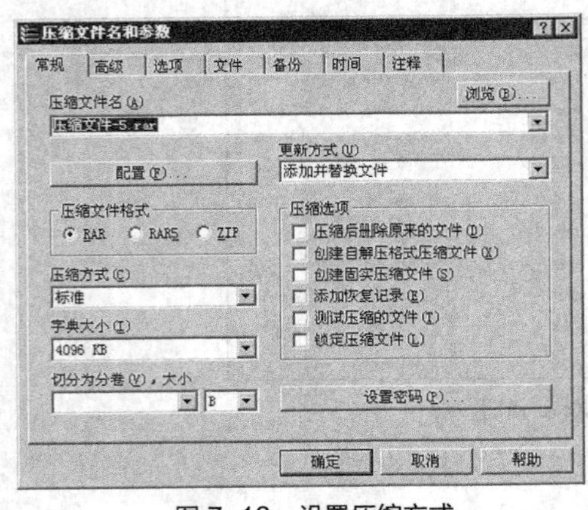

图 7–13　设置压缩方式

图 7–14　完成压缩

2. 为文件添加注释

用户可以根据需要为压缩文件添加注释，操作步骤如下：

STEP 1 在 WinRAR 软件界面中，选中需要添加注释的压缩文件，单击“命令”→“添加压缩文件注释”选项，如图 7–15 所示。

STEP 2 打开“压缩文件 压缩文件–5”对话框，在“压缩文件注释”栏下的文本框中输入注释内容，如图 7–16 所示。

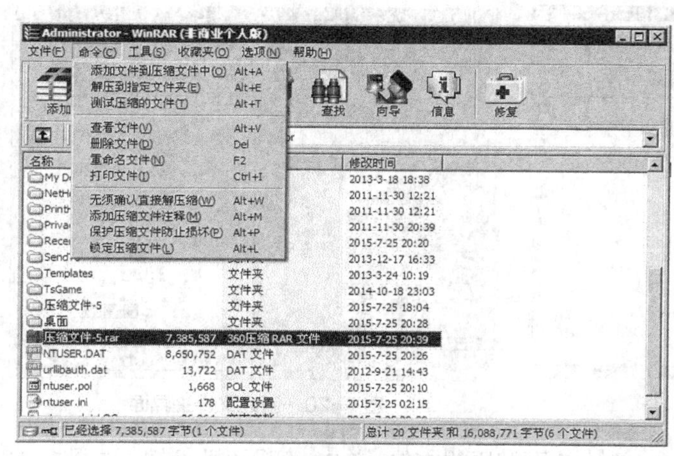

图 7-15　添加压缩文件注释

图 7-16　输入注释内容

STEP 3 单击“确定”按钮。

3．测试解压缩文件

在需要解压文件之前，可以先测试一下收到的文件，以增强安全性。操作步骤如下：

STEP 1 在 WinRAR 软件界面中，选中需要解压的文件，单击“测试”按钮，此时 WinRAR 会对文件夹进行检测，如图 7-17 所示。

STEP 2 测试完成后弹出如图 7-18 所示的提示窗口，单击“确定”按钮。

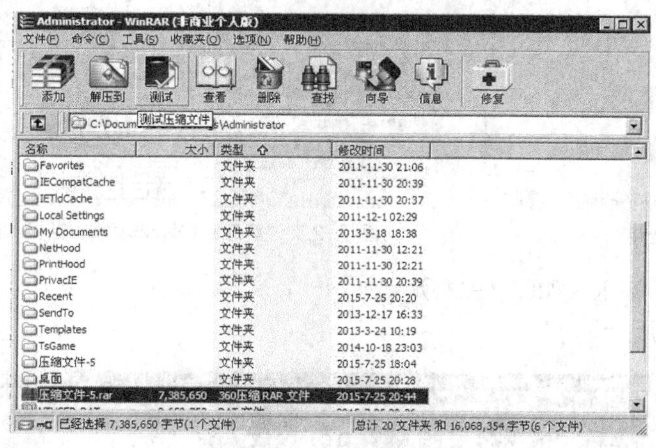

图 7-17　选择测试文件

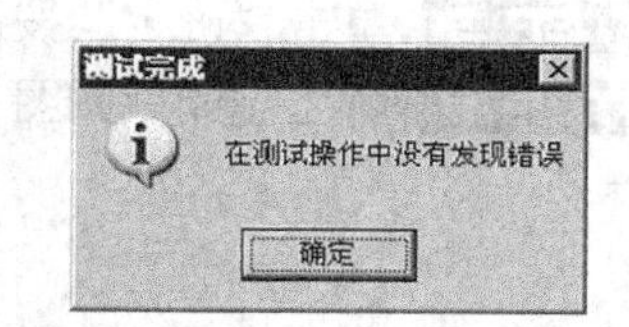

图 7-18　测试完成提示窗口

4．新建解压文件位置

对于压缩过的文件，用户可以根据需要将其解压到新建的文件夹中。操作步骤如下：

STEP 1 在 WinRAR 软件主界面中，选中需要解压的文件，单击“解压到”按钮，如图 7-19 所示。

STEP 2 打开“解压路径和选项”对话框，选择解压位置，单击“新建文件夹”按钮，然后输入文件夹名称，如图 7-20 所示。

STEP 3 单击“确定”按钮，即可将文件解压到指定位置。

5．解压文件

设置好解压位置后，用户可以对文件进行解压，操作步骤如下。

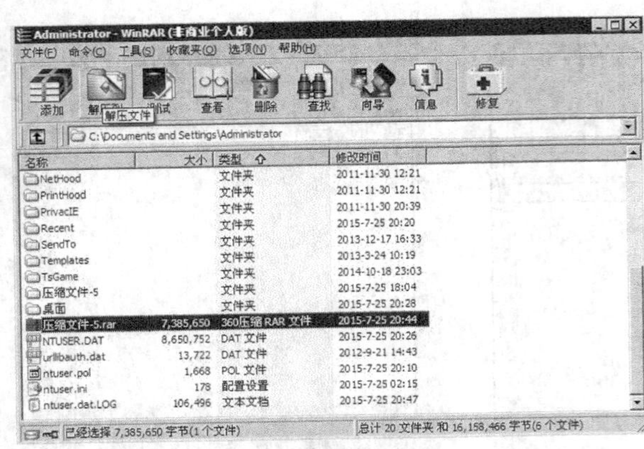

图 7-19　选择解压文件

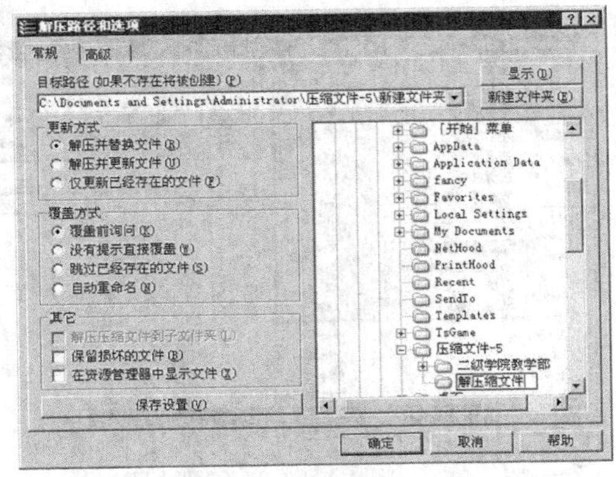

图 7-20　新建文件夹界面

STEP 1 在 WinRAR 软件主界面中，选中需要解压的文件，单击“解压到”按钮，如图 7-21 所示。

STEP 2 打开“解压路径和选项”对话框，单击“确定”按钮，系统会自动对文件进行解压，如图 7-22 所示。

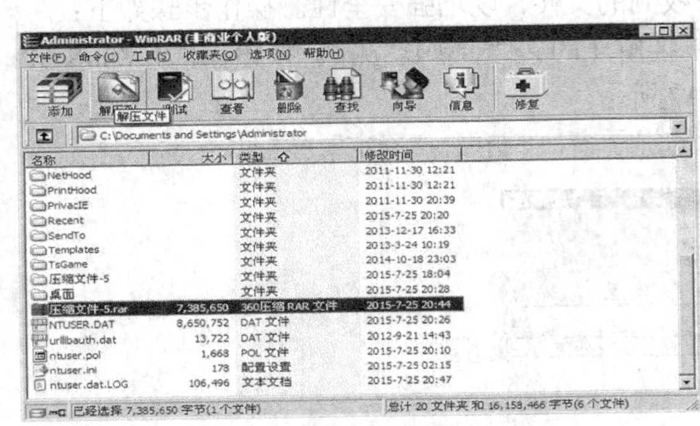

图 7-21　选择解压文件

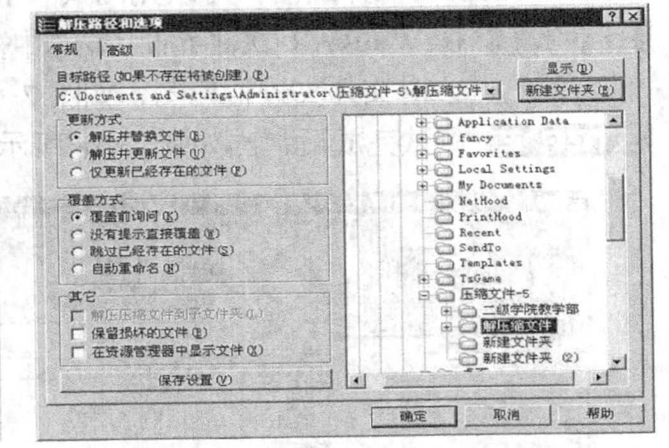

图 7-22　“解压路径和选项”对话框

STEP 3 单击“确定”按钮开始解压，如图 7-23 所示。

STEP 4 解压完成后如图 7-24 所示。

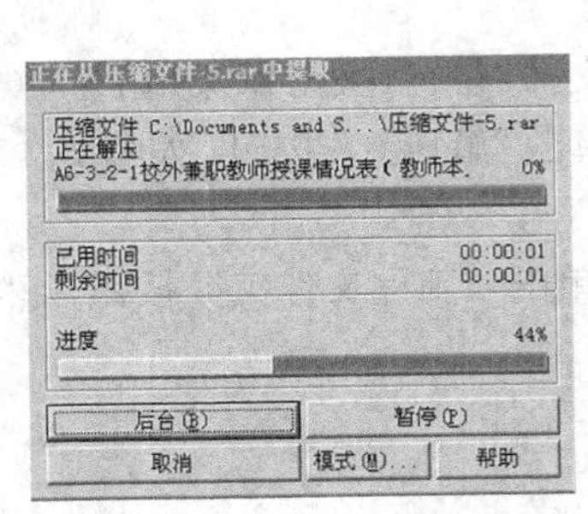

图 7-23　正在解压界面

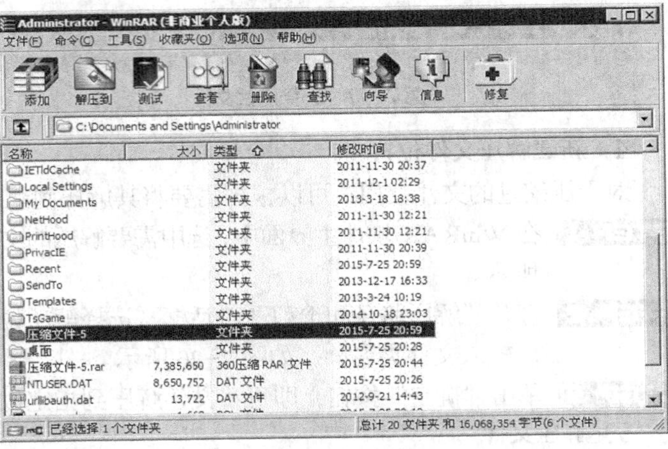

图 7-24　完成解压

6. 设置密码

在对文件进行压缩或解压缩时，为了增强安全性，可以设置默认密码。操作步骤如下：

STEP 1 在 WinRAR 软件主界面中，单击“文件”→“设置默认密码”选项，如图 7-25 所示。

STEP 2 打开“输入密码”对话框，在“设置默认的密码”栏下输入密码并确认密码，勾选“加密文件名”复选框，如图 7-26 所示。

STEP 3 单击“确定”按钮。

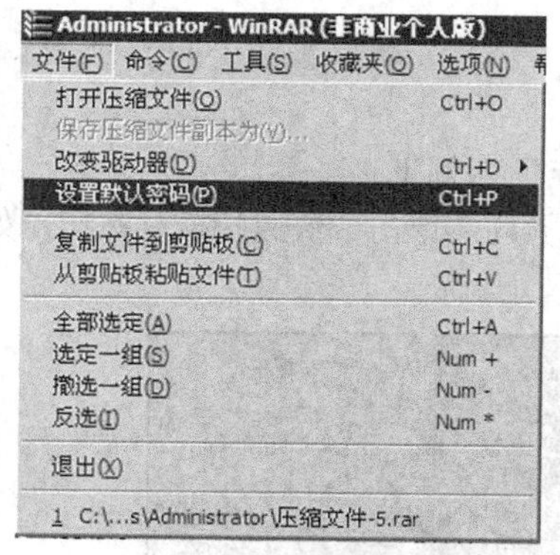

图 7-25 “文件”菜单

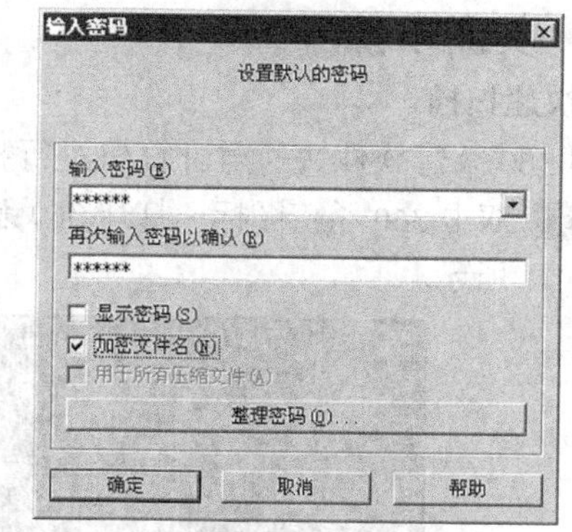

图 7-26 输入密码窗口

7. 清除临时文件

用户可以通过设置，在压缩文件时清除临时文件。操作步骤如下：

STEP 1 在 WinRAR 软件主界面中，单击“选项”→“设置”选项，如图 7-27 所示。

STEP 2 打开“设置”对话框，切换到“安全”选项下，在“擦除临时文件”栏下选中“总是”单选按钮，如图 7-28 所示。

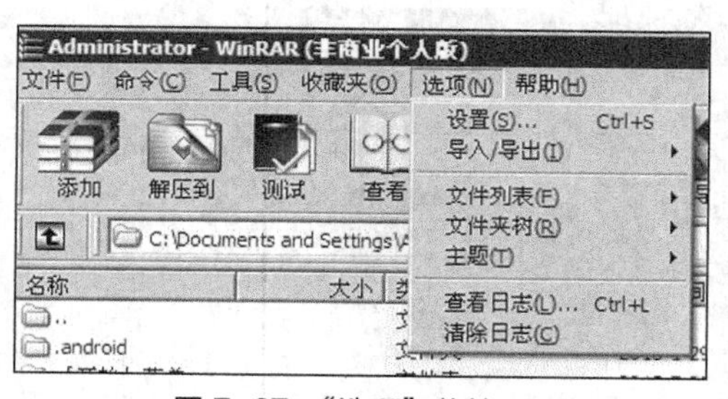

图 7-27 “选项”菜单

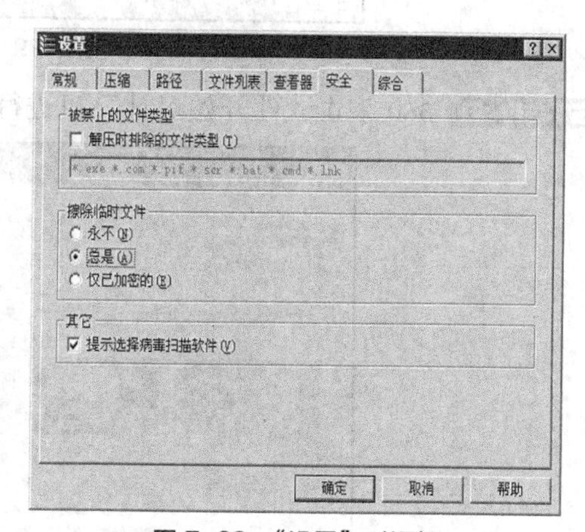

图 7-28 “设置”对话框

四、拓展训练

使用“好压”进行解压缩，尝试修复压缩包。使用 360 压缩创建压缩包。

实训三　计算机查毒与杀毒

一、实训目的和要求

熟练掌握杀毒软件的操作。

二、实训内容

使用 360 杀毒软件查杀本机和移动设备的计算机病毒。

三、实训步骤

1．快速扫描

使用 360 杀毒软件快速对计算机进行扫描，操作步骤如下：

STEP 1 双击 360 杀毒图标，打开 360 杀毒软件主界面。单击“快速扫描”按钮，如图 7-29 所示。

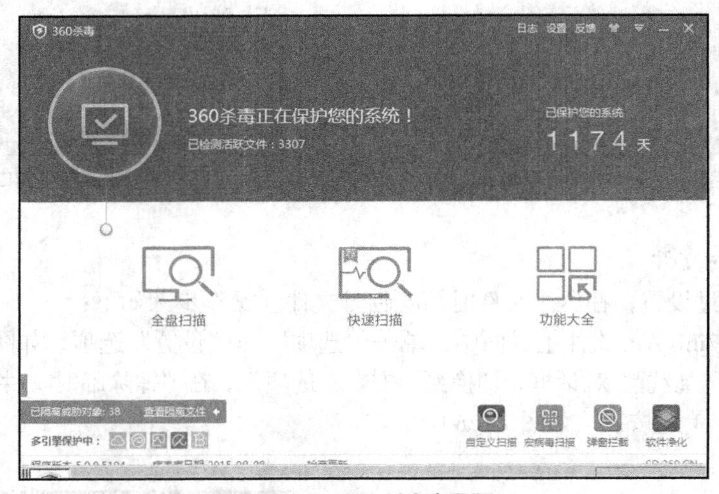

图 7-29　360 杀毒主界面

STEP 2 360 杀毒软件开始对计算机进行快速扫描，如图 7-30 所示。

图 7-30　快速扫描窗口

2．处理扫描结果

快速扫描完成后，可以立即处理扫描发现的安全威胁。操作步骤如下：

STEP 1 在扫描完成的窗口中，分别单击窗口左下角的“高危风险项”和“系统异常项”复选框，单击“立即处理”按钮，如图 7–31 所示。

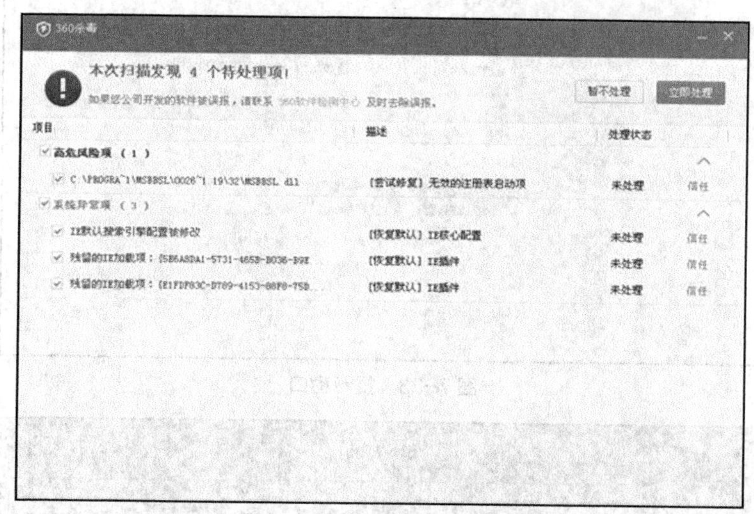

图 7–31 扫描结果和立即处理窗口

STEP 2 窗口中会弹出处理结果，单击“确认”按钮，如图 7–32 所示。

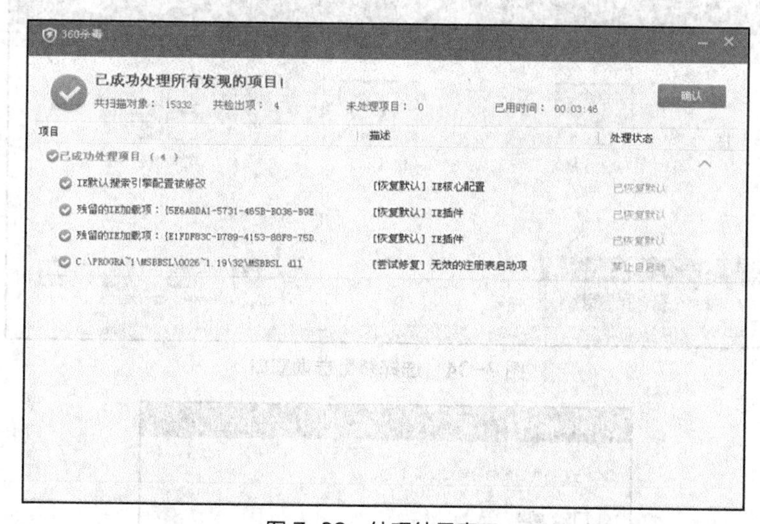

图 7–32 处理结果窗口

STEP 3 窗口中会出现如图 7–33 所示的提示。

3．自定义扫描

用户可以根据需要选择特定的盘符进行扫描，操作步骤如下：

STEP 1 双击 360 杀毒图标，打开 360 杀毒软件主界面。单击右下方的“自定义扫描”按钮，如图 7–34 所示。

STEP 2 打开“选择扫描目录”对话框，在“请勾选上您要扫描的目录或文件”栏下进行选择，如勾选“本地磁盘 E”复选框，单击“扫描”按钮，如图 7–35 所示。

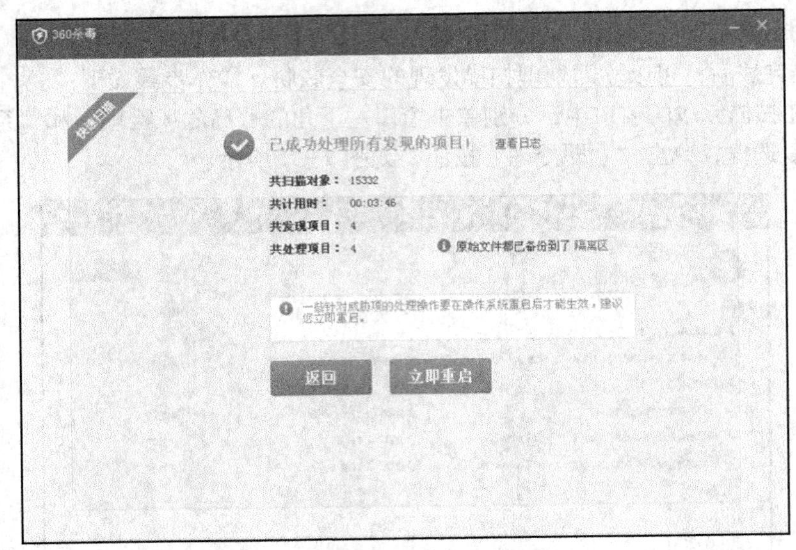

图 7-33　提示窗口

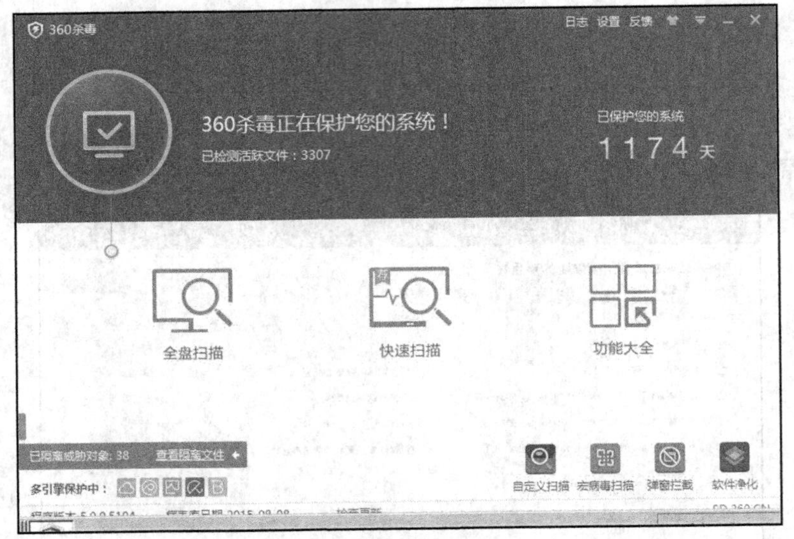

图 7-34　选择杀毒选项窗口

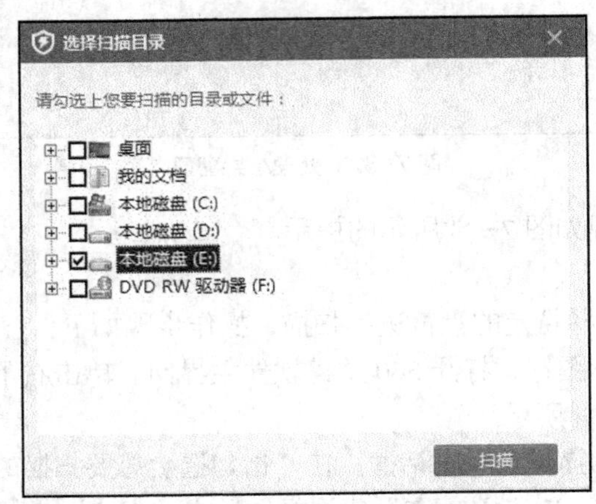

图 7-35　选择扫描目录窗口

STEP 3 360杀毒软件开始对E盘进行扫描，如图7-36所示。

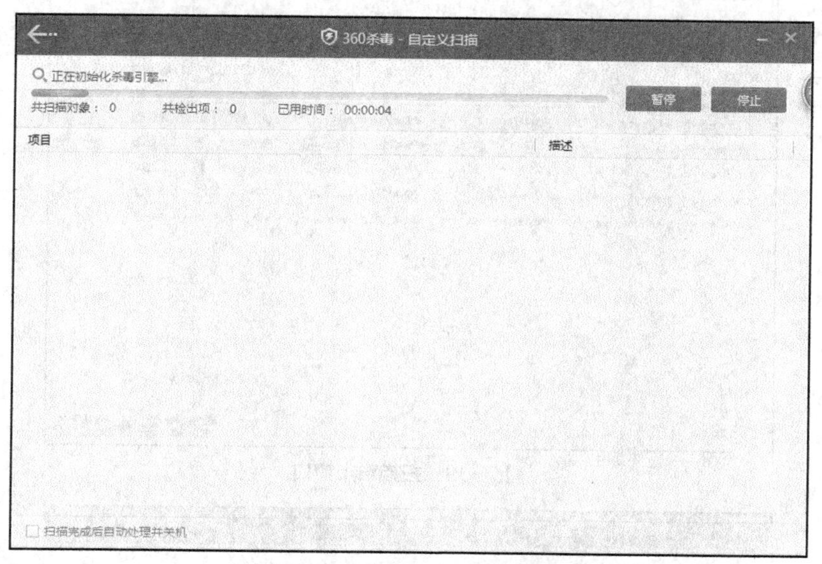

图7-36 对E盘进行扫描界面

4．宏病毒查杀

用户可以根据需要使用宏病毒查杀，操作步骤如下：

STEP 1 双击360杀毒图标，打开360杀毒软件主界面。在窗口下侧单击“宏病毒扫描”按钮，如图7-37所示。

STEP 2 此时会弹出如图7-38所示的提示对话框。

图7-37 宏病毒查杀窗口

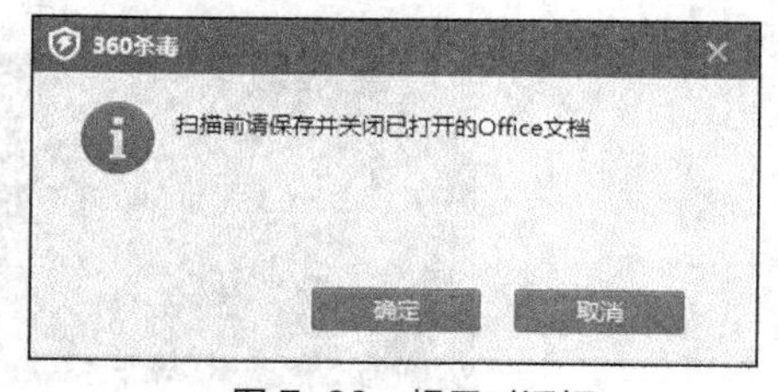

图7-38 提示对话框

STEP 3 单击“确定”按钮开始扫描宏病毒，完成后扫描结果显示在窗口中，单击“立即处理”按钮，如图7-39所示。

STEP 4 处理后窗口中显示处理结果，如图7-40所示。

5．杀毒设置

（1）定时查杀病毒

用户可以对360杀毒软件进行设置，让软件定时杀毒，操作步骤如下：

STEP 1 打开360杀毒软件主界面。单击窗口右上角的“设置”按钮，如图7-41所示。

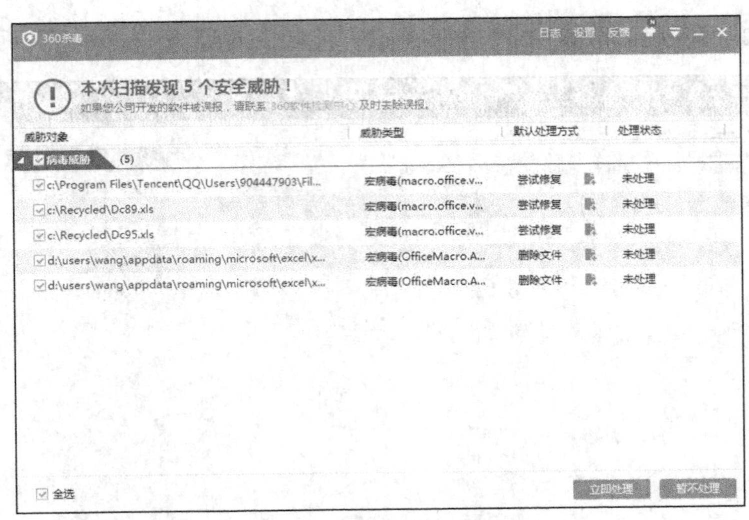

图 7-39　扫描结果窗口

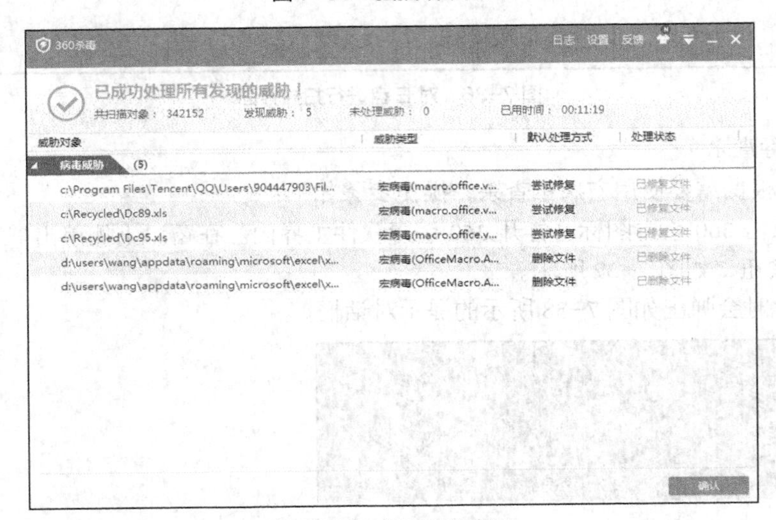

图 7-40　处理结果窗口

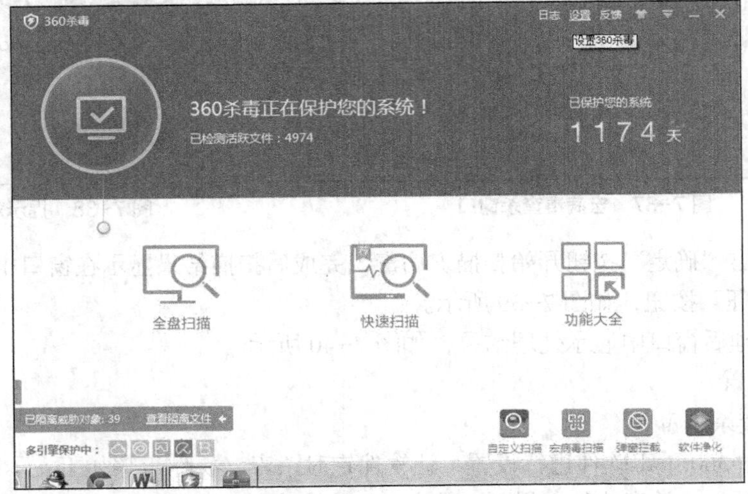

图 7-41　打开设置窗口

STEP 2 打开“360杀毒–设置”窗口，在左侧窗口中单击“病毒扫描设置”选项，在右侧窗口中的“定时杀毒”栏下勾选“启用定时杀毒”复选框，单击“周日”单选按钮，设置定时杀毒时间，如图7–42所示。

360杀毒 - 设置
常规设置
升级设置
多引擎设置
病毒扫描设置
实时防护设置
文件白名单
免打扰设置
异常提醒
系统白名单
需要扫描的文件类型
扫描所有文件
进入压缩包查毒（将增加扫描时间）
仅扫描程序及文档文件
发现病毒时的处理方式
由360杀毒自动处理
由用户选择处理
其他扫描选项
扫描磁盘引导扇区
扫描 Rootkit 病毒
跳过大于 50 MB的压缩包
在全盘扫描时启用智能扫描加速技术
定时查毒
启用定时查毒 扫描类型： 快速扫描
每天 18:18
每周 周日 16:18
每月 24日 18:18
恢复默认设置
确定 取消

图7–42 “360杀毒–设置”对话框

STEP 3 单击“确定”按钮完成设置。

（2）自动处理发现的病毒

用户可以对360杀毒软件进行设置，让软件自动处理发现的病毒，操作步骤如下。

STEP 1 打开360杀毒软件主界面。单击窗口右上角的“设置”按钮，如图7–43所示。

图7–43 打开设置窗口

STEP 2 打开“360 杀毒-设置”窗口，在左侧窗口中单击“病毒扫描设置”选项，在右侧窗口中的“发现病毒时的处理方式”栏下勾选“由 360 杀毒自动处理”复选框。如图 7-44 所示。

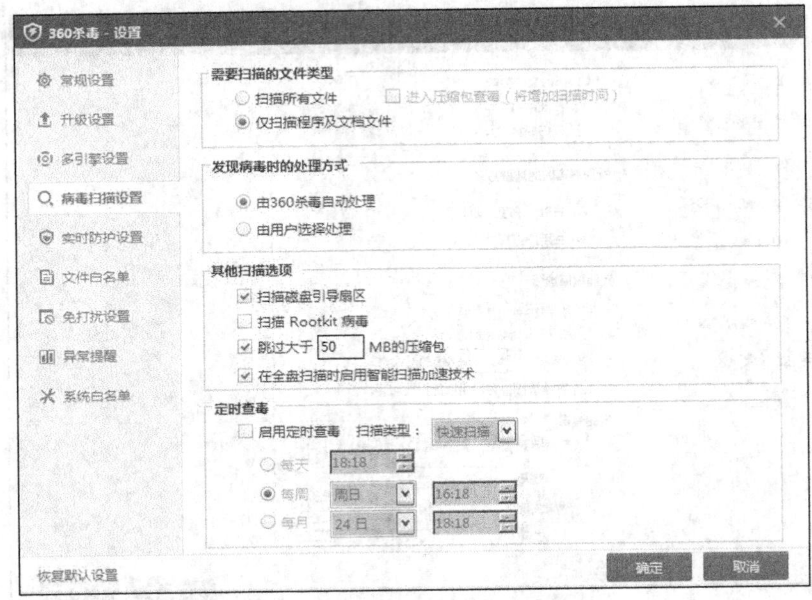

图 7-44 “360 杀毒-设置”对话框

STEP 3 单击“确定”按钮完成设置。

四、拓展训练

安装“金山毒霸”进行病毒的查杀。安装“QQ 杀毒”查杀病毒。

习题参考答案

第 1 章　计算机基础知识

一、选择题

1. A　2. A　3. B　4. C　5. D　6. D　7. C　8. D　9. C　10. B
11. D　12. D　13. A　14. B　15. B　16. D　17. D　18. B　19. B　20. B

二、填空题

1. 运算器，控制器，存储器，输入设备，输出设备
2. 二进制
3. 运算器，控制器
4. 美国标准信息交换码，8，128，8，1
5. 1946，ENIAC
6. Hz（赫兹）
7. 外存储器
8. 汇编语言
9. 机器语言
10. 二

三、判断题

1. √　2. ×　3. ×　4. ×　5. √　6. ×　7. √　8. ×　9. ×　10. √

四、简答题

1. 请说明内存储器，外存储器的特点与区别。

内存储器：计算机存储常用或当前正在使用的数据和程序，所有执行的程序和数据须先调入内存可执行。特点：容量小，存取速度快，价格贵。

外存储器：存放暂时不使用的程序和数据。特点：容量大，存取速度慢，价格便宜。

区别：

（1）内存一般指内存条，插在计算机主板上的；外存一般是磁性介质，指硬盘、软盘、光盘、U 盘等。

（2）内存只能暂时存储数据，断电就没有了，外存可以永久性存储。

（3）内存一般都不大，比外存小，而外存却可以很大。

（4）内存存取速度比外存快，而外存相对要慢很多。

（5）CPU 只能直接访问内存，外存的东西要先到内存，CPU 才能处理。

2. 简述计算机的组成。

硬件系统：外部设备（输入设备、输出设备）和主机（CPU 和内存储器）。CPU 包括控制器、运算器。存储器有 RAM、ROM。软件系统：应用软件、系统软件。

3. RAM 和 ROM 的区别。

RAM 断电后的内容全部丢失，既可以读又可以写，速度比 Cache 慢，而 RAM 可分为静态 RAM（SRAM）和动态 RAM（DRAM）两种。

ROM 计算机运行时其内容只能读出而不能写入。数据不易丢失，即使计算机断电后，ROM 存储单元的内容依然保存。只读存储器一般存储计算机系统中固定的程序和数据，如引导程序、监控程序等。

4. 计算机性能指标有哪些?

计算机的性能指标有字长、主频、运行速度和内存储容量。

5. 操作系统的功能有哪些?

操作系统是系统软件最重要的组成部分，是对硬件机器的第一级扩充，其他软件都在操作系统统一管理和支持下运行。操作系统的功能有处理器管理，存储管理，设备管理，文件管理和作业管理。

第 2 章 Windows 7 操作系统

一、选择题

1. A　2. C　3. C　4. D　5. A　6. C　7. A　8. A　9. C　10. A
11. A　12. D　13. C　14. D　15. D　16. B　17. C　18. B　19. C　20. D

二、填空题

1. 启动该程序或打开文档及相应的程序
2. “任务栏和「开始」菜单属性”
3. 快捷菜单
4. 对话框
5. 树型
6. 回车（Enter）
7. 图形
8. Del 或 Delete（删除）
9. 开始
10. 剪贴板

三、判断题

1. ×　2. ×　3. √　4. √　5. √　6. ×　7. √　8. ×　9. √　10. ×

四、简答题

1. 简述窗口界面的基本组成元素。

Windows 7 中一个典型窗口的基本组成包括：窗口边框、窗口角、标题栏、菜单栏、工具栏、状态栏、尺寸按钮（最小化、最大化、恢复按钮）、滚动条、工作区域。

2. 在 Windows 7 中，如何进行任务切换?

在 Windows 7 中进行任务切换，也就是将其他窗口切换为活动窗口，其方法有：

（1）单击任务栏上的对应按钮。

（2）单击要激活窗口的任意部分。

（3）用键盘。若直接按“Alt+Tab”键后释放，则在当前窗口和最近使用的窗口间切换；若按下“Alt+Tab”键，出现包含已打开窗口的图标框，按住“Alt”键不放，每按一次“Tab”键，就选中下一图标，选中某一图标后，释放“Alt”键，则相应窗口成为前台窗口；若使用“Alt+Esc”键，则在所有打开的窗口之间进行切换（不包括最小化窗口）。

3. 什么是快捷键、快捷菜单、快捷方式?

所谓快捷键，就是直接执行某个命令的按键或按键组合，如“Ctrl+X”就是剪切命令的快捷键。当用户右击某个对象时，会弹出一个有关该对象最常用命令的快捷菜单，且菜单中的内容会随操作对象的不同而有所变化。快捷方式是一个扩展名为“.LNK”的小文件，是左下角带有一个小箭头的图标，其内部指向一个应用程序、文档或一个设备的位置。双击“快捷方式”图标，可以快速打开应用程序或文档。

4. 如何选定文件或文件夹？

在对文件（夹）进行复制、移动、删除等操作时，首先要选定操作对象，即选择文件或文件夹，被选取的对象呈反显。如果只选取单个对象，可直接用鼠标单击对象。如果选取连续的多个对象，应先单击第一个对象，再按住“Shift”键不放，然后单击最后一个对象；或按住鼠标在窗口中画一个矩形，矩形框内的对象被选中。如果选取不连续的多个对象，在单击第一个对象后，应按住“Ctrl”键不放，然后逐个单击要选定的对象。如果要全部选定，则使用“编辑”菜单的“全部选定”命令，或用组合键“Ctrl+A”。

5. 控制面板的作用是什么？

使用控制面板可对系统进行配置、管理、优化以及设备安装。例如，设置显示属性、屏幕保护、更改界面外观形式；设置鼠标与键盘；添加、删除和配置本地和网络上的打印机；添加/删除程序，帮助安装软件，创建启动盘；日期与时间的设置；添加/删除硬件；使用网络和拨号连接，可以把计算机连接到其他计算机、网络和 Internet 上；使用电话和调制解调器选项，可以配置电话拨出的方式和调制解调器的属性；系统中提供详细的计算机信息等。

第 3 章　Word 2010 文字处理软件

一、选择题

1. B　2. B　3. B　4. B　5. D　6. B　7. D　8. C　9. B　10. A
11. C　12. A　13. D　14. B　15. B　16. C　17. B　18. A　19. C　20. A

二、填空题

1. Alt+F4
2. docx
3. 大纲视图
4. 50
5. 引用
6. Ctrl+End
7. 插入
8. 5，6，7，9，10
9. 表格工具
10. 无限次

三、判断题

1. ×　2. √　3. ×　4. √　5. √　6. √　7. ×　8. √　9. ×　10. ×

四、简答题

1. 答：插入点是字符插入的位置，任何新键入的字符将插入到插入点光标所在的位置。在进行文字录入时，不要在输入的每一行后面按回车键来控制换行，不要利用空格来控制文字的横向位置。

2. 答：Word 2010 文档中有页面视图、阅读版式视图、Web 版式视图、大纲视图、草稿。

页面视图的作用是查看文档打印外观，阅读版式视图的作用是以阅读版式视图方式查看文档，以便利用最大的空间来阅读或批注文档，Web 版式视图的作用是查看网页形式的文档外观，大纲视图的作用是查看大纲形式的文档，并显示大纲工具，草稿的作用是查看草稿形式的文档，以便快速编辑文本。

3. 答：Word 2010 图形图片的环绕方式有嵌入型、四周型、紧密型、衬于文字下方、浮于文字上方、穿越型、上下型。

4. 答：选择“页面布局”功能选项卡中“页面背景”组的“水印”下拉列表中的“自定义水印”按钮，在“水印”对话框内设置各项后，单击“确定”按钮，水印即可出现在页面中央。

5. 答：选择“插入”功能选项卡中“页眉和页脚”组的“页眉”命令，在页眉处输入文字内容，设置字体后，关闭“页眉和页脚”。

第 4 章　Excel 2010 电子表格处理软件

一、选择题

1. D　2. B　3. B　4. C　5. D　6. C　7. B　8. B　9. D　10. B

11. A　12. D　13. C　14. D　15. C　16. C　17. B　18. C　19. A　20. D

二、填空题

1. 方块　　2. 公式

3. 字段值相同排序　　4. SUM

5. .xlsx　　6. 内容

7. 插入　　8. 开始

9. 表格工具　　10. 视图

三、判断题

1. ×　2. ×　3. √　4. ×　5. √　6. ×　7. √　8. ×　9. √　10. √

四、简答题

1. 工作簿是用来存储并处理数据表的 Excel 文件，扩展名为. xlsx，类似于 Word 中的文档。启动 Excel 时，默认的工作簿名为：工作簿 1.xlsx。

2. 工作表是用于存储各种数据的表格，是工作簿里的一页。在默认情况下，新建一个工作簿包含三张工作表，它们分别是 Sheet1、Sheet2、Sheet3。一个工作簿一般由多张工作表组成。

3. 工作表可以分为若干行和若干列，行和列交叉处的方格称为单元格，单元格是工作表中存储数据最基本的单位。在当前工作表中有一个单元格是由粗的边框线包围的，此单元格称为活动单元格或当前单元格。

4. 用户可以在编辑栏中向单元格输入或编辑数据（公式），输入完毕按 Enter 键即可。对于公式单元格，单击该单元格，在编辑栏中显示的是该单元格的公式，单元格中显示对应的公式的值。

5. 相对引用：由列标、行号组成，如 D3、G6。

绝对引用：列标和行号前分别加“$”，如$D$3、$G$6。

混合引用：列标或行号前加“$”，如$D3、G$6。

三维引用：（1）不同工作表中的数据所在单元格地址的表示：工作表名称！单元格引用地址，例如，Sheet3！B2 表示引用工作表 Sheet3 中 B2 单元格。（2）不同工作簿中的数据所在单元格地址的表示：[工作簿名称] 工作表名称！单元格引用地址，例如，= [销售 1] 销售统计！$B$4+ [销售 2] 销售统计！$B$4+ [销售 3] 销售统计！b4+ [销售 4] 销售统计！b4，表示分别引用销售 1…4 工作簿，销售统计表中的 A4 单元格。

第 5 章 PowerPoint 2010 演示文稿制作软件

一、选择题

1. A 2. C 3. A 4. B 5. B 6. A 7. D 8. C 9. A 10. C
11. C 12. D 13. C 14. B 15. C 16. A 17. A 18. D 19. D 20. C

二、填空题

1. 大纲视图，普通视图，幻灯片浏览视图，幻灯片放映视图，幻灯片视图
2. 3
3. 为了展示给别人看
4. 图片，图片
5. Esc
6. 表格
7. 幻灯片放映
8. Alt+F4
9. 新演示文稿，设计模板，内容提示向导，. POTX
10. 演讲者放映，观众自行浏览，在展台浏览

三、判断题

1. √ 2. √ 3. √ 4. √ 5. × 6. √ 7. × 8. √ 9. √ 10. ×

四、简答题

1. PowerPoint 2010 的三种基本视图各是什么？各有什么特点？

三种基本视图分别是普通视图、幻灯片浏览视图、幻灯片放映视图。

普通视图可以建立或编辑幻灯片，对每张幻灯片可输入文字，插入剪贴画、图表、艺术字、组织结构图等对象，并对其进行编辑和格式化。还能查看整张幻灯片，也可改变其显示比例并做局部放大，便于细部修改，但一次只能操作一张幻灯片。

幻灯片浏览视图可同时显示多张幻灯片，所有的幻灯片被缩小，并按顺序排列在窗口中，以便查看整个演示文稿，同时可对幻灯片进行添加、移动、复制、删除等操作。

幻灯片放映视图以最大化方式按顺序在全屏幕上显示每张幻灯片。单击鼠标左键或按 Enter 键显示下一张幻灯片，也可以用上下左右光标移动键控制显示各张幻灯片。

2. 在制作演示文稿时，应用模板与应用版式有什么不同？

区别：应用模板是在演示文稿中应用背景等效果。应用版式是对幻灯片应用文本、图片、表格等版式。

3. 如何建立幻灯片上对象的超链接？

选定需要操作的对象，右击“超链接”菜单命令，在出现的对话框中选择需要的设置动作和超链接的目标，完成后单击“确定”按钮。

4. 如何打印演示文稿？

单击“文件”→“打印”命令，弹出“打印”对话框，在弹出的“打印”对话框中选取所需选项，完成后单击“确定”按钮即可。

5. 要想在一个没有安装 PowerPoint 2010 的计算机上放映幻灯片，应如何保存幻灯片？

一份演示文稿完成后，如果想在其他计算机上进行播放就需要将演示文稿与该演示文稿所涉及的有关文件一起打包，然后再复制到另一台计算机上进行解包后播放。具体操作是：依次单击“文件”→“打包”菜单命令，在弹出的打包向导中一步一步完成即可。

第 6 章 计算机网络技术基础知识

一、选择题

1. B　2. A　3. A　4. C　5. A　6. B　7. B　8. B　9. C　10. B
11. A　12. D　13. A　14. C　15. B　16. B　17. B　18. D　19. B　20. D

二、填空题

1. 主机，终端
2. 局域网，城域网，广域网
3. 星型拓扑，环型拓扑，树型拓扑，网状拓扑
4. 局域网操作系统
5. 打印服务器，文件服务器，工作站
6. 互联网络，TCP/IP
7. 通信线路，路由器，信息资源
8. 使用者，提供者
9. 数据库，WWW，FTP，电子邮件，域名
10. 计算机网络，卫星通信，多媒体

三、判断题

1. ×　2. ×　3. ×　4. √　5. √　6. ×　7. √　8. ×　9. √　10. ×

四、简答题

1. 计算机网络的发展可以划分为几个阶段？每个阶段都有什么特点？

（1）远程终端联机阶段

第一代计算机网络是面向终端的计算机网络。

特点：线路利用率低，主机的效率低，可靠性较低。

（2）计算机通信网络阶段

第二代计算机网络是计算机通信网络。

特点：用户通过终端不仅可以共享主机上的软、硬件资源，还可以共享子网中其他主机上的软、硬件资源。

（3）标准化网络阶段

第三代计算机网络是标准化网络的时代。

特点：不同体系结构的网络相互交换信息，网络的开放性和标准化；目前全球规模最大，覆盖面积最广的计算机网络。

（4）网络互联与高速网络阶段

第四代计算机网络是网络互联与高速网络阶段。

2. 计算机网络的主要功能是什么？

（1）资源共享

资源共享是构建计算机网络的主要目的之一，它允许网络用户共享的资源包含了硬件资源、软件资源、数据资源以及信道资源的共享。

（2）数据通信

不同计算机之间的数据传送是计算机网络最基本的功能之一。

（3）分布式处理

分布式处理是指当一些大型的综合性问题需要计算机处理时，通过一些算法把要处理的任务分成几个部分并分散到各个计算机上运行处理，而不是集中在一台大型计算机上，使用户根据需要合理选择网络资源，就近快速地进行处理。

（4）集中管理

通过计算机网络，将某个组织的信息进行分散、分级，或集中处理与管理，这是计算机网络的最基本功能。

（5）均衡负荷

计算机网络中的每台计算机都可以通过网络互相协助并相互成为后备机。

3. 计算机网络有哪几种拓扑结构？

（1）总线型结构

总线型拓扑结构是采用单根数据传输线作为通信介质，网络上所有节点都连接在总线上并通过它在网络各节点之间传输数据。

（2）星型结构

星型拓扑结构中每个节点都以中心结点为中心，如网络设备，如集线器、交换机等，通过连接线与中心点相连。

（3）环型结构

环型拓扑结构是由连接成封闭回路的网络结点组成的每一个结点与它左右相邻的结点连接。

（4）树型结构

树型拓扑结构是一种分级结构，可看作是星型结构的扩展，网络中各节点按一定的层次连接起来，形状像一棵倒置的树。

4. 简述 Internet 的概念。

Internet 是全球最大的基于 TCP/IP 的互联网络，它由众多的规模大大小小的局域网、城域网、广域网互联而成。具有以下特点：

- 开放性
- 先进型
- 平等性
- 交互性
- 个性
- 全球

5. 计算机网络的基本组成是什么？说出 3 种计算机网络的分类方法。

计算机网络是一个复杂的系统，通常由计算机硬件、软件、通信设备和通信线路来构成。计算机网络覆盖的地理范围分类；按网络的拓扑结构分类；按传输介质的种类分类。

参考文献

1. 全国计算机等级考试命题研究组. 一级计算机基础及 MS Office 应用. 北京：北京邮电大学出版社，2014.

2. 全国计算机等级考试命题研究中心等. 一级计算机基础及 MS Office 应用. 北京：人民邮电大学出版社，2014.

3. 赖利君. 张朝清. 信息技术基础项目式教程. 北京：人民邮电出版社，2014.

4. 杨文. 杨韧竹. 计算机应用基础. 北京：科学出版社，2015.

5. 王正万. 李远英. 计算机组装与维护. 成都：电子科技大学出版社，2011.

6. 周敏. 大学计算机基础实验教程. 北京：科学出版社，2014.

7. 单天德. 计算机一级考试过关指导. 北京：高等教育出版社，2013

8. 朱颖雯. 计算机基础及 MS Office 一级教程. 北京：人民邮电出版社，2013.

9. 张明磊. 全国计算机等级考试一本通. 北京：人民邮电出版社，2013.

10. 陈河南. 全国计算机等级考试一级——计算机基础及 MS Office 应用. 天津：南开大学出版社，2014.

11. 教育部考试中心. 全国计算机等级考试一级教程. 北京：高等教育出版社，2013.